JOEL DAVID HAMKINS

LECTURES ON THE
PHILOSOPHY OF MATHEMATICS

数学哲学讲义

〔美〕乔伊·大卫·哈姆金斯 著

郝兆宽 高坤 单芃舒 译

上海人民出版社

图书在版编目(CIP)数据

数学哲学讲义 /（美）乔伊·大卫·哈姆金斯
(Joel David Hamkins) 著 ；郝兆宽，高坤，单芃舒译.
上海 ：上海人民出版社，2025. -- ISBN 978-7-208
-19325-3

Ⅰ. 01-0

中国国家版本馆 CIP 数据核字第 20258E03M5 号

责任编辑　任健敏
封面设计　林　林

数学哲学讲义

[美]乔伊·大卫·哈姆金斯 著

郝兆宽　高坤　单芃舒 译

出　　版　上海人民出版社
　　　　　（201101　上海市闵行区号景路 159 弄 C 座）
发　　行　上海人民出版社发行中心
印　　刷　浙江新华数码印务有限公司
开　　本　890×1240　1/32
印　　张　15.75
插　　页　3
字　　数　370,000
版　　次　2025 年 7 月第 1 版
印　　次　2025 年 7 月第 1 次印刷
ISBN 978-7-208-19325-3/B·1804
定　　价　148.00 元

仅献给所有不将作品献给自己的作者

目录

I

序言

哲学难题在数学中无处不在，从数学本体论的基本问题——数是什么？无穷是什么？——到关于真、证明和意义之间关系的问题。几何论证中的图形扮演什么角色？存在我们无法构造的数学对象吗？每个数学问题原则上都可以通过计算来解决吗？数学中的每条真理都有原因吗？每条数学真理都可以被证明吗？

这本书是对数学哲学的一个导论，我们将考虑所有这些以及更多其他问题。我从数学来到这一学科，并在这本书中努力寻求一种新的方法来理解数学哲学——一种以数学为基础、以数学探究或数学实践为动机的方法。我努力将哲学问题视为在数学中自然产生的问题。因此，我按照数学主题，如数、无穷、几何和可计算性，组织这本书，并将一些数学论证和初等证明也纳入书中，只要它们有助于澄清相关哲学问题。

柏拉图主义、实在论、逻辑主义、结构主义、形式主义、直觉主义、类型论主义以及其他一些哲学立场，自然地出现于各种各样的数学语境中。例如，从古代毕达哥拉斯学派的不可公度性和 $\sqrt{2}$ 的无理性，到刘维尔（Joseph Liouville）对超越数的构造，再到几何学中不可构造数[1]的发现，数学的这种进展让我们有机会对比柏拉图主义与结构主义以及其他关于数和数学对象是什么的不同说明。结构主义起源于戴德金的算术范畴性定理，并从对实数和其他我们熟悉的数学结构的

1　nonconstructible number。所谓可构造数（constructible number），又称规矩数，是指可用尺规作图生成的实数，参见本书第四章的有关讨论。——译者注

范畴性解释中汲取力量。微积分中严格性的提升，构成了一个天然的背景，在其中可以讨论数学在科学中的不可或缺性是否为数学真提供了依据。关于运动的芝诺悖论和关于无穷的伽利略悖论导致了康托-休谟原则，然后导致了弗雷格的数概念和康托关于超穷的工作。这样，数学主题跨越数千年，一次又一次地引发哲学思考。

因此，我的目的是呈现一种以数学为导向的数学哲学。多年前，佩内洛普·麦蒂（Penelope Maddy, 1991）批评当时数学哲学的某些部分不过是

> 形而上学家之间的一场内部争吵，而且争吵的重点——如果有的话——究竟是什么，并不清楚。（p.158）

她试图将数学哲学重新聚焦于更接近数学的哲学问题：

> 我推荐的是一种亲自动手的数学哲学，一种切中现实实践的哲学，一种善解数学家自身的问题、程序和关切的哲学。（p.159）

我觉得这很鼓舞人心，我在这本书中的目标之一，就是遵循这些建议——呈现一本数学家和哲学家都会感到切题的数学哲学导论。无论你是否同意麦蒂的严厉批评，数学哲学中确实存在很多有魅力的问题，我希望在本书中与你分享。我希望你会喜欢它们。

我在这本书中的另一个目标是，在一些对数学哲学至关重要的数学议题上，如数论基础、非欧几何、非标准分析、哥德尔不完全性定理和不可数性等，帮助读者提高一点数学素养。读者当然是从各种不同的数学背景进入这个主题，从初学者到专家，因此我尽量提供一些对每个人都有用的内容，总是由浅入深。例如，希尔伯特旅馆的寓言对于讨论康托关于可数和不可数无穷的结果，是一个易于理解的入门，

而这一讨论最终通向大基数的主题。我在几个数学主题上设定了较高的目标，但也努力以轻松的方式处理它们，避免陷入复杂细节的泥潭。

本书内容曾作为我 2018 年、2019 年和 2020 年在牛津大学米迦勒学期所做数学哲学系列讲座的讲稿使用。我要感谢牛津数学哲学圈朋友们的广泛讨论，帮助我改进了本书。特别感谢丹尼尔·艾萨克森（Daniel Isaacson）、亚历克斯·帕索（Alex Paseau）、博·蒙特（Beau Mount）、蒂莫西·威廉姆森（Timothy Williamson）、沃克·哈尔巴赫（Volker Halbach），尤其是罗宾·索尔伯格（Robin Solberg），他对早期书稿提出了详细的意见。还要感谢纽约哥伦比亚大学的贾斯汀·克拉克-多恩（Justin Clarke-Doane）提出的意见，以及特蕾莎·卡卡尔迪（Theresa Carcaldi）在编辑方面的大量帮助。

这本书使用 LaTeX 排版。除了第141页的图片属于公共领域外，我使用 LaTeX 中的 TikZ 制作了书中所有其他图片，专为本书创作，有几张也用于我的另一本书《证明与数学的艺术》（*Proof and the Art of Mathematics*）（Hamkins，2020），该书由麻省理工学院出版社（MIT Press）出版。

关于作者

我既是数学家又是哲学家，从事数理逻辑和哲学逻辑领域的研究，重点关注关于无穷的数学和哲学，特别是集合论和集合论哲学以及关于潜在主义的数学和哲学。我写作的关于证明的新书《证明与数学的艺术》（Hamkins，2020）可从麻省理工学院出版社获取。

我曾长期任教于纽约城市大学，现任教于牛津[1]。多年来，我还在纽约大学、卡内基梅隆大学、神户大学、阿姆斯特丹大学、明斯特大学、加州大学伯克利分校等地担任过访问职务。我先是在加州理工大学获得了数学本科学位，然后于1994年获得了加州大学伯克利分校的数学博士学位。

乔伊·大卫·哈姆金斯

逻辑学教授兼彼得·斯特劳森爵士哲学研究员
牛津大学，大学学院
高街，牛津 0X1 4BH

joeldavid.hamkins@philosophy.ox.ac.uk
joeldavid.hamkins@maths.ox.ac.uk
Blog: http://jdh.hamkins.org
MathOverflow: http://mathoverflow.net/users/1946/joel-david-hamkins
Twitter: @JDHamkins

1　作者于 2022 年转任美国圣母大学。——译者注

第一章

数

摘要：数可能是最重要的数学概念，但数是什么？数学中有各种各样的数：自然数、整数、有理数、实数、复数、超实数、超现实数、序数，等等。这些数系作为丰满的背景映衬着有关不可公度性和超越性的经典论战，同时也作为舞台承载着柏拉图主义、逻辑主义、抽象化的本质、范畴性的意义、结构主义这些议题的讨论。

第一节 数与数字

数是什么？考虑 57 这个数。它是什么？我们要将数（number）和用来代表它的数字（numerals）区分开。记号"57"——我指的是符号"5"和符号"7"字面上连成的串——是一则关于如何制作该数的指示：取五个十再加七。数 57 也能用二进制表示为"111001"，那说的又是另一套配方：先来个新鲜可人的三十二，拌入一个十六和一个八，最后再点缀上一个一，冰镇片刻即可上桌。古罗马人会将之写作"LVII"，意味着如下配方：先来个五十，加上个五，接着再添两个一。

在广受喜爱的儿童小说《神奇的收费亭》（ *The Phantom Tollbooth*，Juster and Feiffer，1961）中，数是从数字国的数字矿坑中挖出来的，而人们在那里挖到了最大的数！那是一个，咳咳，石头做的巨型的 3，高度超过 4 米。矿里开采出的数字碎片被用作分数。比如 5/3，就是碎成三块的数 5。不过当然，故事里的说法混淆了数和数字的区别，把对象和对于对象的描述混为一谈。我们自不会把希帕提娅，这个人，和"希帕提娅"这串组成她名字的四字字符串弄混；也不会把山核桃派（美味诱人！）和如何制作派的文字说明（嚼不动的硬纸板）搞混。

2　　　世上的自然数种类何其多。比如，正方形数就是那些能排列成正方形模样的数。

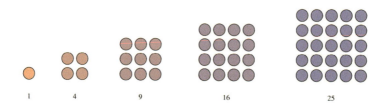

三角形数，则是那些能排列成三角形模样的数。

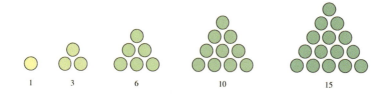

依此类推，我们还会有六边形数，及更多类似的数类。数 0 作为一个退化的例子，可计入这每一类数。

回文数是像 121 和 523323325 这样的数，无论正读还是反读，它们的各位数字都一样，就像回文句"I prefer pi"或"上海自来水来自海上"一样。相较于正方形性和三角形性这些归属给数本身的性质，"某数是不是回文的？"这一问题的答案还依赖于用于表示它的进位制。（正因如此，数学家们有时会觉得这个概念有些不自然或说偏业余。）举个例子，"27"不是回文，但在二进制下，它写作"11011"，又是回文的了。

每个数在足够大的进位制表示下都是回文的，因为此时它可被一位数表示，自然就回文了。因此，回文性质不是数本身的性质，而是数的具体表述方式的性质。

第二节　数系

下面我们把各种数系摆出来，一一过目。

自然数

自然数通常被认为是下面这些数：

$$0 \quad 1 \quad 2 \quad 3 \quad 4 \quad \cdots$$

自然数组成的集合一般被记为 N。历史上，零的引入曾是概念上一步艰难的跨越。"我们需要一个数来表示'空无'或'不在'的概念"，而今天已熟悉这一概念的当代人很可能轻视它的深刻之处。零作为一个数的地位于公元 5 世纪在印度方才变得明晰，尽管它在此前已被用作位的占位符；而在罗马数字中却并非如此，因为罗马数字没有位数之分。甚至在今天，仍有些数学家喜欢把 1 当作第一个自然数；有些计算机编程语言把 0 用作第一个索引数，但仍有其他语言用 1。相似的现象还可再想想欧洲和美国给楼层数数的文化差异[1]；或是想想中国人计算年龄的方式，婴儿在出生那年计"一岁"虚岁，一年后计"两岁"，依此类推。

在自然数的基础上，而今我们已有一套恢弘的数论。约翰·卡尔·

1　欧洲的"第一层"指地表第 2 层。美国的"第一层"指地表第 1 层。——译者注

弗里德里希 · 高斯（Johann Carl Friedrich Gauss）将其称为"数学的女王"，G·H· 哈代赞誉其纯粹、抽象的寂寥立意。不过纵有哈代论断在前，我们还是为数论找到了重大应用领域：高等数论的思想构成了密码学的核心，后者又是互联网安全的基石，因而是我们的经济的基础要素。

整数

　　整数，因德文中表示"数"的词"Zahlen"的缘故，常被记作 $\mathbb{Z}$，包括全体自然数及它们的相反数（即负数）：

$$\cdots \quad -3 \quad -2 \quad -1 \quad 0 \quad 1 \quad 2 \quad 3 \quad \cdots$$

整数享有一些自然数所不具有的数学特性，例如，任意两个整数的和或差仍然是整数。每个整数都有一个加法逆元（即一个与该数相加结果为 0 的整数）、一个加法单位元；而且整数乘法在加法上满足分配律。因此，整数构成了一个环。所谓环即是这样一种带有加法、乘法运算的数学结构，（除其他人们耳熟能详的性质之外）其中每个数都有一个加法逆元。

有理数

　　有理数由整数的比或说商构成，又称分数，例如 1/2、5/7、129/53。全体有理数的集合，因"商"的英文词"quotient"的缘故，通常记作 $\mathbb{Q}$。它在数轴上是一个自稠密（dense-in-itself）的点集，因为任意两个有理数求平均值后仍是有理数。有理数具有自然数和整数不具备的一些特性，比如每个非零有理数都有乘法逆元。这使得有理数 $\mathbb{Q}$ 构成了一个域。而且它其实是个有序域，因为其上的序关系 < 在与算术运算互相作用时满足一些特定规律，例如：$x < y$ 当且仅当 $x + a < y + a$。

但数究竟是什么？再考虑一则惑事：分数 3/6 并未约分到最简，而 1/2 是最简的；然而我们却说它们相等：

$$\frac{3}{6} = \frac{1}{2}。$$

这是怎么回事？如果一个事物具备另一事物所不具备的属性，我们怎么能说它们是等同的呢？那将违反莱布尼兹的不可分辨者的同一性原则。对此疑题的解答如下：如同上文的回文数性质，"最简分数"的性质其实不归属于某数本身，而应归属于我们用以描述或表示数的方式。再一次，问题的症结在于混淆了数和数字。

对象与描述、语义与句法、使用与提到，这些是数理逻辑中的核心区分，搞清楚它们能廓清很多疑问。经常，大相径庭的描述刻画着同一个对象：启明（晨星）即是长庚（昏星），两者都是金星，尽管认识到这一点需要花费些时间。

4

但是，数是什么？

第三节　不可公度数

不可公度数[1]是无法表示为两个整数之比的量。它们的发现是经典数学的一块瑰宝，而且，在我看来也是人类成就的一座高峰。公元前 5 世纪，毕达哥拉斯学派发现正方形的边和对角线不能用共同的单位来度量，即不存在一个更短的单位长度使得两者的长度都是其整倍数。用现在的术语，这相当于说 $\sqrt{2}$ 是无理数，因为任何正方形中对角线和

1　即无理数。ratio 词源既有"理性"也有"比例"的意思。——译者注

边长的比值都是这个数。如果你将一个正方形的边均分为 10 个单位，那么它的对角线长度将略多于 14 个单位；分成 100 份，则略多于 141 份；分成 1000 份，则略多于 1414 份；但无论分多少份，对角线长永远不会是个精确值——这两个量是不可公度的。这些份数也可见于它的十进制展开头几位：

$$\sqrt{2} = 1.414213\cdots$$

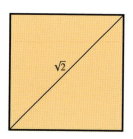

这对毕达哥拉斯学派的成员而言是个令人震惊的发现。在他们近乎宗教信仰的数字神秘主义信条下，这一发现甚至堪称异端。这些信条旨在用比重和比例来参透一切，并将数当作实在的根本基质。据传，那位发现不可公度数的人被溺毙于大海，因其泄露无理数的天机而遭诸神惩罚。但反正天机两千年前就已传开了，我们大可共赏一则对于此项美妙数学事实的证明。如今借助不同方法，我们已有数十种证明。我认为，每一位有数学教养的人，都该能证明 $\sqrt{2}$ 是一个无理数。

定理 1 $\sqrt{2}$ 是一个无理数。

证明   众所周知，经典论证如下展开。反设 $\sqrt{2}$ 有理，那么就能把它表示为一个分数：

$$\sqrt{2} = \frac{p}{q}。$$

我们可以假定该分数已约到最简，即 p 和 q 是没有公因子的整数。等式两边取平方并同时乘以 q^2，可得

$$2q^2 = p^2。$$

由此，可见 p^2 是 2 的倍数，因此它必是个偶数。所以 p 也应是个偶数，因为偶数 × 偶数才得偶数。于是 $p = 2k$，其中 k 是个整数。继而有 $2q^2 = p^2 = (2k)^2 = 4k^2$，由此得 $q^2 = 2k^2$。因而，q^2 也是偶数，所以 q 一定也是个偶数。因此 p 和 q 都是偶数，这与我们"$\frac{p}{q}$ 已约至最简"的前提矛盾。所以 $\sqrt{2}$ 不可能用分数表示，因而是个无理数。 □

一种几何证法

以下是另一则更具几何味道的证明，它由纽约城的逻辑学家斯坦利·特南鲍姆（Stanley Tennenbaum）给出。

证明 如果 $\sqrt{2} = p/q$ 是有理的，那我们就将由此推出的等式 $p^2 = q^2 + q^2$ 作成几何图示。如下，有蓝色大号正方形的面积等于两个红色中号正方形面积。

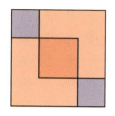

假设我们考察的是满足这一关系的最小一对整数实例。如图，将两个红色正方形叠放在蓝色正方形内。那么两个蓝色的边角会因盖不到而露出，而红色的方形交叠区域则被覆盖了两次。因为原本的蓝色方形与两个红色方形面积相等，所以若把中央红色方形面积计两次，则多出来的面积也应正好与两个蓝色露出方形的面积相冲抵。让我们把这些小一号的图形抽出来单独考虑。我们刚说到中央红色方形与边角上两个蓝色小方形面积相等。

再者，这些小一号的方形边长都是整数，因为它们均由原方形作差所得。因此，我们找到了一个严格更小的整数边长正方形，它的面积是另外两个等大整数边长正方形面积之和。该结果与我们始于最小整数实例的假设相矛盾。所以根本就不存在这样的实例，由此可知 $\sqrt{2}$ 是无理数。   □

第四节 柏拉图主义

6

数到底是什么？让我们先来考察几个可能的答案。根据一种名为柏拉图主义的哲学立场，数和其他数学对象作为抽象对象而存在。柏拉图主张它们存在于一个由理型（ideal forms）构成的领域中。你在纸上所能描出的一条具体的直线或一个具体的圆会有瑕疵，不完美；而在柏拉图的理型域中，存在着完美的直线和圆——以及数。从这种观点看，数学家说"存在一个具有某某性质的自然数"的真正意思是：在理型域中，的确能找到这样的数。当代的各种柏拉图主义立场仍然坚持抽象对象存在这个核心论点，但对于柏拉图关于理型或理型域——理型聚居之所——的朴素思想，则抱着疏远的态度。

当我们说出以下这些话时，它们意味着什么呢？"存在着一个连续但不可微的函数 f""这则微分方程存在一个解"，或"存在着一个序列紧致但不紧致的拓扑空间"。这些话说的肯定不是物理意义上的存在；我们没法将这些"对象"像捧着一个烤土豆那样捧在手心。那这又算何种存在呢？按柏拉图主义思想，数学对象尽管抽象但仍真实地存在。对柏拉图主义者而言，日常数学讨论中关于数学对象是否存在的话语的字面意思理解是成立的——这些对象确实存在，尽管其存在方式是抽象的而非物理的。顺此思路，数学存在之本性与其他抽象事物（例如美、幸福）存在之本性类似。美存在吗？我认为存在。平行线存在吗？按柏拉图主义思想，答案如出一辙。但抽象对象是什么？此类存在的本性又是怎样的呢？

不妨考虑这样一篇文学作品——亨利克·易卜生（Henrik Ibsen）的剧作《玩偶之家》（*A Doll's House*）。它当然是存在的，但具体来说存在的是什么呢？我当然可以摆出一本印好的文稿，说："这就是《玩偶之家》。"但这么说不完全符合真相，因为倘若这本具体的剧本损毁了，我们也不会说这部剧作本身损毁了；我们不会说"我刚骑摩托车时把这部剧作别在了后裤袋上"。我可以在百老汇观看这部剧作的一次演出，但任何一次具体的演出都不会是剧作本身。我们不会说易卜生的这部剧作仅存在于 1879 年首演的这段时间，也不会说它在每次演出时存在，不演出时则不存在。这部剧作是一个抽象事物，是对它在文稿和演出中众多不完美的实例的一种理想化产物。

如同这本剧作，数 57 也存在于其众多有瑕疵的实例之中：筐中的57 个苹果、老千袖中的 57 张扑克。抽象对象的存在似乎要借由它实例的存在以某种方式转呈出来。那么数 57 的存在是否就像一部剧作、一部小说、一首歌的存在那样呢？戏剧，和其他艺术作品一样，是被创作出来的：易卜生写就了《玩偶之家》。尽管有的数学家把他们的工作描述成一种创作活动，但毫无疑问，没有任何数学家会在同样的意义下宣称创造了数 57。数学是被发现的，还是被创造的？一部分当代柏拉图主义者认为数及其他数学对象都享有独立的存在；正如典故中那棵独自倒落在林中的树[1]，下一个自然数总会存在，即便从不会有人能数到如此大的数。

7　丰饶柏拉图主义

马克·巴拉格尔（Mark Balaguer，1998）主张一种被称为"丰饶柏拉图主义"（plenitudinous platonism）的立场，它是一种慷慨的实在论版本。它大方地许下的形而上学的承诺多得简直要溢出。按丰饶柏拉图主义的观点，每一套融贯的数学理论都在柏拉图域中的某个对应数学结构上被实现。这个理论在一个理型数学结构中为真，这个结构例示了这个理论的内容。按丰饶柏拉图主义的观点，每个可想象的融贯数学理论都在一个实在的数学结构中为真，因此这种形式的柏拉图主义提供给我们一个极其丰富的数学本体论。

1　遥远的森林中，一棵树倒下，没人听闻，那它是否还发出了声响？事物是否能超越认识者的感知领域而独立存在？柏拉图主义者会作出肯定回答。对自然数亦然。——译者注

第五节 逻辑主义

行进在一条被称为"逻辑主义"的哲学道路上，戈特洛布·弗雷格（Gottlob Frege）和紧随其后的伯特兰·罗素（Bertrand Russell），及20世纪初的其他同行者们，都致力于将全部数学，包括数这个概念在内，还原为逻辑。弗雷格起步于分析这么一件事——当我们说"存在着一定数量的某种事物"时，其表达的意义为何。比方说，"存在着正好两个具备 P 性质的事物"，就意味着，我们有一个具备该性质的对象 x 和另一个与之不同的具备该性质的对象 y，并且除了 x 和 y，不存在别的具备该性质的对象。因此，用逻辑符号表达的话，"存在着正好两个具备 P 性质的事物"可写作：

$$\exists x, y(Px \land Py \land x \neq y \land \forall z(Pz \to z = x \lor z = y))。$$

其中量词符号 $\exists$ 读作"存在"，$\forall$ 读作"对于所有的"，而 $\land$ 和 $\lor$ 则分别表示"且"和"或"，$\to$ 代表"蕴涵"。按此方式，弗雷格用纯然逻辑的语言表述了数 2 的概念。你可以拥有两只羊、两个苹果、两只手，而这些场景中的共同点即是数 2 的本质所在。

等数关系

弗雷格用逻辑处理基数的一个结果是，彼此存在一一对应关系的两个类会满足完全相同的弗雷格式数量断言；因为支撑断言为真的细节会通过对应从一个类传递到另一个类。弗雷格的进路由此和等数关系深深联系在了一起。后者是一个旨在表达两集合或类具有相同基数大小之意的概念。等数关系在格奥尔格·康托（Georg Cantor）对基数的分析工作中也居于核心，尤其是将在第三章中讨论的无穷基数部分。具体而言，当两个对象的类（或按弗雷格的表达习惯：两个概念）能被建立起某种一一对应关系时，它们是等数的——具有相同的基数大小。此时，第一个类中的每个对象都能被唯一地和第二个类中某个对象关联起来，反之亦然；如同牧羊人数手指头给他的羊群计数。

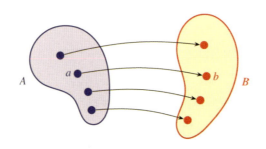

8 　　接着我们来考虑全体集合上的等数关系。比如，在下图所示的集合中，等数关系以颜色标明：所有绿色集合等数，都有两个元素，再有全部红色集合等数，橙色集合等数，依此类推。

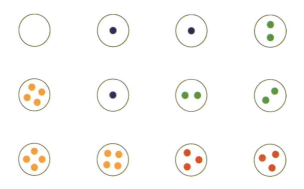

　　照此方式，等数概念让我们能系统地比较任意两个集合并判断它们是否具备相等的基数。

康托-休谟原则

由此，如下这条有关数的等同判断的准则在弗雷格对基数的处理工作中占据了中心地位：

康托-休谟原则 两个概念拥有相同的数，当且仅当，这两个概念能被置于一套一一对应关系中。

换言之，当且仅当类 $\{x|P(x)\}$ 和类 $\{x|Q(x)\}$ 之间存在一套一一对应关系时，具有 P 性质的对象的数目和具有 Q 性质的对象数目相同。这条原则的断言可用符号表达为：

$$\#P = \#Q \qquad \text{当且仅当} \qquad \{x|P(x)\} \simeq \{x|Q(x)\},$$

其中 $\#P$ 和 $\#Q$ 分别指代具备 P、Q 性质的对象的数目，符号 $\simeq$ 指代等数关系。

康托-休谟原则也常被简称为休谟原则，因为正如弗雷格提到的，休谟在其《人性论》（*A Treatise of Human Nature*）中简略陈述了它（休谟的这段话可见于本书第四章第五节）。远在此前，伽利略在他的《关于两门新科学的对话》（*Concerning Two New Sciences*）一书中已对等数关系做了长篇讨论。他将其视为大小等同性的判据，在那些困惑难解的无穷集情况下尤为如此。其中一些看似矛盾的例子包括：一组线段长度不等，但作为点集相互等数，或一组圆半径不等，但作为集合却相互等数。另外，就我的想法而言，这条原则和康托的关联最为紧密。在他对基数概念的奠基性阐发工作背后，此原则其是核心动机。康托的这项工作大概是最成功、最有影响的，同时也在史上首次终于将可数基数和不可数基数的本性分辨明白（见第三章）。康托在他开集合论之先

9

河的一篇论文（Cantor，1874）中研究了等数关系，又在康托（Cantor，1878）的开篇按他的一个版本陈述了康托-休谟原则。在 1877 年寄给理查德·戴德金（Richard Dedekind）一封信中，他证明了单位区间和方形、立方体乃至任意有穷高维的单位超立方等数。对于这一发现，他说道："我虽眼见它，但无法信其为实！"（Dauben，2004，p. 941）我们将在本书第三章第八节，第161页回看这个例子。

康托-休谟原则提供了一个数相同的标准，亦即决定两个概念何时具有相同的数的标准。但它在面上仅给出了数概念的一项必要特征，而没能完全锁定数是什么。换言之，该原则告诉了我们数是等数关系下的分类不变量（classification invariants）。所谓一个等价关系下的分类不变量指的是这样一套对该关系的定义域中的诸对象的标记方式，它给等价的对象贴上相同的标签，给不等价的对象则贴上互异的标签。例如，如果我们摘了几天的苹果，并给每天的收获贴上一个不同颜色的标签，那么标签的颜色就在以这些苹果为定义域的"同日摘取"等价关系下是个不变量。但此外还有许多别的不变量；我们也可以在这些标签上写上日期，将它编码成条形码，或是干脆把同日摘下的苹果单独放入一个相应的箩筐里。

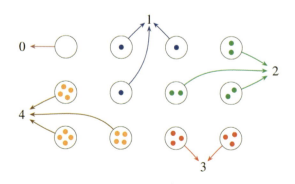

康托-休谟原则告诉我们，数，不论它们是什么，在被指派给每个类时都需满足以下条件：相互等数的类拥有相同的数，而不等数的类则拥有不同的数。这正是数作为等数关系的分类不变量的涵义。但归根结底，这些作为对象被指派给类的数到底是什么呢？康托-休谟原则对此沉默不语。

朱利乌斯·凯撒问题

10

弗雷格在其逻辑主义纲领的工作中曾探寻一种对数的消去（eliminative）定义，按此方式，数将被用其他确切的概念来定义。因为康托-休谟原则没告诉我们数是什么，所以弗雷格最终还是不满足于将数的概念完全建立在它之上。他坦荡地将此问题公诸如下：

> 我们绝无可能——举个突兀的例子——借由我们的定义来判断归属于一个概念的数是不是"朱利乌斯·凯撒"，或是判断那位著名的高卢征服者是不是一个数。(Frege, 1968[1884], §57)

引文包含的不满意见在于，尽管康托-休谟原则给出了判断形如 $\#P = \#Q$ 的数量等同命题真假的准则，可用于比较两个类的数；但它没给判断形如 $\#P = x$ 的等同命题真假的准则，后一类命题告诉我们哪些对象 x 是数，其中也包括个例 "$\#P = $ 朱利乌斯·凯撒"。

这则意见，作表面理解，带有强烈的反结构主义倾向（我们将在第一章第十节展开讨论这一立场），因为它的关注点放在数本身是什么上，而非在数的结构特征和角色上。不过，也有如德科·格雷曼（Greimann, 2003）的一些学者仍主张，弗雷格的立场中有着一些精微的结构主义元素。

15

作为等数类的数

为了给出一种适合其研究纲领的数的定义，弗雷格开启了从等数关系中抽提出抽象概念的工作进程。他最终意识到等数类本身就可以充任数的概念。

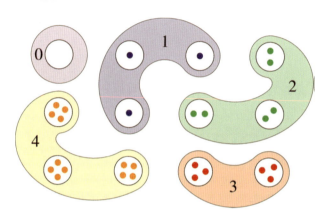

具体来看，弗雷格把一个概念 P 的"基数"定义为"与 P 等数"这个概念。换句话说，某个集合的基数即是所有与它等数的集合所组成的类，换言之该集合的等数类：

$$\#P \quad =_{\text{定义}} \quad \{x \mid x \simeq P\}。$$

在弗雷格看来，数 2 是所有对集所组成的类；数 3 是所有三元素集所组成的类，以此类推。而数 0 则恰恰是 $\{\varnothing\}$，因为仅有空集一个元素都不含。弗雷格的定义满足康托-休谟原则，因为任意一组集合拥有相同等数类当且仅当它们等数。

弗雷格继而发展他的算术理论。他将零定义为空集的基数；还这样给出后继的定义：数 m 是另一个数 n 的后继基数，如果 m 恰好是

往某个基数为 n 的集合里再添一个元素后所得新集合的基数；自然数是所有通过对 0 接连应用后继运算而生成出来的基数，或更准确地说，考虑这样的性质，0 具有该性质，并且该性质可从每一基数传递到它的后继，具有所有此类性质的基数就是自然数。如果我们认可等数关系和这里用到的其他概念都是逻辑范畴内的，那么这一套方法似乎就将算术最终还原成了逻辑。

罗素同样试图将数学建基于逻辑，其工作一开始独立于弗雷格，但随后就致力于回应和发展弗雷格的思想。罗素对皮亚诺（Peano, 1889）的算术形式化工作印象深刻，不过他还是认为弗雷格的奠基工作更深入些，尤其是它提供的对"零""后继""自然数"这些算术概念的一套纯然逻辑的解释。在他们后续的巨著《数学原理》（*Principia Mathematica*）中，罗素和阿尔弗雷德·诺斯·怀特海（Alfred North Whitehead）将两条主线都织入了他们对算术的解释工作中。

新逻辑主义

弗雷格和罗素的逻辑主义纲领，就他们将数学还原到逻辑的努力而言，后来被普遍地认为到底是不成功的。弗雷格的基础系统被罗素悖论证实为不一致（将于本书第八章讨论），而罗素的系统又被认为僭言了无穷公理、选择公理这两则非逻辑的存在命题。即便如此，逻辑主义的薪火还是在鲍勃·黑尔（Bob Hale）和克里斯平·赖特（Crispin Wright）等学者手中以新逻辑主义纲领之名重燃，他们将弗雷格逻辑主义方法重构，使之不重蹈不一致的覆辙，再一次朝着将数学还原为逻辑的目标迈进。

具体说来，赖特（Wright, 1983）有意将弗雷格的算术直接奠基在康托-休谟原则之上，不需其有缺陷的底层体系就能建立起皮亚诺公理。等数关系，按其在二阶逻辑中的表达，被视为逻辑的。（有些哲学家会反对这一点，他们将二阶原则认为本质上归属于集合论和数学，但在此我们还是顺着新逻辑主义的视角来展开。）新逻辑主义者应对凯撒问题的方式是为数的指派问题寻找一个纯逻辑的解答，它基于弗雷格的一些关于抽象化（abstraction）过程的见解。例如，弗雷格曾解读我们如何仅从一条关于同方向关系（即平行关系）的判断准则开始，继而谈及一条直线的方向。类似地，我们也会谈到下象棋时一连串棋移动的顺序，或是彩色瓷砖的铺贴图案，也许还有某件物品的价值。

12 在这每个情形中，我们都通过一个函数表达式 f 指称了一个抽象实体，该函数仅以如下形式的准则得到隐性的定义，

$$f(a) = f(b) \qquad \text{当且仅当} \qquad Rab,$$

其中 R 是一等价关系。比如，直线 l_1 的方向和直线 l_2 的方向相同，当且仅当 l_1 平行于 l_2 之时；一种铺贴方案的图案和另一种相同，倘若两种方案的每片瓷砖在颜色和相邻关系上都能被对应匹配。弗雷格所述的抽象化过程中，像这样一条抽象化原则被认为定义了一个抽象函数 f。当然，这里的要点在于，康托-休谟原则本身就是这样一条抽象化原则，它论及一个类中元素的数，且两个类有相同的数当且仅当这两各类等数。通过抽象化过程，我们得以达到作为抽象对象的数。

同时，不加选择地把所有抽象化原则接纳为合法的做法也有一些逻辑问题，因为其中一些原则会引致矛盾。比如，普遍概括原则就能从弗雷格式抽象化过程中衍生出来。因此，抽象化原则被认为存在"良莠不齐"（bad company）问题；一些已知为假的原则也是它的实例。当然，这只是在以一种委婉的方式说，抽象化原则作为一种函数定义原则是错的。我们一般不会说，否定前件的谬误因为有一些为假的实例

而存在"良莠不齐"问题，我们会直说它是错的。

第六节　解释算术

数学家们普遍追求各种理论之间的互相解释。我们如何能在其他领域中解释算术呢？让我们来稍稍探讨几种方案。

作为等数类的数

我们方才讨论完弗雷格和其后的罗素如何将数定义为等数关系下的等价类。按照这种解释，数 2 就是全体对集组成的类，而数 3 是全体三元素集组成的类。它们都是真类而非集合。真类可能被认为存在一些集合论方面的困难。不过通过应用斯科特技巧（源于 Dana Scott），我们可以把它们还原为集合，其诀窍在于用一个真类在集合论层垒谱系中最低层的实例所组成的集合来代表该类。

作为集合的数

同时，算术在集合论中还有其他几种。恩斯特·策梅洛（Ernst Zermelo）曾用空集来表示数零，再把构造单点集的运算当作后继运算来迭代，效果如下：

$$0 = \varnothing$$

$$1 = \{\varnothing\}$$

$$2 = \{1\} = \{\{\varnothing\}\}$$

$$3 \;=\; \{2\} \;=\; \{\{\{\varnothing\}\}\}$$

$$\vdots$$

13　我们而后可以继续在这些数的基础上用纯集合论的术语定义出常规算术结构，包括加法和乘法。约翰·冯·诺依曼（John von Neumann）曾提出另一版不同的解释。它基于一个优雅的递归理念：每个数都是比它小的数所组成的集合。按此构想，空集 $\varnothing$ 是最小的数，因为它不含任何元素，因而根据上述口号也就不存在比它小的数。排在下一位的是 $\{\varnothing\}$，因为此集合唯一的元素（因此换言之唯一比它小的数）是 $\varnothing$。如法炮制，我们可得以下自然数：

$$0 = \varnothing$$

$$1 = \{0\}$$

$$2 = \{0, 1\}$$

$$3 = \{0, 1, 2\}$$

$$\vdots$$

任何一个自然数 n 的后继数是集合 $n \cup \{n\}$，因为就比该数还小的数而言，除了那些比 n 还小的数，我们只添上了 n 本身。在冯·诺依曼对数的构想中，自然数上的序关系 $n < m$ 与元素从属关系 $n \in m$ 相同，因为 m 恰恰是那些比 m 小的数组成的集合。

　　注意，如果我们将上文 3 的定义展开，我们会得到

$$3 = \{0, 1, 2\} = \{\varnothing, \{\varnothing\}, \{\varnothing\{\varnothing\}\}\}。$$

但这样何等累赘！到了 4 和 5，问题只会更甚，何谈往后。也许这条思路是不自然的或太过复杂？这种看待冯·诺伊曼数的角度掩盖了它背后"每个数都是比它小的数所组成的集合"的思想精髓，而正是这一思想能够被简便地推广至超穷，并让居于算术核心的递归定义可被顺滑地实现。难道 $1 = \frac{1}{\pi} \int_{-\infty}^{+\infty} e^{-x^2} dx$ 的事实意味着数 1 很复杂吗？我不这么认为，简单的事物也会有复杂的描述。冯·诺伊曼序数被当今的集合论学家普遍视为一种基本的集合论现象，是绝对可定义而且刚性的，作为中流砥柱支撑着层垒的谱系，并为有穷和超穷算术一同提供了一种优雅而实用的解释。

我们不应将策梅洛和冯诺依曼各自对数的构想等量齐观，因为策梅洛的解释，除了在此类专门比较不同解释的讨论中，从未于当今的集合论中被实质地采纳过，而冯诺依曼的解释，因其在便利性和概念上的优势，已成事实上的标准解释，被成千上万的集合论学家毫无疑义地奉为常经。

作为初始项的数

有些数学家和哲学家更喜欢将数看作未定义的初始项，而非将其解释到别的数学结构里。按照这种观点，数 2 就是 2——一个初始的数学对象，而没有任何必要再去探讨"它是什么？"或者"它更基本的组成是怎样？"。0、1、2...这一套自然数就这么存在着，作为基元（urelements）或说不可还原的初始项[1]，而我们可在它们之上构造其他更精巧复杂的数学结构。

举例来说，给定自然数，我们能按如下方式构造整数：我们不妨把每个整数都想成两个自然数的差，比如把数 2 表示为 $7 - 5$，-3 为

---

1 又译作"无元"。——译者注

$6-9$ 或 $12-15$。正数由一个较大数与较小数作差而得，负数相反。因为同一个差存在许多不同的表示方式，所以我们得在自然数对上定义一个等价关系——等差关系：

$$(a,b) \sim (c,d) \iff a+d = c+b。$$

注意到我们不单能将等差关系写作 $a-b = c-d$，还能将它写作 $a+d = c+b$，仅用加法而非减法，后者因自然数在减法下不封闭而会有问题。正如弗雷格把数定义为等数类，我们现在将整数径直定义为自然数对上相对于等差关系的等价类。按此视角，整数 2 直接就是集合 $\{(2,0),(3,1),(4,2),\cdots\}$，-3 是集合 $\{(0,3),(1,4),(2,5),\cdots\}$。在这些新对象上，我们还能接着定义出加、乘运算。例如，若令 $[(a,b)]$ 指代数对 (a,b) 的等差关系等价类，那我们可作出定义：

$$[(a,b)] + [(c,d)] = [(a+c,b+d)] \quad 和$$

$$[(a,b)] \cdot [(c,d)] = [(ac+bd,ad+bc)]。$$

如我们将等价类 $[(a,b)]$ 想成表示整数差 $a-b$，那以上定义将是自然的，因为我们希望确保整数能满足以下性质：

$$(a-b) + (c-d) = (a+c) - (b+d) \quad 和$$
$$(a-b)(c-d) = (ac+bd) - (ad+bc)。$$

我们的方法还有个细节需说明，此即，我们在两个等价类 $[(a,b)]$ 和 $[(c,d)]$ 之间定义了一种运算，但在这么做时，我们写下了 $a+c$、$b+c$，并因此援引了那两个等价类的两个特定的代表元。要使这一方式能成功地定义出一种等价类上的运算，我们还需证明代表元的具体选择与结果无关。我们需证我们的运算相对于等差关系是良定义的，即等价的输入会算得等价的输出。如我们有等价的两对输入 (a,b) (a',b') 和 (c,d) (c',d')，那么我们需证对应的输出也等价，这意味着 $(a+c,b+d)$ $(a'+c',b'+d')$，同理对乘法也如此。事实上，我们的定义的确是良定义的。因此，我们从自然数对相对于等差关系的等价类上构造出了一个数学结构，我们还能进一步证明它展现出我们对一个整数环所期望的所有性质。依此法，我们从自然数构造出了整数。

　　类似地，我们把有理数构造为整数对相对于等比关系的等价类。换言之，若把数对 (p,q) 写成我们熟悉的 $\frac{p}{q}$ 分数形式，并保证 $q \neq 0$，我们这样定义等比等价关系：

$$\frac{p}{q} \equiv \frac{r}{s} \iff ps = rq。$$

注意，我们仅用整数上的乘法结构就作出了定义。我们接着在这些分数上定义加法和乘法：

$$\frac{p}{q} + \frac{r}{s} = \frac{ps+rq}{qs} \qquad 和 \qquad \frac{p}{q} \cdot \frac{r}{s} = \frac{pr}{qs},$$

同时确认这些运算关于等比关系是良定义的。在此分数 $\frac{p}{q}$ 被用作一个数字，仅作一个代表元，它对应的有理数其实是等比关系下的等价类 $[\frac{p}{q}]$。如此，我们从整数，并最终从作为初始项的自然数，构造出了有理数域。

　　这套程序可继续延伸到实数，我们能以多种多样的方式把它从有理数被构造出来，例如通过戴德金分割构造，或是借由柯西序列的等价类（将于第一章第十一节说明）；然后是复数，构造为实数对 $a+bi$

（见第一章第十三节）；如此等等。最终，我们所熟悉的全部数系都能从作为初始项的自然数出发被构造出来。据传出自利奥波德·克罗内克（Leopold Kronecker）的一则名言形象地描述了该过程：

神创造了整数，余则皆为人作。

（Die ganzen Zahlen hat der liebe Gott gemacht, alles andere ist Menschenwerk.）

——Leopold（1886），引自（Weber，1893，p. 15）

作为态射的数

许多数学家已经关注到范畴论的威力，它能被用以统一来自多个相去甚远的数学领域的数学构造。比如，一个群论中的构造也许满足了关于某幅特定的同态交换图的一个泛性质，并在同构意义上唯一；那它就在这个方面等同于某个在环结构中或是在偏序结构中的对应构造。屡次三番，范畴论揭示了数学家在不同的语境中做着本质上相似的构造。

16　　正因这一统一化的力量，数学家们已开始寻求将范畴论用作数学的一个基础。在集合范畴初等理论（ETCS）中，一个由 F·威廉· 劳维尔（F. William Lawvere，1963）所提出的基于范畴论的基础系统，我们在一个拓扑斯（topos）中工作。所谓拓扑斯是一类特定的范畴，它们具有许多集合范畴性的性质。在一个拓扑斯中，自然数被表示为一种叫作自然数对象（natural-numbers object）的东西 N。该对象 N 带有两个特定的态射，其一是 $z:1 \to N$，它的作用是标出自然数零，其中 1 是该范畴中的一个终对象；其二则是态射 $s:N \to N$，它满足一条特定普遍自由作用性质，该性质确保此态射能起到自然数上的后继函数那

24

样的作用。这背后的想法动机是：每个自然数可从零开始，借由后继运算而被产生。做法是，将态射 s 多次迭代并复合到 z 上：

$$0 = z : 1 \to \mathbb{N}$$

$$1 = s \circ z : 1 \to \mathbb{N}$$

$$2 = s \circ s \circ z : 1 \to \mathbb{N}$$

$$3 = s \circ s \circ s \circ z : 1 \to \mathbb{N}$$

$$\vdots$$

按这一构想，一个自然数单纯地就是一个态射 $n : 1 \to \mathbb{N}$。在任何一个拓扑斯中，自然数对象在同构意义上都是唯一的，而任何一个这样的对象都能将算术概念解释到范畴论中来。

作为博弈的数

我们甚至可以把数解释成博弈。按约翰·康威（John Conway）的解释，博弈是基本的概念，而人们可把数定义成特定种类的博弈。最终，他的理论提出了一种解释，它把自然数、整数、实数、序数全都熔于一个单一的数系——超现实数（*surreal numbers*）。在康威的框架中，一盘博弈有两名参与人，左方和右方，两方轮流出手。我们可通过详尽描述每位参与人每步所做的行动选择来描述整盘博弈；在他的回合，一名参与人选择众多选项中的一个，这在效果上相当于，在把行动回合交由对手的同时，开启了一盘从当前位置开始的新博弈。如此，每盘博弈都是遗传地类博弈的：每盘博弈都是两个由博弈组成的集合所形成的序对

$$G = \{G_L | G_R\},$$

其中，集合 G_L 内的博弈是左方参与人可行的选项，G_R 则是右方参与人可行的选项。这个想法可被当作一条支撑这整套理论递归展开的基础性公理。某位参与者落败的时刻是双方都不能合规地做出行动之时，这种情况在当他们的选项集都为空时出现。

17   我们能从虚无中造出整个博弈的宇宙，正如集合论中层垒谱系的构造。一开始，我们什么都没有。但接着我们造出一盘可称为"零"的博弈：

$$0 = \{ \ | \ \},$$

左方或右方在盘中都无选项。这盘博弈中，谁先手，谁就输。造出它之后，我们又能造出一盘被称为"星"的博弈：

$$* = \{ 0 | 0 \},$$

左方或右方在此都只有零作为其唯一选项。这局博弈先手必胜，因为先手方必选 0，而后对方便撞上一个败局。我们接着又能造出被称为"一"和"二"的两盘博弈：

$$1 = \{ 0 | \ \}$$

$$2 = \{ 1 | \ \},$$

它们都是左方的胜局。再可造两盘博弈"负一""负二"：

$$-1 = \{ \ | 0 \}$$

$$-2 = \{ \ | -1 \},$$

它们反过来都是右方的胜局。再考虑被称为"二分之一""四分之三"的两盘：

$$\frac{1}{2} = \{\,0\,|\,1\,\} \qquad \frac{3}{4} = \{\,\frac{1}{2}\,|\,1\,\}。$$

你能看出如何继续构造吗？

　　康威接着把类似数的数学结构安置在博弈组成的类上：比如，一盘博弈为正，如果无论哪方先手都是左方赢；反之，如右方必胜则博弈为负。读者可自行验证 1、2、$\frac{1}{2}$ 都为正，同时 -1 和 -2 都负，而 0 和 $*$ 非正非负。康威还在博弈的类上定义了特定一种类似于序关系的遗传关系，其指导思想是：一盘博弈 G 也许会刚好大于其左侧集里的博弈，并刚好小于在其右侧集里的博弈，正像一个有理数上的戴德金分割。具体地说，$G \le H$，当且仅当以下两种情况完全不发生，一是对于 H 右侧集中某个 h，$h \le G$；二是对于 G 左侧集中某个 g，$g \ge H$。这一定义是良基的，因为我们已把 $G \le H$ 的判定问题还原到序关系的一些秩更低的先前已构造好的实例上。一个数是这样一盘博弈 G，它的左侧集中的每个元素都对它右侧集里的每个元素有 $\le$ 关系。当博弈的构造被推至超穷时，这一构想就引出了超现实数。康威定义了博弈的和 $G + H$、博弈的积 $G \times H$，还有幂 G^H，并证明我们熟悉的一切算术性质都在他这套博弈的数的构想中成立。这是一个多么美丽而不凡的数学理论瑰宝。

冗杂定理

18

　　每当我们在一个数学理论中给出另一个理论的解释，比如在集合论中解释算术，一类叫冗杂定理的现象（junk-theorem phenomenon）就会应运而生。这是一些可被证明但多余的结论，它们是关于被解释理论的对象的。但这些结论与其说是我们所求解释结构的一部分，不如说因这些对象在环境理论中的本性而起。我们会碰到冗杂定理、冗杂性质，甚至于冗杂问题。

例如，如果我们把算术经由冯·诺依曼序数解释到集合论中，那么我们能轻易地证明以下几个奇怪的事实：

$$2 \in 3 \quad 5 \subseteq 12 \quad 1 = P(0) \quad 2 = P(1)。$$

记号 P 在此代表幂集，换言之所有子集所组成的集合。许多数学家反对这几条定理，其理由在于：他们强调，我们不想要这样的算术解释，它使得，数 2 是数 3 的一个元素，或反过来数 2 恰好和数 1 的所有子集所组成的集合是同一个数学对象。这些结论或说定理是"冗杂"，这么说的意义在于，尽管它们对于那些算术对象为真，但其所以为真的缘由仅在于这种特定的解释方式，即冯·诺依曼序数解释；如果采用集合论中的别种解释方式，它们就未见得真。就在集合论中解释算术这个专题而言，你可听闻的许多争议似乎都集中在"数能被解释为（不论何种）集合"这个出发点；不少数学家对问出"数 7 的元素是什么？"感到奇怪。为尝试避免此类冗杂定理现象，一些数学家也在推荐其他一些非集合论的基础。

在我看来，问题症结不在集合论，因为其他基础也会呈出它们自己的冗杂。比如，在康威的数的博弈解释中，"谁赢了 17？"就是可问的。在算术的 ETCS 解释中，我们也能谈论数 5、数 7 的定义域和陪域（co-domain），或是将 5 与后继运算做复合，抑或提问 5 和实数 π 的定义域是否相同。这些对于一位数学家都算冗杂，倘若他主张数 17 不是什么博弈，也不具备定义域，并且不能与任何态射作复合。冗杂定理现象似乎总是避无可避；只要我们把一种数学理论解释到另一种中去，它就会发生。

理论的解释

让我们再细致一点，好好想想数学中解释的执行过程。想要把一套对象理论 T 解释到一套背景理论 S 中，比如把算术解释到集合论或博弈论中，就要用背景理论 S 的语言为对象理论 T 的基础概念编织一套语义。比如，当我们把算术解释为博弈时，需要定义出我们把哪些博弈看作数，并解释如何对它们作加法、乘法。解释过程提供了一种解释映射 $\varphi \mapsto \varphi^*$，它把对象理论中的论断 φ 映到了背景理论中的对应论断 φ^*。我们说理论 T 被成功地解释到了理论 S 中，倘若对于每一条 T 可证的定理 φ，其解释后的版本 φ^* 都可在 S 中被证明。例如，皮亚诺算术（PA）就能在策梅洛-弗兰克尔集合论（ZFC）中经由冯·诺依曼序数被解释（当然此外也有无穷多种解释方式）。

更进一步的要求是把箭头改为双向——S 证明 φ^* 当且仅当 T 证明 φ；这意味着仅就 T 所关于的对象而言，背景理论 S 并不比对象理论 T 更强。在这种情境下，我们会说理论 S，对用 T 的语言所能写出的命题，在 T 上保守（conservative）；用于解释的理论中关于对象理论的知识不会比 T 还多。

不过有时，我们也会在一个更有普遍性的较强背景理论中解释一个相对较弱的理论，并且在此情境中，我们会期待背景理论 S 来额外证明一些关于被解释对象的定理，甚至是用对象理论 T 的语言来证。比如，在常规解释中，ZFC 能证明一些 PA 不可证的经解释的命题，例如命题 Con(PA)，它表达了 PA 的一致性（见第七章）。这非但不是一条冗杂的定理，而且还反映出一个事实：背景理论 ZFC 集合论就是比

19

PA 算术理论有更强的算术推论。

真正该指摘冗杂定理的地方不是基础理论 S 能用 T 的语言证明超出 T 所及的额外的定理，而是它能够证明那些被解释为 T-对象的 S-性质。例如，当我们用冯·诺依曼序数把算术解释到集合论中时，对于算术理论冗杂的定理是关于这些数的集合论性质的定理，而非关于它们的算术性质的定理。

第七节 数不能是什么

保罗·贝纳塞拉夫（Paul Benacerraf，1965）曾讲过这样一个故事，两位主人公叫小恩（Ernie）和小约（Johnny）。他们从小便从基本原理出发修习数学和集合论，小恩走的是冯·诺伊曼算术解释的路子，而小约遵循策梅洛解释（为何不把名字反过来？贝纳塞拉夫的选择令人生疑。若如此，恩、约的选择就与其名字相符）[1]。因为这两种解释作为算术结构是同构的，即可将一种结构中的数和运算与另一种结构中的互译，所以小恩和小约自然会就他们各自算术系统中的一切论断达成一致。可是，因为他们用不同的集合族来解释数，他们会在这些数的一些集合论性质上意见相左。例如，"3 ∈ 17 是否成立？"，此问题也例示了冗杂定理现象。

贝纳塞拉夫强调，每当我们把一个数学结构解释到另一个基础系统中时，比如集合论系统，总会存在别的许多种解释。这些不同解释会就其外延问题上发生分歧，比如，"具体哪个集合是数 3？"因而，这些解释不可能都正确，事实上至多只有一种解释（也可能一种都没有）是正确的，而其余的解释必定引入了数的冗杂性质。

1　影射恩斯特·策梅洛和约翰·冯·诺伊曼。——译者注

正常而言，当一位数学家将 3 等同于某特定集合，其目的在于说明某套理论，而非断言他发现了对象 3 真正是什么的事实。(Benacerraf，1965，III.B)

贝纳塞拉夫将此点继续引申，主张没有任何一种对数的解释是必然正确的：

换个角度，来看问题的核心所在。"不管什么样的递归序列都充任自然数"这一事实本身就表明，真正重要的不是序列中每个元素的个体特质，而是它们合在一起所呈现的结构……"是否能用某特定'对象'，例如 {{{∅}}}，来作数 3？"这样的讨论毫无意义。这么说显得极端，但却也是事实。"对象"不能独自胜任数的功能；要么其整个系统完全胜任，要么满盘皆输。因此我主张，我们可从该论证引申出这么一项结论，数不可能是集合，数根本不可能是任何对象；因为根本找不到任何更多的理由，支撑我们把某一对象而非另一对象（除去已知等同于其他数的对象）当作某个特定数的真身。(Benacerraf，1965，III.C)

认识论难题

柏拉图主义者将数学对象视为抽象存在，在贝纳塞拉夫的另一篇名作（Benacerraf，1973）中，他提出了该做法带来的一个认识论难题。倘若数学对象抽象地存在，或存在于一个柏拉图式的理型域，在因果联系方面完全割裂于我们的物理世界，那么，我们如何能与之互动往来？我们如何能获得与之有关的知识或直观？更甚，我们如何可能指称到那个完美的柏拉图域中的对象？

　　W·D·哈特（W. D. Hart, 1991）谈起贝纳塞拉夫的论证，认为后者呈上了一道两难——一个令人左右为难的问题，问题一端是形而上学困境，另一端则会碰上认识论困境。具体而言，数学是一套围绕其中心对象—数、函数、集合—而形成的一套知识体系，而这些事物是抽象对象。然而，正因其抽象，我们与它们所处世界间的因果链条就断开了。那么，我们到底以何种方式获得的数学知识呢？

> 对于一种全然静惰、因而与人毫无因果关联的东西，人如何能获得关于它的知识？问题的答案即便有，也蒙在阴影里。两难的一端要求数、函数、集合必须如其所是地存在着，才能让关于数、函数、集合的纯数学知识成真。而由于这些对象非常抽象，所以它们全然惰性。因此，人如何获得为了成就关于数、函数、集合的纯数学的真理性所必需的关于这些东西的任何一点知识？问题答案起码是晦暗难明的。如前所述，贝纳塞拉夫两难在于，那成就数学真理性所必需的要素，似乎也正使数学知识不可被获得。（Hart, 1991, p.98）

　　若把贝氏两难的两端比喻成一头蛮牛的两角，那么佩内洛普·麦蒂（Maddy, 1992）当年的选择是紧握两角，正面对抗。她回应其中认识论难题的论证要点在于，我们能够通过经验抽象对象的具体实例，来获得关于它们的知识。你从冰箱拿出蛋盒，打开，看到三个蛋；根据她的长篇论证，你就已然感知到了一个蛋的集合。经由此种经验和人类演化历程，人类已然发展出了一种内在的集合探知官能，一种能够辨认出对象的集合的特定神经构型，大体上类似于我们对其他日常对象的感知官能，正如一只青蛙也身具一种特定神经构型，用于探知虫子，使其能够感知到它下一顿盘中之物。经由直接感知，她论证道，我们便获得了这些抽象对象，即我们所感知的集合，的本质的认识。不过，也请读者看看她后来的观点演变，见于麦蒂（Maddy，1997）及之后的著作。

芭芭拉·盖尔·蒙特洛（Barbara Gail Montero，1999，2020）的论述则淡化了与抽象对象间的因果联系问题的重要性。她的论点在于，我们其实早已抛弃了因果联系需要建立在物理接触的基础上的想法：作为例子，考虑令太阳与地球相吸引的引力，或将两个电子相互推离的电场力。不过，她还进一步论证，那些基于我们与抽象实体间因果作用解释难题的批评意见缺乏分量，因为对于因果作用，我们本来也未能成功提出任何一种经得起推敲的一般解释。倘若我们对于日常个例都没解释清楚"A 导致了 B"意味着什么，那么基于抽象对象因果关联的解释困难的批评意见又如何能说服人呢？并且在出发点上，先于牵扯因果关系问题，此种批评意见甚至都没意识到充分说明何为抽象对象并非易事。

哈特里·H·菲尔德（Hartry H. Field，1988）绕过因果联系的议题，主张贝纳塞拉夫驳论的实质可被理解为解释我们的数学知识之可靠性的问题。其主张的基础在于这样一则观察：即便反事实地假设数学事实本身与我们的数学信念所呈有出入，我们的数学信念也不会有任何不同，而这反过来会动摇数学信念的可靠性基础。同时，贾斯汀·克拉克-多恩（Justin Clarke-Doane，2017）则主张，贝纳塞拉夫问题被评论意见贴附上了太多特性，我们很难在对该问题的单一界定解释中同时兼顾所有。

第八节 戴德金算术

理查德·戴德金（Richard Dedekind，1888）找到了一组公理，用于描述（并且确实刻画了）自然数的数学结构。其主干思路在于，每个自然数归根究底都是从零开始，反复应用后继运算 S 而得。输入某个数，该运算会返得它的下一个数。从初始数 0，我们可生成得到其后继 $S0$，后继的后继 $SS0$，再后的后继 $SSS0$，如此反复。更准确地说，戴德金算术公理断言了这几点，（1）零不是个后继数；（2）后继运算一一对应，意思是当且仅当 $x = y$ 时，有 $Sx = Sy$；以及（3）每个自然数归根究底都是从 0 开始经应用后继运算而得，其意思是，每个包含 0 且在后继运算下封闭的集合 A 都包含全体自然数。最后一点即二阶归纳公理，它用二阶逻辑的语言表达，因为句中量词的概括范围是任意的自然数集。

22   由于零不是一个后继数，所以后继运算的结果不会迭代一圈返回到原点；而由于后继运算是一一对应的，它也永远不会从靠后的某数绕一圈返回到靠前的某数。事实证明，我们可以从戴德金的几条原理推导出我们熟知的一切有关自然数本身的和其上算术的事实。举个例子，我们可以这么定义序关系 $n \leq m$，它成立，当且仅当，每个包含 n 的后继封闭的自然数集 A 都包含 m。稍加思索，便可看出此定义具备自反性和传递性，并且轻易可验证，$x \leq Sx$，以及仅当 $x = 0$ 时才有 $x \leq 0$。我们接着可归纳证明（见章末思考题 1.10）$x \leq y \leftrightarrow Sx \leq Sy$。用此结论，又可证 $\leq$ 是满足反对称性（$x \leq y \leq x \Rightarrow x = y$）、线性（要么 $x \leq y$，要么 $y \leq x$），两结论都在 x 上做归纳可证。所以我们刚定义的关系是个线序。它同时也离散，意味着 x 和 Sx 之间不存在别的数。

朱塞佩·皮亚诺（Giuseppe Peano，1889），援引戴德金，给出了戴德金公理化系统的一个改进简化版。它更贴近上文所述的当代阐述，皮亚诺进一步用它发展出了标准算术理论的大部分内容。这一工作影响深远，所以该公理化系统也常被称为二阶皮亚诺公理化系统或戴德金-皮亚诺算术。皮亚诺所用的部分记号，特别是表示集合成员关系的 $a \epsilon x$，时至今日仍被使用。尤其伯特兰·罗素受皮亚诺公理化工作影响颇深。

另一方面，当今的术语"皮亚诺算术"（PA）指的是一套严格一阶的理论，其语言符号有 $+, \cdot, 0, 1, <$。它断言了 N 是一个离散的有序半环，且归纳原则在其语言一切一阶可定义的集合上成立。尽管是套较弱的理论，它仍能实质上证明我们熟知的一切算术事实。

算术范畴性

在其后续一段奠基性的阐发讨论中，戴德金洞见到一个重要事实——他的几条公理唯一地确定下了一个数学结构。换言之，这组公理是范畴性的（categorical），这意味着所有遵循这组规则的数学系统彼此之间都是同构的副本。

定理 2　戴德金算术的任意两个模型相互都同构。

请容我再具体解释一下该定理的含义和证明方法。比如，你我各有一套戴德金自然数系；你有你的零 0 和后继运算 S，而我有我替代版的 $\overline{0}$ 和 $\overline{S}$，并且我们俩的系统都满足完整的二阶归纳公理。那么我们随即就能把两系统中的自然数匹配上，把你的 0 对上我的 $\overline{0}$，你的 $S0$ 对我的 $\overline{S}\overline{0}$，$SS0$ 对 $\overline{SS0}$，如此等等。由此，我们逐渐建立了一套对应关系，它连结你的数系的每一前段与我的数系的每一前段。说你的数系 $\langle N, 0, S \rangle$

同构于我的数系 $\langle \overline{N}, \overline{0}, \overline{S} \rangle$，就是在说存在一个双射 $f : N \to \overline{N}$，完整定义于两域上，并且它满足 $f(0) = \overline{0}$ 和 $f(S(x)) = \overline{S}(f(x))$。

　　设 A 是一个由你的数系中满足下述条件的数 n 组成的集合，其中每个 n 以其自身为端点的前段上，都存在一个衔接你我两数系的部分同构。我们已见你的 0 在集合 A 里；而且也易见，n 的前段上的任意部分同构都可被扩张到其后继 Sn 的前段上，因而有 A 在后继运算下封闭。因而由归纳法得，你的数系中所有数都在 A 中。接着，还是归纳法可证，这些部分同构全都相互兼容一致，即给出相同的取值。因为，它们首先在 0 处取值一致，接着，如果它们在 n 处一致，那么在 Sn 处也会一致。由此，将这些部分同构聚拢并在一块儿，便可形成一套你的数系到我的数系的一条前段的同构。而且，因为该套同构的值域包含我的 $\overline{0}$，也在我的后继运算 $\overline{S}$ 下封闭，所以我们俩的数系就互为同构副本。

　　上述论证的本质在于递归定义原则，戴德金证明了该原则对其名下算术系统成立。此即，如想要定义一种自然数上的运算符，只需描述清楚它在 0 处起始值，以及如何随后继操作对它递推即可。后一条具体说来，要求使用该运算符在 n 处的值，定义出它在 Sn 处的值。戴德金证明，如此每一则递归定义，都对应着一项在自然数全域 N 都有定义的、唯一的运算符。这结论换言之，根据归纳法，该定义在每一自然数处，都存在着一递归函数作为解于此有定义，因为任何达至 n 的递归函数解都可被推广至 Sn；再有，任意两函数解都在它们的定义域上取值一致，因为不可能存在最小的取值分歧点。全部这些有穷部分函数解异口同声地给出的共同的答案，因此，汇聚在一起就是一项定义于整个自然数集的全函数解。并且此全函数解唯一，因为没有哪两个函数解上可以找到一处最小的数作为取值分歧点。

我们熟悉的算术运算符都可被递归地定义——比如这么定义加法：

$$x + 0 = x \text{和} x + Sy = S(x + y),$$

再如这么定义乘法：

$$x \cdot 0 = 0 \text{和} x \cdot Sy = x \cdot y + x。$$

读者可用归纳法自行验证，所有常规的算术性质对这些算符都成立，比如结合律、交换律、分配律。

第九节 数学归纳法

数学归纳法的原则，出现在戴德金算术中，也出现在皮亚诺算术中，还内蕴于弗雷格的自然数概念中。它可被用于证明基本上所有的算术基本事实。让我们稍微绕个数学上的远路，看看数学归纳法原则的一些应用。

比如，我们可以用归纳法证明每个分数都可被约至最简。这命题意思是，每个分数都可表示成 p/q 的形式，其分子、分母无非平凡的公约数。为证此，任取一分数。令 p 为最小的可作该分数形如 p/q 表示的自然数。倘若 p 和 q 有一非平凡公约数，那我们能将其约掉，由此可得一个分子更小的分数表示。但 p 按假设已是最小，因而这是不可能的。所以，p/q 必定已化至最简。

在初级的论述中，归纳法时常被僵化地视为 $n \to n+1$ 的推导，这是寻常归纳原则（common induction principle）。它断言，如果 0 具备一特定性质，并且如果该性质能从每个自然数 n 传递到对应的 $n+1$，那

24

么每个自然数就有该性质。它可简写作，如果 $P0 \wedge \forall n(Pn \Rightarrow Pn+1)$，那么有 $\forall nPn$。相对照地，强归纳原则（strong induction principle）断言，对一自然数性质 P，如其满足，对任一数，比该数小的数都具备该性质 P 时，该数也有性质 P，那么所有自然数都有性质 P。这也可简写作，如果 $\forall n[(\forall k < nPk) \Rightarrow Pn]$，那么有 $\forall nPn$。然而，上述有关最简分数的论证，用的则是最小数原则（least-number principle），它断言每个非空的自然数集都有一最小元。我们之前选取的 p，正是满足"可被用作表示给定分数的分子"这一性质的最小元。

事实上，以上所有归纳原则都相互等价；我们可以用寻常归纳原则证明强归纳原则与最小数原则，反之亦然。数学归纳法就在那岿然不动，存在许多等价的方式可将其表达。

算术基本定理

读者也许还记得并熟悉（或许是小学学过）将自然数分解素因数的思路。比如，我们可以把数 315 首先分解成 $3 \cdot 105$，然后再分为 $3 \cdot 5 \cdot 21$，接着最终分解为素数乘积 $3 \cdot 5 \cdot 3 \cdot 7$ 的形式。那么，我们总会得到相同的素因数分解结果吗？在这里"相同"的意思是，$3^2 \cdot 5 \cdot 7$ 和 $5 \cdot 3 \cdot 7 \cdot 3$ 相同；我们可以自由地安排素因子相乘的顺序。我们怎么知道，某一自然数的素因数分解结果在此意义下总是唯一？我们默认将其称为素因数分解，好似无他，但或许我们应该说分解之一。

我们能将数 2678 分解成 $2 \cdot 13 \cdot 103$ 的素数乘积形式，并且对这样一个相对较小的例子，我们还能指望通过穷举所有可能的因数，由此确证其素因数分解唯一性（尽管将之付诸实践很是劳神费时）。但是，对于一些更大的数，这种方法不可行，例如 34526384645352422728388474 6353537。我们又如何确认此数也有唯一的素因数分解呢？我想说服读者，这问题可能远比你初见它的感受来得深刻和困难。事实在于，一般小学所教授的素因数分解思路很少会触及唯一性的问题。我们之所以有了对素因数分解唯一性的熟悉感，单纯是因为观察了大量的素因数分解实例，而未曾遇到一个数有第二种分解。但这不构成证明。

同时，每个自然数都有唯一的素因数分解，这一事实也许是数论中第一条深刻的定理。它被认为如此的重要和基础，以至于数学家们已将其冠名为：

定理 3（算术基本定理）　*每个正整数都能被唯一地表示为素数的乘积。*

该基本定理作出了两重宣称，一重是存在性宣称，另一重是唯一性宣称。存在性宣称指的是，每个自然数都有素因数分解，至少一种。唯一性宣称则指，这些因数分解之间都能通过因子顺序的交换相互得出，因而在此意义下唯一。两重宣称都可用归纳法证明。

存在性宣称证起来稍微容易些。作归纳假设，每个小于 n 的自然数都已有素因数分解。如果 n 本身就是素数，那么它就是其自身的素因数分解。如果它不是素数，那它就是两个小于它的数的乘积 ab，后者按归纳假设已有素因数分解——$a = p_1 p_2 \cdots p_n$ 和 $b = q_1 q_2 \cdots q_m$。把两者接在一起，我们就完成了 n 的素因数分解：

$$n = ab = p_1 p_2 \cdots p_n \cdot q_1 q_2 \cdots q_m。$$

所以每个自然数都有素因数分解。

算术基本定理的唯一性宣称的证明细节要更微妙。我们要用到这么一个事实，一个素数 p 整除一个乘积 ab 时，恰当它整除其因子 a 或 b。该事实也可被递归地推广到更长的乘积上。对于一个自然数，如果现在我们有它的两种素因数分解 $p_1p_2\cdots p_k = q_1q_2\cdots q_r$，那么我们应用该事实就可看到，$p_1$ 必须整除右式中的某一个因子，而由于右侧都是素数，所以 p_1 得和右侧某因子等同。消去该公因子，我们将其还原到了该定理的一个更小实例上。根据归纳假设，剩余的两侧素数都只是彼此顺序变换的产物，所以原本的两乘积也互为顺序变换的产物。

此定理说的是，每个正整数都是素数的乘积；但数 7 的情况又该如何处置呢？它是个素数，理所当然。但它能算作素数的乘积吗？数学家们会回答："是的，它是个单因子构成的乘积，是数 7 自身的乘积。"但读者也许会抗议，认为它根本不能算个乘积。相比之下，数学家们的经验则告诉我们，如果我们能将这些平凡的或说退化的实例涵盖于我们的主要定义下，那么我们的数学理论通常将变得更稳实，对其做分析工作也更流畅易行。每一正方形同时也是一个长方形，而每一等边三角形同时也是一个等腰三角形。上网逛逛，读者可看到有关正方形和平行四边形该不该算作不规则四边形的论战。但在高等数学中，趋势是将这些退化的情形也纳入我们的概念之中。

有的数学家已强调，把一个概念在其退化实例中理顺，这经常能帮助我们发现和表述出一套正确的想法，从而打牢基础，恰当地应对更一般的实例。当一套理论仍需将空集或是其他一些平凡个例（被戏称作"空集病"）旗帜鲜明地作为例外排除，也就暗示着其最佳表述方式尚未被找到。例如，空拓扑空间是否连通？空图是否该算有限连通平面图？如果回答是肯定的，那它将与断言 $v - e + f = 2$ 的关于有限连通图的欧拉定理矛盾。

26 　　我们有时会听到这样的表述，7^n 的意思是将 7 乘以自身 n 次。但这种说法不准确——它犯了护栏与柱的错误（fence-post error）[1]——因为 7^2 指 7×7，只乘了一次，而非两次。指数 n 是因子数量，而非相乘次数。因此，7^1 就只是 7 本身，完全没作乘法，但它仍被视为一个单因子的乘积，而 7^0 则是一个零因子的乘积——空乘积。正是在此意义下，1 该被视作素数的乘积。

恰恰归功于这些约定，我们才能简约雅致地表述算术基本定理：每个正整数都能被唯一地展开为一串素数的乘积。这也将 1 作为空乘积涵盖在内，素数本身作为单因子乘积亦然。

素数的无尽

让我们接着考虑另一则经典定理，这条常被归于欧几里得的定理断言，存在着无穷多的素数。读者大概熟悉起头的一串素数：

$$2 \quad 3 \quad 5 \quad 7 \quad 11 \quad 13 \quad 17 \quad 19 \quad 23 \quad 29 \quad \cdots$$

但随着数目变大，它们渐渐会越来越不常见。素数最终会被穷尽吗？还是说存在无穷多的素数？

事实上，的确存在无穷多的素数。循欧几里得的轨迹，让我们来证明每一有穷素数序列 $p_1, p_2, \ldots, p_n$ 都能被延展。令 N 为它们的乘积加一：

$$N = p_1 p_2 \cdots p_n + 1。$$

因为每个自然数都有素因数分解，所以必定存在能整除 N 的素因数 q。但 p_i 中的每一个都做不到整除，因为它们作除数除 N 都会余 1。因

1　护栏与柱的错误是会让我们少计一数的错误，当我们对被分界点框住的东西计数时可能会犯此错。一面两段长的护栏需要三道立柱；如果你手握页码十二至十五的稿件，那你手中有四页，而非三页；如果你在巴黎度过五日，那你仅需宿四晚。

此，q 是一个未被列出的新素数。所以我们总能不断地找到另外的素数，因而素数必定无穷多。

我们还能用反证法给出它的另一种证明。换言之，反设我们可以用一条有穷序列将所有素数列出 $p_1,\ldots,p_n$。接着我们将其乘在一起并加一，得到 $N = p_1 p_2 \cdots p_n + 1$。此新得到的数不是任何一个 p_i 的倍数，而它的素因数分解必将牵涉一个不在前列的新素数。这就与我们已将所有素数列出的前提相矛盾。

直接正面证明或用反证法证明有区别吗？反证法证明看起来似乎完全恰当。与此相对，有的数学家则小心翼翼地指出，欧几里得的证明没用反证法。他所证的，如我们刚证的，是每一有穷素数序列都能被延展。出于一些恰当的理由，我们时常偏爱正面证法胜过反证。正面证明通常会携带更多信息，告诉我们如何构造出所求证存在的数学对象。但更重要的是，正面证明经常能够更完整地描绘数学实在的样貌。当我们正面证明一条蕴涵命题 $p \to q$ 时，我们会假定 p 成立，而后推演其后果 p_1, p_2 等，而最终达致 q。因此，我们就更全面地推演了 p 成立的世界是什么样的。类似地，用逆否命题证明时，我们会假定 $\neg q$，然后推演其后果，并在推出 $\neg p$ 之前，探知没有 q 的世界的样貌。但在用反证法时，我们将同时假定 p 和 $\neg q$，这样的假设在任何世界中都不成立；除了告诉我们 $p \to q$ 这个孤零零的事实，这样的方法不能告诉我们任何有关数学世界的信息。

第十节 结构主义

现在站在戴德金的算术范畴性结论的基础上，让我们来讨论一种被称为结构主义的哲学立场，并聚焦于该立场的一种也许在当今数学家群体中接受度最高的形式。数学领域中的当代结构主义者倾向于将其思想根基追溯到戴德金的范畴性结论，以及其他刻画核心数学结构的经典范畴性结论。他们尤其看重同构不变性在数学中的地位。同时，许多有关结构主义的哲学探讨，则旁出于贝纳塞拉夫的名篇（Benacerraf，1965，1973）。

结构主义的主要思想在于：单个的数或者其他数学对象，其本质是什么的问题无关紧要；真正重要的是它们作为集体所占据的结构是怎样。一个个的数在数系内各自扮演了一定结构上的角色，其他数学对象也在其他系统中扮演了它们的结构角色。夏皮罗（Shapiro，1996，1997）的结构主义的口号是："数学是结构的科学。"

在整数环 $\mathbb{Z}$ 的任意副本中，定义了数零的结构特质是其加法单位元的角色。它恰巧也是其中唯一的加法幂等元，即唯一满足 $z+z=z$ 的数 z；唯一的加法自逆元 $z=-z$；而且它还是唯二的乘法幂等元中较小的那个。所以普遍而言，对于一个数学对象，存在多种刻画它的结构角色的途径。在有理数 $\mathbb{Q}$ 中，数 $\frac{1}{2}$ 是唯一一个加上自身之后可得乘法恒等元的数，$\frac{1}{2}+\frac{1}{2}=1$。在实数域 $\mathbb{R}$ 中，定义了 $\sqrt{2}$ 的结构角色在于，它是一个作平方后等于 2 的正数。而 2 又是 $1+1$ 的结果，而 1 又是乘法恒等元。

然而，我们不应混淆结构角色和可定义性间的关系。毕竟，关于实闭域的塔斯基定理表明，数 π 作为一个超越数，无法在实数域 $\mathbb{R}$ 中被任何有序域的语言所能描述的性质定义下来。然而它仍然扮演了一个无可替代的结构角色。比如，其作为一个有理数分割的角色，将有理数切为在其上和在其下两部分；唯有它能分毫不差地做出那个分割。

28 可定义性与莱布尼兹式结构

让我将刚才的话题展开。一个结构 M 中的一对象 a 被称为在该结构中可定义，如果它具备且只有它具备该结构中的某性质 $\phi(a)$——该性质可用 M 中的结构关系表述，并且该性质能唯一地挑出一个对象。此概念与结构主义关系密切，因为该定义 ϕ 明文地确定了该结构中该对象的结构角色。一个结构是逐点可定义的（*point-wise definable*），如果它之中的每个对象都能如是被定义。

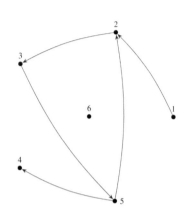

例如，在这张有向图中，节点 2 是唯一一个被某个不被指的节点所指的节点（即，2 被 1 指，而 1 不被任何点指）；而节点 4 是唯一一个被指而无所指的节点。事实上，此图中每一个节点都被一条能用指向关系语言描述的性质刻画，所以该图是逐点可定义的。作为照应，一个数学结构是莱布尼兹式的，如果该结构中任意两个相异的对象都能在某一性质上被区分开来。换句话说，一个莱布尼兹式结构是这样一个结构，限定在该结构语言所能表述的性质上，它满足莱布尼兹的不可分辨者的同一性原则。

每个逐点可定义的结构都是莱布尼兹式的，因为定义两个不同对象的两条性质就能区分它们。但这两个概念并不重合。例如，有序实数域 $\langle \mathbb{R}, +, \cdot, <, 0, \rangle$ 是莱布尼兹式的，因为对任意两个相异的实数 $x < y$，都存在一个有理数 $\frac{p}{q}$ 夹在它们之间，使得 x 有性质 $x < \frac{p}{q}$，而 y 无，

并且该性质能用有序域的语言表达。但此结构不是逐点可定义的，因为该结构的语言所能写出的定义只有可数多，而实数有不可数多，所以它们不可能全都可定义。

每个莱布尼兹式结构都必须是刚性的（*rigid*），意思是它不容许非平凡的自同构，因为自同构保真——关于一结构中的一对象的任何真命题，对于该对象在任何自同构下的象也为真。倘若所有个体都相互可分辨，那么，就没有任何个体能被挪到别的个体所在的角色上去。有鉴于此，我们应该把结构的莱布尼兹性质视为一种强形式的结构刚性。然而，这两个概念也不重合，因为存在不满足莱布尼兹性质的刚性结构。比如，所有良序结构都必然是刚性的，但当其序的规模足够大时，比连续统大就够，那就不是其中每个点都能被它的诸性质所刻画了。这单纯是因为其语言可写的公式的集合也不够用了，没法分辨结构里所有的点。因此，该结构不满足莱布尼兹性。事实上，对任何语言 $\mathcal{L}$ 而言，每个足够大的 $\mathcal{L}$-结构都因同理不是莱布尼兹式的。

哈姆金斯和帕伦伯（Hamkins and Palumbo，2012）提出并探讨了刚性关系原则。这条数学原则断言每个集合都带有一个刚性二元关系。它是良序原则的一条推论，因为良序关系是刚性的，但它严格地更弱；它是选择公理的一种居间弱化形式，既不等价于选择公理，也不在无选择公理的 ZF 集合论中可证。

等词在形式语言中的角色

莱布尼兹式结构的本性与这个问题息息相关——所用的形式语言中有没有等词或说等同关系 $x = y$？在模型论和一阶逻辑的当代研究诸路径中，等词通常默认被当作一个逻辑关系，并被包含于每一语言，在每一模型中被如实解释为等同关系。当然，这终归只是约定俗成，若愿意，我们能有意地专挑一版不这么处理等词的模型论加以研究。

当我们从语言中删掉等词后，每个模型就都会初等等价于一个违背莱布尼兹的不可分辨者的同一性原则的模型。具体而言，对于任何一个语言不带等词的模型 M，考虑一个新模型 M^*，它是往 M 里添加了其所有或部分元素的副本所得。新结构 M^* 里的副本元素间的原子关系与原结构亦相同。例如，在有理序 $\langle \mathbb{Q}, \leq \rangle$ 中，我们可以考虑序 $\langle \mathbb{Q}^*, \leq \rangle$。后者之中，每个有理数都有两个副本数，这两个副本小于等于彼此，并且与其他数的序关系保持如常。所以，两个 0 的副本，举个例子，都小于等于任一正整数的任一副本，依此类推。演绎可知，任何在 M 中成立的无等词句子 $\phi(a_0, \ldots, a_n)$ 也会对 M^* 中的对应副本成立 $\phi(a_0{}^*, \ldots, a_n{}^*)$。特别地，结构 M^* 将无法将其中一个体与其副本区分开。因此，但凡模型中有任何非平凡的副本出现，该结构都不可能是莱布尼兹式的。再者，分别在这两个模型中成立的无等词命题一模一样；两个模型在该语言上初等等价。（同时，若引入等词，我们就能分辨这两个模型，因为 $\leq$ 在 $\mathbb{Q}$ 中有反对称性，意思是 $\forall x, y(x \leq y \land y \leq x \to x = y)$，但该性质在 $\mathbb{Q}^*$ 中不然。）

上面这些说明可引申出的一点哲学意义在于，除非在其语言中明文纳入等词，否则我们永远无法指望任何理论能推出莱布尼兹的不可分辨者的同一性原则。特别地，除非你的话语明言用到等词，不然你关于一非空结构的任何讨论都不足以确保它是莱布尼兹式的，因为该结构与那个结构（将原结构中所有个体都复制一遍的结构）在所满足的无等词命题上别无二致。

30 同构映射轨迹

虽然可定义性，甚或可辨别性都足以把握数学对象所扮演的结构角色，但它们不是必要条件。更周全的讨论有赖于同构轨迹这个概念。具体而言，两个数学结构 A 和 B 是同构的，如果它们是彼此的副本，或者更准确地说，如果它们之间存在一个同构映射 $\pi : A \to B$。该映射即一个架在两结构论域之间的一一对应或说双射，它维持结构的关系和运算在映射下不变。例如，两条线序 $\langle L_1, \le_1 \rangle$ 和 $\langle L_2, \le_2 \rangle$ 之间的序同构就是一个这两条序的论域间的双射 $\pi : L_1 \to L_2$，它将序结构从其一原封不动地带入另一，意思是 $x \le_1 y$ 当且仅当 $\pi(x) \le_2 \pi(y)$。两算术结构 $\langle Y, +, \cdot \rangle$ 和 $\langle Z, \oplus, \odot \rangle$ 间地同构映射是双射 $\tau : Y \to Z$，它使得 $\tau(a + b) = \tau(a) \oplus \tau(b)$ 且 $\tau(a \cdot b) = \tau(a) \odot \tau(b)$，将 Y 的结构搬到 Z 上。每套结构化了的数学概念旁都伴生着一个对应的同构映射概念。

同构映射的概念盘根错节地与形式语言的概念联系在一起。而后者能助人精确厘清他所思虑的数学结构是哪个。毕竟，一个给定的一一对应是不是同构映射，极大程度上取决于我们看重哪些结构特征。对于有理数，我们是仅仅将其当作序来考虑？抑或作为有序域？一个给定的双射，有可能仅保持了该结构的一部分。

同构映射保持了结构角色，而且事实上，同构映射也仅保持了它们。结构 A 中的对象 a 和结构 B 中的对象 b，具备相同结构角色，当且仅当存在一个由 A 到 B 的同构映射将 a 映至 b。

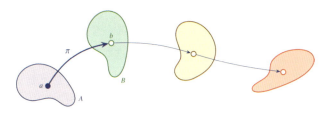

那么，让我们来考虑一个结构中一对象的同构映射轨迹（*isomor-*

phism orbit），它是以"具备相同结构角色"关系为准，以对象/结构对 (a, A) 为内容的等价类。

$$(a, A) \equiv (b, B) \Longleftrightarrow \exists \pi : A \cong B \quad \pi(a) = b_{\circ}$$

该轨迹记录了 a 是如何，在 A 的数个同构的结构中，被复刻出数个同构的像。而且不论这些对象，在其各自结构中，是否可定义，是否可分辨，恰都是这些在该同构映射轨迹中出现的对象，在它们各自所属的结构中扮演着 a 在 A 中扮演的结构角色。

31　范畴性

一套理论是范畴性的，如果它的所有模型相互都同构。理论具备此性质时，它就完全地把握住了它所期望描述的结构本质，在同构的意义上，唯一地刻画出该结构。比如戴德金，他就提取出了算术的诸条基本原理，并证明在同构的意义上，这些原则刻画出了自然数系；其任意两个模型相互都同构。换句话说，他证明了他的理论是范畴性的。

类似的成果，也在实质上几乎所有熟知的数学结构上得到复现，我们不仅有对自然数系 N 的范畴性刻画，对整数环 Z 亦然，有理数域 Q、复数域 C 亦然，如此种种（见第一章，第十一和十三节）。丹尼尔·艾萨克森（Daniel Isaccson，2011）强调了范畴性在确认特定数学结构时的重要角色。流程是这样的，我们逐渐熟悉一个结构；我们发现该结构的一些本质特征；然后我们证明，表达这些特征的公理能够，在同构的意义上唯一地刻画出该结构。对艾萨克森而言，这流程正诠释了什么叫作确认一个具体的数学结构，例如自然数、整数、实数，甚至是集合论宇宙。

范畴性在结构主义中占据中心位置，因为它揭示了这样一事实：我们所熟悉的诸多数学对象域的本质，包括 $\mathbb{N}, \mathbb{Z}, \mathbb{Q}, \mathbb{R}, \mathbb{C}$，等等，都被我们所能辨别并表达出来的一些结构特征所确定。事实上，当我们想挑出一个明确数学结构时，除了提出一套对其成立的范畴性的理论外，我们还有别的任何办法吗？正因为有范畴性，我们才不需要，例如保存在巴黎的那根定义标准米长的铁棒那样，设立一套自然数的标准副本作准绳；相反，我们能通过研究某给定结构是否满足范畴性的刻画原则，便研究确认它是否会展现出正确的结构特征。

因为一些深层次原因，这些范畴性的刻总是要用到二阶逻辑，这意味着它们的基础公理表达所用的量词不仅概括其域内个体，而且还概括这些域内个体的任意集合或关系。例如，戴德金算术就断言，归纳原则对自然数的任意集合成立，而且我们也将于第一章第十一节看到，戴德金的实数系完备性公理所涉的量词范围是任意有理数的有界集。

而刚提到的深层次原因在于，一套纯粹一阶的理论，其公理所牵涉的量词仅概括个体域而非个体的任意集合，永远无法提供一套无穷结构的范畴性的刻画。这是洛文海姆-司寇伦定理的推论，该定理表明，任何一套拥有一个无穷模型的理论，都拥有基数大小不一的多个无穷模型，这些模型因其基数不同而无法互相同构。与此相对，洛文海姆-司寇伦定理并不适用于二阶理论，因此，对于会在那些能刻画常见结构的范畴性的理论中寻到二阶公理命题，我们不该感到意外。

有些哲学家持反对意见，他们认为，借由二阶范畴性刻画，我们并不真地能确认我们的诸多基本数学结构，或说我们并不能保证其确定性。相反，我们只是以一套集合论背景为参照确认了它们，而这背景并不绝对。此处，正方观点是，我们当然知道我们所说的自然数的

32

结构是什么意思，它是一个确定的结构，因为戴德金算术，在同构的意义上唯一刻画了它。而反方观点是，戴德金算术在根本上依赖于"任意自然数的集合"概念，而这个概念却并不比我们所考虑的"自然数"概念更牢固和确定。倘若我们对自然数的确定性有所怀疑，我们又如何能接受一通依赖于相比之下更不确定的"任意集合"概念的论证，而放下心来呢？这些集合又是哪些集合？范畴性的争论也适用于集合论场景——为了在它基础之上建立自然数的确定性，那其集合论自身之确定性也应先被建立。

数学实践中的结构主义

在此比较一下几种形式的结构主义，应是合宜的。首先要挑出的是一种在数学家中广为传播的形式，此形式我称之为实践中的结构主义。实践中的结构主义牵扯一条事关如何做数学的律令，这种立场关乎哪些类型的数学研究将会有丰富成果。根据实践结构主义立场，数学关乎数学结构，数学家应当仅以结构主义方式来陈述和证明结构主义的定理。数学家所持的数学概念全应是同构下不变的概念。

> **结构主义律令** 为求数学上的真知，我们应研究数学结构，研究一个数学系统中诸实体之间的关系，并且仅应考虑同构下不变的数学概念。因此，不要费神思索个体数学对象的本体是什么。因为这么做在数学上贫乏无结果，考虑到结构可以浮现于随便什么种类的对象之上。

按照上述结构主义律令，想要陈述有关数学结构的个别例示的定理的做法，在数学上是歧途；比如，一条牵涉实数的定理，其表述应被推敲，使其应在同构下不变；我们应当作到把定理中的"实数"代换成随便什么别的完全有序域，而保持该定理为真不变。实践中的结构主义者将有关数学对象"真正本质"的问题（关于数"到底"是什么），通通当作数学上离题的问题，抛开到一边。

举个例子说明结构主义律令的行为：我们将"可数随机图"理解为任何一幅具备有穷模式性质的可数图，而不是具体的某一幅图，然后再去证明关于可数随机图的定理。需说明，此性质能将这些图，以不区分同构为准，完全刻画。比如，我们或许能证明，此可数随机图是同质的，或是它的直径长度为 2，抑或它的染色数为无穷；这则定理的意义都将是，所有满足有穷模式性质的可数图都会有这些定理断言的性质。因为前提假设在同构映射下不变，所以我们不需关心我们所用的是该可数图的哪副具体的副本，而这正是结构主义的中心要义。

相反，举例而言，下面这种做法就是反结构主义律令的：去陈述那些仅仅正对拉多图（Rado graph）成立的定理，倘若我们用该名称指代那些特定的自然数上的图关系，该图在满足特定条件的 n 和 m 间有边，其中 $n < m$，并且 m 的二进制表达的第 n 位值为 1；此图恰好能表现出有穷模式性质，并因此（一旦我们固定下一副自然数系的副本）是可数随机图的一个具体例示。

注意，通过证明有关拉多图的特殊定理，来证明一些关于可数随机图的事实，在逻辑上有一定可行性，即便此种证明用到了一些拉多图专有的特质。不过，其前提是，该定理本身得在图同构映射下不变，这样，它就能从拉多图传递到可数随机图的所有副本上。在此意义下，实践中的结构主义似乎只要求定理本身是结构主义的，换言之，它们在同构映射下不变。

然而，结构主义律令不推荐这种证明风格，不推荐使用某一特定解释下例示的非结构的细节，甚至当它们用起来很方便时也如此。原

33

因在于，这些细节从来都不在数学现象的核心，它们总只是些纷扰，恰因它们无法影响所求定理的结构主义的结论。如果你关于一则同构映射下不变的定理，给出了一则用到其偶发于某一例示的细节，那么数学结构主义者会认为你的证明不尽人意；认为你与问题本质擦肩而过；而你的证明不能产生数学上的洞见。在此意义下，结构主义律令是一则关乎数学效力的建议。这说的是，通过以结构的方式作证明，我们将常随数学真理之路而不偏离。

同时，对拉多图的定理的求证也可以变得符合结构主义，倘若我们还考虑一些内蕴于此图的这种具体呈现方式中的额外结构。比如，拉多图的边关系是种自然数上计算可判定的关系，但并非可数随机图在自然数上的每一例副本都计算可判定。在此情形下，我们不是真正地，仅就其图结构而言，在研究可数随机图，相反，我们在研究可计算模型论，在观察此图的不同呈现方式的计算复杂度。这样的做法反而又是结构的，不过关注点是纯然图论之上的另外的结构。

不妨考虑一则以计算机编程为喻的结构主义类比。按一位结构主义者的编程方式，他处理数据对象时，仅会在意保留那些在定义数据类型时明文阐述的结构特征；这种编程方式的成果通常易于迁移到别的操作系统上并以多种方式用编程语言实现。而反结构主义的方式则是，在写程序时去使用一条具体数据在特定系统中表示出来的细节，去窥探机器的内部数据编码；这种抄小路获取数据的方式，也许最初能运转得不错，但它之后也经常会导致一些可迁移性的困难，因为当换了台机器之后这些方法就可能失效，比方说，新机器可能会以不同方式将数据"藏在盖子下"。

34 结构主义律令偏向于将我们引离冗杂定理现象。特别是因为冗杂是反结构主义的（但应将思考题 1.19 作对照考虑），所以它常被结构主义律令针对排斥。实践中的结构主义会将朱利乌斯·凯撒驳论作为障眼法抛到一边，因为基数只要遵从康托-休谟原则，那么它们到底是什么根本不重要，所以我们也就不用关心它们到底是不是凯撒。事实上，我们大可定义这样一种数的解释，其中凯撒是数 17，也可不是，而我们理论的一切都将运转如常。这么做根本没有任何数学上的风险代价。

有些数学家已点明，在一部分范畴论基础中，比如在 ETCS，为这些系统配置的形式语言必然在同构映射下不变。因此，当用那些语言工作时，我们无法不遵循结构主义律令行事。

消去结构主义

被我称为实践中的结构主义的思想，和消去结构主义（*eliminative structuralism*）紧密关联，后者也被称为物后结构主义（*post-rem structuralism*），贝纳塞拉夫曾为其辩护（Benacerraf, 1965），其观点即，数学结构单纯就是个别的结构所例示的东西。消去结构主义包含了唯名论的论断，即，在数学结构于其个别的例示的表型之外，不存在仅作为其结构本身的抽象对象。世间不存在数 3 这样的抽象实体——任何对象都能在一合适的结构中充任该角色——而且因此，有关数和其他特定数学对象的言谈只是工具性的。夏皮罗（1996）有言，"相应地，数字不是真正的单称词项，而是伪装之下的约束变元。"一条对数 3 的指称的真实含义是：在眼前的这个戴德金算术模型中，零的后继的后继的后继。

不过，实践中的结构主义和消去结构主义的一点区别在于，前者略去了取消论断，或说唯名本体论论断，即抽象结构对象不存在；相比之下，实践中的结构主义只单纯地遵循结构主义律令，去探寻同构映射下不变的数学，而无问抽象结构对象存在与否。而因为取消并非其立场观点的一部分，将其也冠以消去结构主义之名似乎不妥。

消去结构主义的另一种形态是模态结构主义（*modal structuralism*）这种立场，亦被称为在物结构主义（*in-re structuralism*）并曾由乔弗里·赫尔曼（Geoffrey Hellman）对其辩护，按此观点，有关数学对象的断言都应被以模态的思路解读为有关它们可能的例示的必然论断。此观点认为，数学结构都在本体论意义上依赖于那些例示它们的系统。在其极端形式下，其主张者可能会希望将数学结构最终还原为具体的物理系统。同时，也存在着一种相对形式的消去结构主义，有意将结构约化为集合。换言之，按照集合论还原主义，一种极端形式的集合论基础主义立场，结构并不能独立地存在于它的集合论实现之外，比如通过同构映射轨道方式所实现的那样。这就不同于仅将集合论用作数学基础的做法，因为要想将集合论作为一方基础，只需简单地将数学结构解释到集合论里就可以，而无需再坚称集合论之外再无其他结构。

35　抽象结构主义

一位结构主义数学家的如下言行会让人稍感困惑，他一方面遵循结构主义律令，另一方面又欣然指称那一（*the*）自然数系、那一自然数 17、那一实数 π。如果终究，我们对自然数的关心程度仅以同构为止，那么理应不存在任何唯一的数学对象或结构能对应这些称谓，那么这些专指的"那一"又能是什么意思呢？似乎实践中的结构主义者应当换个说法，说"某一（a）自然数系"或"某一数 17"。不过数学家普遍不这么交流，甚至当他们是结构主义者时也如此。结构主义似乎在单数指称方面，面临着一个严峻问题。

可以肯定的是，绝大多数数学家，当被质问其单数指称做法时，都会细数实践中的结构主义观点来应对。他们说，我们到底使用自然数的哪一份副本对他们无关紧要，而且当谈到"17"时，他们的意指的是，我们所用的随便哪份副本中正好扮演那个角色的个别对象。如此，他们已然尽责地引入了夏皮罗的隐蔽量词解释。

但有些哲学家还想要一个更充实的解答，以回应这单数指称的问题。根据抽象结构主义（*abstract structuralism*），亦称物先结构主义（*ante-rem structuralism*），曾由斯图亚特·夏皮罗（Stewart Shapiro，1997）、迈克尔·雷斯尼克（Michael Resnik，1988）和他人辩护，数学的对象，包含数、函数、集合，全都内蕴地就是结构的；它们之存在可作纯然结构的抽象对象、一套结构中的位置、可能实现于多种例示中的一套排列模式中的位置。四分位是美式橄榄球队中的一个位置，这个角色的扮演者发号施令，承接启球，抛发传球。每名个体的四分位都是个人而非位置——一位在某只具体球队踢四分位这个角色的人。类似地，自然数 3 也是自然数结构中的第三后继"位置"——这一位置，它可由自然数的任何具体的例示中的任何一个具体的 3 的副本所填充。照此观点，数学结构的存在独立于任何例示此结构的具体系统。

抽象结构主义提出了一种数学中单数指称的直接解释，它说明了那一数 3 和那些自然数如何以一种可理解的方式（哪怕从结构主义者的视角出发）指称到那纯然结构的对象，或指称到由这些实体所扮演抽象结构角色上。我们可以执行弗雷格式的抽象过程，其出发点是"具备相同的结构角色"关系，而该关系的等价类恰恰是同构映射轨迹。每一同构映射轨迹引领我们，通过抽象过程，达到一个相应的抽象结构角色。夏皮罗也论证，大体和麦蒂的蛋盒论证相似（见本书第32页），抽象结构主义提供了贝纳塞拉夫认识论难题的一种解答：我们先接触了抽象对象的有穷例示，而后经由抽象过程走向结构本身。

抽象结构者将数学对象认识为完全结构的，以此对于数学提供了

36　一种结构主义的解读。然而，实践中的结构主义者会说，这种形态的抽象结构主义根本就不结构主义，它违背了结构主义律令，恰因它置喙了数学对象到底是什么，即便它的答案论断这些对象都是结构的。按实践中的结构主义者的说法，这些谈论的方向错了；它们永不会阐明数学现象，也和数学洞见全然不相关。实践中的结构主义者，会欣然探讨同构映射轨道关系下不变的任何分类，比如该轨道本身（就像弗雷格把数当作等数关系的分类），而不需一个纯然的抽象对象来扮演该结构角色。

然而，抽象结构主义者可能会回答："好吧，我们不是为了数学洞见而走抽象结构主义的路，相反是将其作为一种数学本体论的哲学研究，为的是理解数学结构真正是什么。"抽象结构主义者寻求确认和阐明数学对象的本性，下的是哲学的工夫而非数学的。抽象结构主义者寻求提出一种解释，说明结构这一数学家看来再基础不过的东西，究竟是什么。

第十一节　实数是什么？

现在我们来考虑实数连续统。无理数的经典发现揭示了有理数轴上的裂痕：$\sqrt{2}$ 会在的位置，若它是无理的，那它就是有理数轴上的一个空洞。因此，可见有理数并不完备。我们寻求补完它们，填补这些空洞，塑造出实数轴 $\mathbb{R}$。

戴德金分割

戴德金（1901, I.§3）曾观察到，每个实数如何把数轴一分为二，并在这一概念中发现了一条表述连续性本质的原则。

如果该直线上的所有点都能归入两个类，使得第一个类中的所有点恰都位于第二个类的左侧，那么就存在一个且唯一一个点，它可形成这一划分，将所有点归入两个类，将这条直线一切为二。

在戴德金看来，实数，按我们当今的说法，是戴德金完备的：每一刀分割（点）都被填实。在有理数轴中，有些分割，由有理数所决定的那些，已然被填上；但另一些分割则切在了有理数轴的空洞上，尚未被填实。对于每一个这样未被填上的分割，戴德金提议，我们可以想象或说"创造"一个思想上的无理数，恰好用于填实它。按此法，我们将会把实数轴实现成为有理数轴的戴德金-完备化。

而且即使我们已然知晓空间是不连续的，只要我们愿意，也没有什么能阻止我们在思想上将这些空隙填满，从而使其成为连续的；这一补漏的工程需落足于许多新的个体点的创造，而且将必须依照上述原则执行。(Dedekind，1901，I. §3)

窃取与勤作换取

罗素曾明言解释，我们怎样着手这一创造过程，把实数塑造为一个能满足戴德金完备性的数学结构。用一种甚是优雅的构造方式，他用所有戴德金分割本身所组成的集合，将每次分割都视为构成了单一新点，造出了有理数轴的戴德金-完备化。有理数轴上的一刀戴德金分割是一个有界而无最大元的非空有理数前段。无最大元这一条件保证了，每个有理数都被唯一地表示，不然的话，我们就可以把有理的极限点放在左右任意一侧，仅求一刀而却造出了两刀相异的分割。

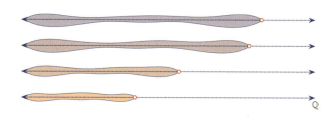

　　按罗素的指示劳作，我们会构造出全部由戴德金分割组成的集合，将其每一刀视为一个新点；我们在它们之上定义那一套自然的序（它就只是分割上的包含序关系 ⊆）；我们可轻易证明这一新序是戴德金完备的（任何一个分割组成的有界集的并，都是一刀分割，并且恰是该集合的最小上界）；我们再将域的多种运算从有理数推广到分割的集合上，定义出两分割相加或相乘的意义；而我们还能证明，这些运算和序能让那一分割的集合成为一个有序域。自此，我们就从戴德金分割构造出了实数，造出了一个戴德金-完备的有序域。

　　尽管我们也能把戴德金想象成是从实数中衍生出来的东西，但是这么做恰恰就反转了计划好的逻辑顺序。相反，我们希望用分割来定义出实数是什么，或者至少定义出它们可能是什么。按此思路，一个实数就是一刀切在有理数系上的戴德金分割。实际上，罗素（1919，p.71）曾刻薄地批评戴德金的公理化进路，后者预设了实数是戴德金-完备的。

> "预设" 我们所求之事，这种方法有许多好处，形同于窃取之
> 于勤作换取的好处。我们不妨还是把这些好处让给别人，并
> 勤劳走自己的正路。

罗素的"勤作"即是按上述方式，从戴德金分割来构造实数，证明所造的结构是戴德金完备的，而非仅仅预设实数已然戴德金完备。

柯西实数

另一种连续性概念由奥古斯丁-路易·柯西（Augustin-Louis Cauchy）提出，他的灵感源自，每个实数都是数条收敛于它的有理数序列的极限。一条实数序列被称为柯西序列，如果序列中的点最终相互靠得想多近就多近。实数的连续性被柯西完备性所表达，该性质意味着每条柯西序列都会各自收敛于一个极限的实数。

有理数轴，当然，并不柯西完备，因为我们有收敛到 $\sqrt{2}$ 的多条柯西序列，但却没有一个有理数堪任这些序列的极限点。对于其他无理数处也是如此。但是，我们可以造出有理数系的柯西完备化，通过考虑其上的所有可能的柯西序列。两条这样的序列可视为等价，如果它们的元素最终可以靠等想多近就多近，然后我们可把实数构造为柯西序列的等价类的集合族。在它之上可架设一套自然的有序域结构；它是阿基米德的，这意味着形如 $1 + 1 + \cdots + 1$ 这样的有穷和在域中无界；而且它是柯西完备的。按照这种解释，一个实数即是一个柯西序列的等价类。

作为几何连续统的实数

古希腊的连续统观念，相比之下，历经岁月而不衰，在根本上是几何的：一个真正的量是一段长度、一方面积、或一块体积。依照经典的对于数的数轴（*number line*）观念，由勒内·笛卡尔（René Descartes）提出并广泛在各处小学中被教授，一个实数就是数轴上的一个点，由一个原点和一段单位长度所明确位置。

该观念的一个问题是，如果一个实数 x 是一段长度，一个乘积 xy 是一方面积，而 xyz 是一块体积，那么我们又如何想象形如 $x+xy+xyz$ 这样一则混合了不同维度的量的表达式呢？我们能把一段长度和一方面积或一块体积加在一起吗？二次表达式 ax^2+bx+c 将引发困难。我们都承认 $2 \times 3 = 6$，但倘若 2×3 是一方面积而 6 是段长度，那式又该作何解？当然，我们可以如此解答，将 $6 = 1 \times 6$ 也想成一方面积，且在高维情形也以此类推。

另一个问题是，我们希望表达这么一条认识，几何连续统本身是连续的。戴德金的做法是借用他的分割概念，断言每刀分割都被填满。

实数系的范畴性

大卫·希尔伯特（David Hilbert）辨认出了这样一组本质而自然的性质，我们期望这些性质在实数上应验，而结果证实，它在同构的意义上唯一刻画出了实数域。他明确指出，实数是一个极大的阿基米德有序域——其"极大的"意思是它不能被扩张为一个更大的阿基米德有序域。这也是一种形式的完备性，恰因为对任何阿基米德有序域的戴德金完备化仍然是阿基米德的。用现代术语来叙述，该定义相当于说，借用戴德金的完备性定义，实数是一个完备的有序域，因为，最小上界性质蕴涵了阿基米德性质，这点我马上将在定理 4 的证明中论证。事实上，我们可以证明不论将实数构造为戴德金分割，还是柯西序列的等价类，它们都是完备有序域，并因此满足希尔伯特的公理。

一个实数是什么？例如，数 π，作为一个数学对象，是什么？它是特定的一个戴德金分割？是一个柯西序列的等价类？一段几何长度量？还是别的？结构主义者会援引范畴性结论来回应这些问题，断言，在同构的意义上仅存在一个完备有序域。实数系就是一个完备有序域，而且所有这样的域都相互同构。

定理 4（亨廷顿，1903）　所有完备有序域相互都同构。

证明　我先声明，所有完备有序域 R 都是阿基米德的，意思是 R 中不存在这样一个数，它大于每一段形如 $1+1+\cdots+1$ 的有穷和。反设真有这样一个数，那么由完备性，这些有穷和的集合就会有一个最小上界 b；但这样的话 $b-1$ 也会是一个上界，矛盾。所以每个完备有序域都是阿基米德的。

现在假设，我们已有两个完备有序域，$\mathbb{R}_0$ 和 $\mathbb{R}_1$。我们来造出它们各自的素子域，那即是，它们各自的有理数副本 $\mathbb{Q}_0$ 和 $\mathbb{Q}_1$，做法是在它们各自域内算出所有的有商 $\pm(1+1+\cdots+1)/(1+\cdots+1)$。而这种分数表示法本身给出了 $\mathbb{Q}_0$ 和 $\mathbb{Q}_1$ 间的一种同构映射，在下图中以蓝色的点和箭头表示。

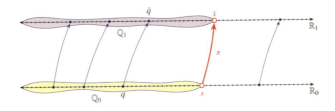

接着，由阿基米德性质，每个数 $x \in \mathbb{R}_0$ 都在 $\mathbb{Q}_0$ 中决定了一刀分割，在图中以黄色圈出，而且由于 R_1 是完备的，就有对应的 $\bar{x} \in \mathbb{R}_1$ 填上了 $\mathbb{Q}_1$ 中的对应分割，以紫色圈出。至此，我们已定义了一个从 $\mathbb{R}_0$ 到 $\mathbb{R}_1$ 的映射 $\pi : x \to \bar{x}$。这道映射是满射，因为每个 $y \in \mathbb{Q}_1$ 都决定了 $\mathbb{Q}_1$ 中的一刀分割，而由 $\mathbb{R}_0$ 的完备性，存在一个 $x \in \mathbb{R}_0$ 来填上对应的分割。最后，映射 π 是一个域同构，因为它是从 $\mathbb{Q}_0$ 和 $\mathbb{Q}_1$ 间的

同构映射连续扩张到 $\mathbb{R}_0$ 所得。 □

该结果刻画了实数的结构，正如戴德金算术公理刻画了自然数的结构。我们发现了实数连续统的基本原则，并证明了它们在同构的意义上决定了那结构。至此，我们将实数系 $\mathbb{R}$ 作为一个数学结构确认了下来。

40　　按结构主义立场，我们无需选出一个特定的完备有序域作为官方副本，因为实数在数学上有意义的性质，应该被用在数学论证中的那些性质，就只是它能胜任一个完备有序域。个体的实数是经由它们在该结构中的角色而被理解把握的。如早前已注明，$\sqrt{2}$ 是在你所选的随便哪个完备有序域中，唯一满足这些条件的对象，是正数且作平方后刚好等于这个域中的 2，而这里的 2 又是那个域中的 $1+1$，1 又是那个域中唯一的乘法恒等元。这正是由 $\sqrt{2}$ 所扮演的结构角色。在任何一个完备有序域中，每一个有理数都是代数可定义的，并且每个实数都被它在有理数上切下的分割所刻画。继而可推知，实数域是个莱布尼兹式结构：任意两个实数都可用域的语言都分辨开。

凯文·卜扎德（Kevin Buzzard, 2019）曾用这样一个问题重申了结构主义视角：我们怎么知道，一则用实数的戴德金分割构造版证明的定理，对实数的柯西补完构造版也成立？为什么会这样，一条或许偶然牵涉到实数的数学论断，当其对戴德金实数成立时，也必须对柯西实数也成立？为了得出这些大而广的结论，似乎需要先将堆积成山的数学材料命题证明在同构映射下不变，而真的有人做过这些功课吗？

作为一个共同体，当下在工作状态中的数学家高度认同结构主义，并经常态度坚决。要求非得用，举例而言，戴德金实数来证明一则牵涉实数的定理，而不能用柯西实数，会被认为非常刻意，除非我们非常明确地在意某一种实数构造方法的额外的结构特色。由于这种做法非常普遍，大部分的数学发展事实上都是结构主义的，并且就那些核心的数学结构而言都遵循结构主义律令，包括自然数、整数、实数，等等。因此，卜扎德所呼唤的，必须被完成的成堆的数学材料命题在同构映射下不变的证明功课，事实上已经被做着了，这是一般数学工作的标准流程，而正是因为如此，我们才能推知，牵涉实数的数学命题并不依赖于我们所用的某个特定的实数副本。

实连续统的范畴性

凭借实数构成一个完备有序域，并且所有此类域都同构的事实，我们已在上文刻画了实数系。这一范畴性论断，因此将实数的代数性质，它们构成一个有序域，用作了该刻画的一个本质的组成部分。然而，结果证实，我们也可以单纯用实数的序性质，而不用其代数性质，来把实数轴作为一个有序域刻画出来。

具体而言，让我们考虑仅带序结构的实数轴 $\langle \mathbb{R}, < \rangle$。从序拓扑的视角将其看作一个拓扑空间，它也被称为实连续统。关于它，我们能说些什么呢？好吧，它当然是条线序，因为任意两个实数都可比；而且它无端点，意思是既不存在最大的，也不存在最小的实数；它还是稠密序，意味着两个实数之间，总夹着第三个实数；并且它还是戴德金完备的，意思是每一刀实数上的分割都被填充上了。因此，实数轴是一条无端点的、完备的、稠密线序。然而，这些标签仍不足以刻画实数轴的方方面面，因为在这类别里的确还有别的，不同构于实数轴的序，比如说无端点长轴序，应该有读者会熟悉它。

不过，再多加一条性质，刻画的工作就能如愿完成。只需再要求实数轴有一个可数稠密子集。这说的是，存在一个子集 $\mathbb{Q} \subset \mathbb{R}$，有理数集，使得（1）它在实数中稠密，即，每一段非平凡的 (a, b) 实数区间都包含一个来自该子集的元素；并且（2）ℚ是可数的，见第三章的讨论。现在，所有这些性质合在一起，就能以不分辨同构体为准把实数确定下来。

定理 5　任何两条包含可数稠密集的完备无端点稠密线序，都相互序同构。

该定理的证明核心在于康托的往复证明法（back-and-forth method），它证明任两条可数稠密子序相互都同构，事实上，康托证明的是，任两条可数的无端点稠密线序都同构。我们可以把该同构映射从子序，利用两全序的完备性，擢升到全序上，恰如我们之前在完备有序域的同构证明处的做法。

我谈起这一范畴性结果的另一重考虑是，它将能引发一个奇妙的基础性问题，若我们对其稍加改造，将可数子集条件弱化为所谓的可数链条件（countable chain condition），后者断言，每个由相互不重叠的区间组成的集合族都可数。实数轴具备可数链条件，因为每当我们从中取出一族相互不重叠的区间，都能再从每一区间挑出一个有理数，而且由于区间不重叠，所取有理数也不会重复；因此该区间族必然是可数的。

问题 6　所有带可数链条件的完备无端点稠密线序，它们是否相互都同构？

换言之，这组条件能不能刻画实数轴？对此问题的回答既微妙又引人入胜。问题的一条肯定作答，被称为苏斯林假设（Suslin's hypothesis），与此同时，有一条堪当反例的序，一条不同构于实数轴的，带可数链条件的完备的无端点稠密线序，则被称为苏斯林线。非常有趣的一个事实是，该问题无法用集合论标准公理来判定；苏斯林假设是一条独立的命题，它既不能被那些集合论公理证明，也不能被它们证伪；它们与其正反面版本都一致。具体而言，苏斯林假设所述性质是否能将实数刻画下来，这个问题本身也是独立的，既不能被那些集合论公理证明，也不能被证伪。我们将在第八章展开讨论此类独立性现象。

第十二节 超越数

代数实数是这样一些实数，它们是某则非平凡的以整数为系数的多项式方程的解，例如 $x^2 = 2$，就被 $x = \pm\sqrt{2}$ 解出，或是方程 $x^2 - x - 1 = 0$，就被黄金比例数 $\frac{1+\sqrt{5}}{2}$ 和它的共轭数 $\frac{1-\sqrt{5}}{2}$ 解出。我们可以用根式的形式给出一个个代数数，例如 $\sqrt[5]{5 + \sqrt{10}}$，但一条深刻的定理表明，并不是所有代数数都能以根式形式被写出。一个实数是超越的，如果它不是代数的。超越数的存在性证明，由约瑟夫·刘维尔提出，可被看成是毕达哥拉斯的无理数存在性证明的高阶类推，一团绵延两千年的推理薪火在此被延续。刘维尔定义了一类叫作空隙数（lacunic numbers）的数，它们的展开式中有着越来越长的数字零构成的空白带。他曾提到的一个例子是下面这个数：

$$0.1100010000000000000000001000\cdots$$

该数如今被称为刘维尔常数，它在小数点后取 1 的位数按阶乘数列确定，$1, 2, 6, 24\cdots$。对任何一个空隙数来说，随着它的空白带拓到足够宽的程度，那一个个被隔开的数字 1，最终也将在有理多项式的表达式中变得不相干。具体而言，该数的这些组成部分将无法在做代数组合时碰到一起，从而消去彼此。正是因为这样，该类数无法作为某则非平凡的有理系数上的代数方程的解，因而它们是超越的。刘维尔常数中的零字空白带有个非常有意思的现象，它被数论学家钻研，即是，该数的有理逼近可以准得惊人：0.11 准确到小数点后 5 位，而 0.110001 准确到小数点后 23 位。其有理逼近只要准确触及空白带的左岸，那它就也能准确地摸上右岸。

今天我们知道了，像 e 和 π 以及其他许多著名的实数都是超越的，康托的论证在一种精确的意义上表明，详见第三章，绝大多数实数都是超越的。

超越性的博弈

考虑下面这局数学博弈。你以一个数 x 起手，它是实数或者复数，规则允许你按下列方式之一造出下一个数，在原数基础上加 1，减 1，乘上一个非零整数，或是乘上 x。如果你能按此流程造出数 0，那么你就赢了。比如，若我们以 $x = \sqrt{3} + 2$ 起手，而后我们可以做四次减 1 变出 $\sqrt{3} - 2$，接着做乘 x 变为 $(\sqrt{3} + 2)(\sqrt{3} - 2) = 3 - 4 = -1$，然后再加 1 得到 0。大功告成！

一个惊人的事实是，那些你能获胜的开局数 x，恰恰是代数数。如果我们能在某数 x 处赢得一场博弈，那么展开致胜所执行的出招序列，将之表达为一则方程，我们就获得了一则以 x 为根的多项式，因而证明了 x 是代数的。在上述例子中，我们实质上计算了 $(x-4)x+1 = 0$。反过来，如果 x 是代数的，那么它就是某则整系数多项式方程的解，例如 $2x^4 + 5x^3 - 7x^2 + 3x + 1 = 0$。在此例中，我们可以简单直接地多次提取因子 x，就像这样：

$$2x^4 + 5x^3 - 7x^2 + 3x + 1 = (2x^3 + 5x^2 - 7x + 3)x + 1$$

$$= ((2x^2 + 5x - 7)x + 3)x + 1$$

$$= (((2x + 5)x - 7)x + 3)x + 1。$$

看着最终这则表达式，从最内侧的 $2x + 5$ 中的 x 开始，我们能连续读出如何从 x 一步步变出 0：我们将 x 乘 2，加 5（意味着做五次加 1），再乘 x，减 7，乘 x，加 3，乘 x，再加 1。如此就复原了最初的多项式，它等于 0，于是我们赢得了这场博弈。上述提取因子的过程证明了，我们能够在任何代数数上赢得这类博弈，因此能够制胜的数恰恰是代数数。

特别地，我们没法在 e 或 π 处赢得博弈，因为这些数是超越的。同时，作为一个有趣的练习，读者也可试着证明，某个数是有理的，当且仅当，你能在不使用乘 x 操作的限制下赢得博弈。

第十三节　复数

有了实数，我们接着迈上复数 $\mathbb{C}$ 的台阶，其动机源自一个诱人却也许又骇人的设想，虚构的单位元 $i = \sqrt{-1}$ 可作为一个真实的数存在。这会让人想起复数 $a + bi$ 的形式。那么一个复数是什么呢？

利用复平面，我们可以轻松构造出复数域的一种自然的表现形式。具体而言，因为复数有 $a + bi$ 的形式，其中 a 和 b 都是实数，所以不妨将数 $a + bi$ 想作由数对 (a, b) 所表示的一个平面上的点。我们用常规方式来定义坐标相加运算 $(a, b) + (c, d) = (a + c, b + d)$，不过乘法运算的定义会陌生些，它是 $(a, b) \cdot (c, d) = (ac - bd, ad + bc)$。该定义正好体现了 $i^2 = -1$ 在如下乘积中带来的分配结果：

$$(a + bi)(c + di) = ac + adi + bci + bdi^2$$

$$= (ac - bd) + (ad + bc)i。$$

通过将 $a + bi$ 认作点 (a, b)，我们就把复数当作了平面—称作复平面—上的点，而且我们也把复数算术单纯地理解为定义在这些点上的一些基本运算。所以，复数终归也没那么骇人而神秘。我们可以将它们在实数的基础上构造出来。

44 柏拉图主义之于复数

我们用方程 $z^2 + 1 = 0$ 的一个解，$z = i$，来扩充实数，从而造出了复数。而一个不凡的事实是，亦被称作代数基本定理，在添加了这一个解之后，所成的复数系由此变得代数封闭：每则非平凡的复系数多项式方程都有一个完整的解。复数系是实数系的代数闭包。

说到头来，复数是什么呢？想象当一个人走完这一生，升上天堂，惊讶地面见了上帝，他告诉这个人："是的，你关于实数的柏拉图主义信念完全正确，看，它们就在这儿！"他朝远处指了指，然后这个人望见了它们——实数，其中每个数都是其所在类中的一个完美的理型。如这人所料，他在该在的地方找到了数 $\pi, e, \sqrt{2}$。"但是……"上帝又说道："至于复数，你的柏拉图主义立场就错了；你得把它们从实数中造出来，作为数对 (a, b)，用上括号和逗号以及别的该用的一切。"

这个场景无疑是荒诞的，因为我们所期望的数学本体论应该要一视同仁地处理相似的数学对象；如果实数真实存在，那么复数也应如此。这对柏拉图主义而言是思想的滑坡吗？一旦我们接受了某种数学对象或结构的存在，为何不能接受更多呢？很快，我们将发现自己的立场已滑入丰饶柏拉图主义。但是，数学结构在抽象层次上的不同又该如何体现呢？有的哲学家提出，自然数的存在比实数更确然，而且尽管柏拉图主义对于自然数成立，但对实数则不然。上面的寓言和他俩有关吗？也许关系不大；也许抽象程度的差别使得自然数和实数间有别如天壤，远超寓言中实数和复数之别。

复数域的范畴性

如同实数，复数域 $\mathbb{C}$ 也有一个范畴性的刻画方式。换言之，复数域可以在同构意义上被刻画为，一个完备有序子域（实数系）的代数闭包。任何两个这样的域相互都同构，因为它们的实子域会是同构的，而其对应的同构映射可被扩张到代数闭域上。复数域还能以不分辨同构为准被刻画为，唯一一个连续统那么大的，特征值为 0 的代数闭域。我们可在二阶逻辑中，将"连续统那么大"这一概念表达为，它和作为它的子集的实连续统间存在一个双射。

至此，我们所熟悉的每一个数系——自然数 $\mathbb{N}$、整数环 $\mathbb{Z}$、有理数域 $\mathbb{Q}$、实数域 $\mathbb{R}$ 还有复数域 $\mathbb{C}$——都能被范畴地刻画。正因有了这些范畴性结果，我们才能借由描述在这些结构身上为真的一些命题，来将它们挑选出来，加以指称，而无需列明这些结构的一些样例。我们不需要在台面上构造出 $\mathbb{C}$ 的一例副本来指称复数域，因为我们可以说，我们所指的正是那个连续统那么大的，特征值为 0 的代数闭域。按我的观点，这种无需展示某一具体例示，就能指称结构的能力，构成了数学中范畴性结果与结构主义哲学之间深层联系的核心。

45

对结构主义的复数挑战？

虽然按惯例 i 被描述为"负一的平方根"，我们可能还是想反问，"哪一个？"考虑到，$-i$ 也是如下这么一个根：

$$(-i)^2 = (-1 \cdot i)^2 = (-1)^2 i^2 = i^2 = -1,$$

事实上，复数确有一个自同构映射，一个它和自身之间的同构映射，它可通过互换 i 和 $-i$ 来给出，换言之，取共轭复数：

$$z = a + bi \qquad \longmapsto \qquad \bar{z} = a - bi。$$

这共轭映射保持了域结构，因为 $\overline{y+z} = \bar{y} + \bar{z}$ 且 $\overline{y \cdot z} = \bar{y} \cdot \bar{z}$，因而复数域并不是一个刚性的数学结构。因为共轭变换互换了 i 和 $-i$，这致使 i 不可能拥有 $-i$ 所不具有的复数上的结构性质。所以，没有原则性的结构主义理由来使它俩中的某一个脱颖而出。这对结构主义者会是个难题吗？当他使用单称词项时，这似乎确实是个问题，因为我们怎么知道，这周我计算时所用的 i，和下周你计算将用的 i 是同一个？也许我用的 i 其实是你用的 $-i$，而我们甚至没察到这一变化。

如果我们想将数学对象理解为某一个结构中的抽象位置，如抽象结构主义立场所想，那么我们就必须和下面这个事实短兵相接，有鉴于共轭自同构的存在，数 i 和 $-i$ 在该结构中扮演着完全相同的角色，见（Shapiro，2012）。以复数域为背景，数 i 和 $-i$ 有着完全相同的同构映射轨迹，因而在此意义上，尽管是两个个体，它们在 $\mathbb{C}$ 中扮演着完全相同的结构角色。这似乎会动摇"数学对象是一个结构中的抽象位置"的思想基础，因为我们希望将这些位置视为相异的复数。

更进一步，i 和 $-i$ 对于这个论点而言没有任何特别之处。比如，

数 $\sqrt{2}$ 和 $-\sqrt{2}$ 也碰巧,在 $\mathbb{C}$ 中扮演着相同的结构角色,因为 $\mathbb{C}$ 中存在着一个将两者互换的自同构(尽管我们需用到选择公理来证明这一点)。将之与实数域 $\mathbb{R}$ 的情况作对比,后者处 $\sqrt{2}$ 和 $-\sqrt{2}$ 当然是可分辨的,因为其一是正数而另一是负数,并且序关系在 $\mathbb{R}$ 中用域运算加以定义 $x \leq y \leftrightarrow \exists u \, x + u^2 = y$。这也就导致,实数域在复数域中用任何域语言的命题都无法定义。事实上,复数域上存在巨量而多样的自同构。例如,我们可以将 $\sqrt[3]{2}$ 挪到 2 的任一个非实立方根上,例如 $\sqrt[3]{2}(\sqrt{3}i - 1)/2$。因此,数 $\sqrt[3]{2}$ 和 $\sqrt[3]{2}(\sqrt{3}i - 1)/2$ 在复数域中不可分辨——我们没法用任何一条域语言所能表述的性质来区分它们。事实上,除了有理数外,每一个复数都在某个非平凡的自同构映射轨道中占据一席之地,它和轨道中其他副本无法在该域结构中被区分开。所以,i 和 $-i$ 所引发的问题也重演于每一个无理复数之处。鉴于这个原因,试图将复数等同于其在复数域中所占据的抽象位置或所扮演的角色,是有问题的。

与此同时,我们也能用一简单的办法来重塑其结构角色的唯一性,通过给复数域外挂上一层颇为自然的结构即可。具体来说,一旦我们给复数域 $\mathbb{C}$ 附加上取实部和虚部的标准算符:

$$\mathrm{Re}(a + bi) = a \qquad \mathrm{Im}(a + bi) = b,$$

那么扩增所得的结构 $\langle \mathbb{C}, +, \cdot, \mathrm{Re}, \mathrm{Im} \rangle$ 就变成刚性的了。至此,在此莱布尼兹式的新结构中,每个复数都扮演了一个唯一的结构角色。这层额外的结构内蕴于对复数的复平面概念构想中,部分缘于此,数 i 作为一个单称词项方显得合适——它指称了复平面中的点 $(0, 1)$——然而 $-i$ 则指称 $(0, -1)$。复平面不仅仅是一个域,因为它,通过取实部和取虚部算符的途径,夹带了额外的坐标信息,方使其自身成为刚性的。在

46

复平面上，每个复数都扮演着一个不同的角色。

作为刚性结构之缩减的结构

这类情形，即，一个自然的非刚性结构经附上一层额外的自然结构而变得刚性，在数学中极为常见，例子比比皆是。加法群 $\langle \mathbb{Z}, + \rangle$ 上有一个取负数的自同构，但附乘法结构 $\langle \mathbb{Z}, +, \cdot \rangle$ 后它就变得刚性了，或者序结构也行 $\langle \mathbb{Z}, +, < \rangle$。有理序 $\langle \mathbb{Q}, < \rangle$ 是一个可数无端点稠密线序，而且因此高度非刚性，事实上其中任意两个大小相同的有穷集都序-同构——不过附上 $\langle \mathbb{Q}, +, \cdot, < \rangle$ 域结构之后就变刚性了。复数域 $\langle \mathbb{C}, +, \cdot \rangle$ 上有 $2^{2^{\aleph_0}}$ 多道自同构映射，但融入坐标结构后就变得刚性起来。每个至少有三个元素的群都不刚性，但某一群若按照某种特定的呈现形式给出，则其中每个元素都能被分辨开来，例如通过生成元或是某一特定集的排列形式给出时。

整件事浮现出的模式是，一个特定的非刚性的结构，将其理解为另一个刚性的结构经缩减而得的一个子结构，由此指称的难题将迎刃而解，原因在于，为指称非刚性结构中的一些对象，我们可以转而指称它们在扩增后的结构中的角色。我主张，这种模式已深深根植于数学研究实践中。其理由正是指称问题，我们很难日复一日实实在在地呈出或明确所用的某个非刚性结构，除非另找一个结构，其中每一对象都能被作为个体确定下来，然后将原结构呈现为这另外的结构经缩减后的子结构。不然的话，我们还能怎样在一开始的时候就融贯地规定那些对象上的那个结构？我们并非从一个光溜溜的 $\mathbb{C}$ 的副本起步，而后试着在上面标定方向，从而让我们能分辨开 i 和 $-i$。相反，我们逆向而行：数学结构的诸多实例，是从信息更丰富的背景摘出的，在那里，对象已然作为个体分明地伫立。比如说，我们能将一个复数系 $\mathbb{C}$

的副本从实数有序对来构造出，在那里，我们能分辨 $(0,1)$ 和 $(0,-1)$ 并由此在 $\mathbb{C}$ 的这个特定副本中分辨 i 和 $-i$。每个特定的 $\mathbb{C}$ 的副本，以及事实上任一个随意类型的特定数学结构，同理都能从一个个体对象可分辨的背景中浮现出来。

当把 ZFC 集合论用作一种数学基础时，上述哲学见解就变成了一条数学定理：每个集合都是一个刚性结构的缩减子结构，前一结构中，每一个体都扮演了一个独一的结构角色。根据在于，每个集合都是某一传递集的子集，而每个传递集相对于属于关系 $\in$ 都是刚性的。事实上，集合论宇宙 $\langle V, \in \rangle$ 作为一个整体是刚性的——因此，集合论宇宙中任意两个对象，作为集合都可被区分，都扮演了不同的集合论角色（见第425页论证）。因此，每个数学结构，只要它能在集合论宇宙中被实现，就都能被实现为一个刚性结构的缩减子结构。我们能够指称原结构中的不同个体，只需指向它们在更大背景中所扮演的不同结构角色即可。

第十四节 当代类型论

数学中充斥着各种类型的数学对象：我们有自然数、整数、实数、数集、平面上的直线、实数函数、拓扑空间、序列和数列，等等。所有这些不同类型的数学对象都有着不同的本性和特征，并且每一个类型都有各自的规则。应用实数函数时，其输入对象只能是实数才合理。类型论关注，将所有这些不同类型维护得井井有条，并注明它们间的互动规则，也关心我们能用哪些形式化方法来构造新类型。根本上说，类型论重视数学高度类型化的本性，并将"类型"的观念贯彻到底。那些最普遍的类型论版本有能力在基本上将任意数学结构用类型来表示，并且它们也能充当基础理论，这点很像集合论。我们能在一个巨大的超穷谱系中，从旧有的类型构造出新的类型，正如在集合论的层垒谱系中能做的那样。

在编程语言中，类似的类型变换事项通常都需被完全明文写出，在此情形下，举例而言，我们不时要将数的类型从整型（int）切换到浮点型（float），以便使用浮点算术，而非整数算术的运算符。一些编程语言高度类型化的本性，可让我们方便地检测出程序的赋型错误，要做的只是检查函数和关系表达式的使用是否符合相应类型。

48　　　同时，初等数学的应用习惯通常在赋型上很宽松。每个自然数常常也被当作一个整数；每个整数也都是有理数；有理数又是实数，每个实数又还是一个复数：

$$ \mathbb{N} \quad \subseteq \quad \mathbb{Z} \quad \subseteq \quad \mathbb{Q} \quad \subseteq \quad \mathbb{R} \quad \subseteq \quad \mathbb{C} $$

从该角度看来，我们可将数 57 认作一个自然数或实数，甚或一个复数，而它却总被看成同一个数。

然而，对数学的类型论解释，则鼓励我们更审慎地对待这些类型之别。按照类型论学家观点，自然数 57 和整数 57 或实数 57 都是不同的东西，即便我们有在这些数系之间的典范的嵌入或转译方法。我们可以将一个整数转译到实数中去，只需用类型变换转译方法 $\tau_{\mathbb{Z},\mathbb{Q}}$。例如，如果 57 被看作一个整数，那么 $\tau_{\mathbb{Z},\mathbb{Q}}(57)$ 就是相对应的有理数 57，而 $\tau_{\mathbb{Z},\mathbb{R}}(57)$ 则是实数 57。

我们应该把我们的常规算术运算看成，暗含了数不胜数的调整类型的态射吗？按照类型论，倘若我们尊重数学类型之别，我们将获得更为稳健的数学理论和更多洞见。同时，常规数学用法普遍会无视这些类型分别，并将自然数 57 等同于整数 57。于是问题在于，作出断然的类型区分是否能带来数学上的或哲学上的益处。

第十五节　其他数类

复数能被四元数再扩充，这种数系带有非交换的乘法，其中的数的形式为 $a+bi+cj+dk$，其中 i, j, k 为四元数单位。而四元数继续能被八元数扩充，它带有非结合的乘法和八个维度；科普作品会提到它们，因其与暗物质和理论物理有着些许联系。无穷小量数（*infinitesimal numbers*）将在第二章中被讨论，一同的还有与之有关的超实数（*hyperreal numbers*），而超穷序数则将见于第三章。另外，引人入胜的超现实数（*surreal numebrs*）——由约翰·康威提出——将实数、超现实数还有序数的特征，都融于一套雅致的数系，一个包罗万象的大系统，它统一了大大小小所有的数。

第十六节　哲学有什么意义？

提出一种数学哲学的目的何在？这些哲学争论中有何要紧的事务？有些哲学家也许会回应道，我们力图通达数学永恒的本性，想要明白数学到底关于什么事物，弄清数学为什么能如其所是地发挥作用。我们希望给出一套解释，来说明数学对象本性和数学论断以及我们如何认识它们。我们有无数关乎数学本性的基础哲学问题，且我们试图回答它们，或至少也想将这些问题梳理清楚，并为可能的答案搭建一套背景框架。其他哲学家，相比之下，则抗议道，哲学论辩中鲜有能影响到数学的实质内容，而我们可能希望哲学洞见为数学目的服务。各种不同的数学哲学，或许能引导我们看向更有意义的数学问题，或成

49

果更丰硕的数学研究路径。因此，一套成功的数学哲学，也许就是一套能带来更丰厚数学回报的哲学——能通向更有价值的数学洞见的哲学。

为举例说明，试考虑集合论多元主义（set theoretic pluralism）的争论，它在当今的集合论哲学中被争得沸沸扬扬（见第八章）。争论要点在于集合论存在的本性，特别是这个问题，集合论的宇宙到底是个单一宇宙，即一个按预期满足这套理论所述内容的模型呢？还是说存在着并行多元的集合论观念，从它们上可生发出集合论的一系列多元宇宙（multiverse of set theory）。

在我最初那篇关于此议题的文章的附录部分，我曾写道：

> 数学家对哲学立场的评价准绳，或许在于它所能引向的那种
> 数学的价值。由此，这场哲学争论背后真正的问题也许是：
> 集合论应当去向何方？它应关注哪些数学问题？（Hamkins,
> 2012）

多元宇宙论也许会引发我们去思考，集合论的多种模型间如何互动？而单宇宙论则会引导我们尝试发掘，那唯一的真实集合论宇宙的根本特征。这是两项大相径庭的数学研究计划，因而，研究者所持的集合论哲学观点不同，他的数学研究努力方向也将不同。

第十七节　说到最后，究竟什么是数？

很抱歉，但我们真的不知道，至少不全面知晓，数是什么。数学本体论疑难仍未被解决。尽管关于此事，我们已有丰富多样的哲学视角，但在我看来，没有一种令人完全满意。我们并不真正知晓，在数

学中作出一条存在论断在根本上意味着什么。我们的工作就在那，在数学哲学中，若天然裁出。

> 当你终于获得了数学博士学位，他们会领你走进一个小房间，并向你解释，i 并不是唯一的虚构（虚）数——事实上，所有数都是虚构的，即便那些真实的（实）数也不是真的。(Owens, 2020)

思考题

1.1 一个数和一个数字之间，如果存在区别，它们的区别是什么？

1.2 $\frac{4}{6}$ 和 $\frac{2}{3}$ 的分子并不相同，但我们通常还是会说两数相等。如何会这样，一事物拥有另一事物不具备的性质，而它们仍是同一事物？

1.3 解释为什么集合 $\{\varnothing\}$ 在 20 世纪早期关于数的三大解释中，即在弗雷格、策梅洛、冯·诺伊曼各自的数观念中，都是一个数。三者都一致认同 $\{\varnothing\}$ 是个数，但他们对于它是哪个数的意见是否一致？还有没有别的集合在三大观念下都是数？ 50

1.4 写出以下这些命题的形式逻辑表达式："正好存在一个 P""正好存在三个 P""不存在任何 P"。你能写出"存在无穷多 P"吗？

1.5 按照弗雷格对数的等数类构想，数 2 有多大？数 1 有多大？数 0 呢？如果换成策梅洛数或者冯·诺伊曼数呢，答案会有所不同吗？

1.6 分别为"读过的书都一样"和"看了同一场次的剧院演出"关系，作为全体人类集合上的等价关系，列出几个分类不变量。

1.7 论证，对于任意等价关系，其等价类都是该关系下的一个不变量。

这一事实是否构成了对任意等价关系概念的弗雷格式抽象解？

1.8 弗雷格的基数后继的构想，当将其应用于无穷集合时，会发生什么？

1.9 弗雷格在算术上的理论发展以及他的数的概念，在多大程度上与结构主义哲学相合？

1.10 验证自然数上的 ≤ 关系的推演结论，是否与本章所述相符，从戴德金公理系统的基本原则出发，证明 ≤ 是条离散线序。

1.11 证明 $\sqrt{3}$ 是无理数。你所能证的该定理的最一般形式是什么样的？

1.12 结构主义的核心似乎是这么一个想法，当一结构 A 同构于一结构 B 时，A 和 B 就都具备相同的数学特征。这一概括在何种程度上成立？为什么？

1.13 你能在整数环中找出多少对 0 的刻画？对 1 呢？

1.14 是不是每个整数都在整数环中扮演了独一无二的角色？倘若只考虑其中的加法结构 $\langle \mathbb{Z}, + \rangle$ 呢？

1.15 一位结构主义立场的数学家能否融贯地指称那一自然数系？或那一实数系？

1.16 在何种程度上，若的确如此，结构主义会要求数学对象是可定义的？某一数学对象若不能被在所在结构中形式化地定义出来，它还能扮演独一无二的结构角色吗？

1.17 结构主义如何应对非刚性的数学结构？换言之，其上具有非平凡的自同构映射的结构。是否有某种特定的结构主义与此状况相关？

1.18 以橄榄球/棒球运动为喻来考虑结构主义，按此思路，某个数学对

第一章 数 51

象的结构角色可类比于一支球队中的一个位置，例如美式橄榄球中的四分卫或是棒球队中的一垒手。请思考，哪项常规体育项目，在队员角色名称上的问题上，可以像复数结构那样给结构主义带来挑战？特别是挑战这一结构主义主张：每个数学对象都是所在结构中的结构角色。

1.19 结构主义者会为冗杂定理现象而烦恼吗？举例而言，如果我们在集合论中阐述算术，但同时遵循结构主义律令，那么不论具体解释方式如何，我们不是仍能证明一些有关数的集合论事实吗？比如，数仍将都有幂集，不同的数会有不同的元素，如此等等，因为这些事实对任何集合都成立。这难道就不是冗杂吗？

1.20 证明数 $\sqrt[5]{7} + \sqrt[3]{10}$ 是个实代数数，通过找到一个整系数的，且以该数为根的，多项式来证。[提示：考虑 $x^5 - 7$，然后再做几步变换。]

1.21 你能赢得以 $x = \sqrt{5} + \sqrt{7}$ 为起手的超越博弈吗？

1.22 总结戴德金关于自然数的范畴性论证的要点。它和结构主义如何建立得联系？对于一个结构主义者，范畴性论证在数学中起到了什么作用？

1.23 解释利奥伯德·克罗内克如下论断："上帝创造了整数，余则皆为人作。"

1.24 模型论表明，集合论的不同模型能含有不同且互补同构的自然数之例示。这说的是，可能存在集合论的模型 M_1 和 M_2，使得 $\mathbb{N}^{M_1}$ 和 $\mathbb{N}^{M_2}$，即两个模型中各自的有穷冯·诺伊曼序数，互不同构。这一事实对于戴德金的自然数范畴性刻画有何影响？如果确有影响

79

的话。

1.25 鉴于这条事实，i 和 $-i$ 都是 -1 的平方根，我们如何知晓，我所说的 i 和你所说的 i 是相同的东西？若某人谈到，"负一的平方根"，假设我反问道，哪一个？那么这一状况会对复数的使用带来指称困难吗？

1.26 来谈谈关于自然数、整数、有理数、实数、复数的范畴性议题。结构主义者是否有统一的口径来应对这些个例？

扩展阅读

- Paul Benacerraf（1965，1973）：在这两篇影响深远的文章中，贝纳塞拉夫作出了他的基础性驳论。第一篇的标题，《数不能是什么》，显然是对 Dedekind（1888）篇名 "Was sind und was sollen die Zahlen?"（《数是什么？数应是什么？》）的致敬。

- W. D. Hart（1991）：哈特将贝纳塞拉夫的论说在此以两难的形式呈现：数学对象的抽象本性，似乎是使数学中论断得以成真的必要条件，但也恰是它，构成了我们获得数学真相的知识路上的障碍。

52 - Joanne E. Snow（2003）：这是一篇关于戴德金、康托、海涅、维尔斯特拉斯在实数概念和连续统方面各自观点及相互通讯的颇具启发性的述论。

- Stewart Shapiro（2012）：一篇关于虚单位 i 之为一个单称词项的悦人探讨。

- Dirk Greimann（2003）：一篇关于弗雷格的朱利乌斯·凯撒问题的明晰述论，它重点强调了弗雷格观点中结构主义的微妙一面，并力争，在他那里，朱利乌斯·凯撒问题超乎反结构主义的形而上学议题。

- Gideon Rosen（2018）：这是斯坦福哲学百科（SEP）中的一个条目，它给出了有关抽象对象的各色观点的一份出色总结。

- Kevin C. Klement（2019）：一篇以逻辑主义宏篇的历史发展为背景，对伯特兰·罗素流派的逻辑主义所作的详实论述。

- Button and Walsh（2018）：一篇涵盖甚广的，有关于模型论的哲学相关议题及部分的论述，其内容例如，对戴德金的算术范畴性结果的可能的哲学态度及回应的详实探讨（157页）。

- D. E. Knuth（1974）：一篇不同寻常的佳作，一篇罕见的数学小说。它借由一对在海岛度蜜月的新婚夫妇的对话录，讲述了一段可能会被踏寻的，从超现实数那些神秘的基本原则开始，发展出整套超现实数理论的幻想旅程。书评人（小）约翰·W·道森（John W. Dawson, Jr.）说道："令人赏心悦目的佳作，而且它的情节的确还融入了一项当代文学成功所必需的要素，一出背德的性事。"

- Doron Zeilberger（2007）：一篇关于空无的谈话，标题为《 》（但无书名号），篇中也叙述了康威对数的博弈论解释的起源。

致谢与出处

"休谟原则"这一术语由 George Boolos 提出。莱布尼兹式模型的概念由 Ali Enayat（2004）提出。定理 4 实质上在 Eward V.Huntington（1903）中便已出现，紧随他在 1902 年的一篇未曾发表的关于正实数公理化系统的文章。Oswald Veblen（1904）定义了公理系统的范畴性概念，他援引约翰·杜威（John Dewey）给出了这一术语，并援引了亨廷顿的结果作为一个范例（尽管戴德金的算术范畴性结果已是个更在先的例子）。感谢 Philip Ehrlich（2020）和 Umberto Cavasinni（2020），在回答我贴在 MathOverflow 上的问题（Hamkins，2020d）时，帮我发掘了这一历史事实。我从 Peter Koellner 处了解到柏拉图主义的"天堂见上帝"的寓言，他造访纽约时，在我纽约大学的办公室中向我说起。以"一切数，无论大小"的口号为纲要来看待超现实数的视角来源于 Philip Ehrlich（2012），这也是他这本专著的标题。我从 Mark Dominus（2016）那里了解到了一个版本的超越性博弈。

第二章
严格性

摘要：让我们考虑在微积分发展历程中的数学严格性问题。非形式的连续性概念以及无穷小量的运用，最终让位于 $\varepsilon\text{-}\delta$ 极限概念，后者在夯实了一个更严格的基础的同时，也扩充了我们的概念词汇，使我们得以表达一些更精细的概念，如一致连续性、等连续性以及一致收敛。非标准分析则在一个更稳固的基础上复兴了无穷小量概念，为这一学科的发展提供了另一条平行的道路。同时，函数概念中的抽象化趋势愈发鲜明，我们将以魔梯、空间填充曲线、康威的 13-进制函数为例加以说明。最后，数学对于科学的不可或缺性能否为数学真奠基？虚构主义对此表示怀疑。

微积分这门学科——它是由牛顿和莱布尼兹各自独立发展而来，二人贡献孰多孰少，引发了人们一个世纪的激辩——主要关注瞬时变化率的思想，特别是实数上的函数的变化率。连续函数类由此变得至关重要。但精确将来，说一个函数是连续的，这到底是什么意思？

第一节 连续性

在自然语言中，我们会区分连续过程和持续进行的过程，前者是指无间断连贯进行的过程，后者是指过程没有终结。例如，你会预期你的薪资在接下来几十年中都持续到位，但这不必然意味着它们会连续地如此，因为按月分段结付薪资也行。

连续性的非形式式解释

在数学中，一个连续函数是一个其图像在一定意义上不间断的函数。那么这一定意义是什么呢？也许作为起点，一个非形式化的连续性概念就够了。在我上初中时，我的老师常说：

54　　　一个函数是连续的，如果你能一笔就画出它。

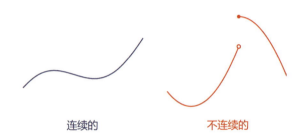

连续的　　　　　　　　不连续的

这一说法承载的想法是，一处跳跃的不连续点，如图中红色函数中间部分所示，应会剥夺一个函数作为连续函数的资格，因为你必须要抬笔才能跳过其间空白。但是这定然不足以支撑起精确的数学论证；况且，如果我们考虑到笔头的宽度不为零，以及更甚，铅笔划出的笔迹以离散的碳原子形式存在，上述陈述在细节上也不全然准确。所以让我们将它当作一种提示性的比喻，而非一种数学上的定义。

在入门级的微积分课堂上，学生常会听到一种略微好些的说法：

一个函数 f 在点 c 连续，如果随着 x 越来越靠近 c，$f(x)$ 也会越来越靠近 $f(c)$。

这的确更好些，因它指出了，我们可以通过将函数应用于更准确的输入的近似估值，来获得更准确的函数值的近似估值；我们将 $f(x)$ 视为 $f(c)$ 的近似，当 x 也是 c 的近似时。

但这定义仍旧太模糊了。更糟的是，它不完全对。设想你打算步行穿过纽约的中央公园，从中央公园南端往上城方向走。当你向北走时，你会越来越（虽然只是微小地）靠近北极点。但你并不因此就到了北极点附近，因为你仍距那里千里之外。上述定义的问题在于，它并不区分越来越靠近一个量的概念和到达它附近的概念。我们离那个量多近？多近才算近？该定义没有告诉我们答案。

换个角度来说明，设想有一位登山者正行走在一方略带坡度的台地上，正向其边缘走去，在那里等待她的是陡峭的悬崖，考虑她的海拔爬升函数。当她走近崖边时，她越来越靠近边缘，她的海拔高度也越来越接近谷底的高度（因为她在下降，哪怕只是微小的），但海拔爬升函数并不连续，因为崖边将有一陡然的垂直落差，一处跳跃的不连续点，倘若她真决意迈出那步。

连续性的定义

因此，一种更准确的定义不应说"越来越近"，而应去关注 x 离 c 确切有多近，以及 $f(x)$ 离 $f(c)$ 多近，以及这两者对接近性的度量如何关联在一起。这正是连续性的 ε-δ 定义所实现的任务。

定义 7　一个实数上的函数 f 在点 c 是连续的，如果对于每一个正数 $\varepsilon > 0$，都存在 $\delta > 0$ 使得只要 x 在 c 旁 δ 远范围内，就有 $f(x)$ 也在 $f(c)$ 旁 ε 的范围内。该函数整体将被称为连续的，倘若它在每个点处都连续。

在图中，$f(c)$ 旁 ε 范围内的 y 值正由水平绿色区域所标明，而 c

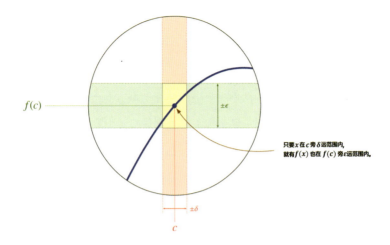

只要 x 在 c 旁 δ 远范围内，
就有 $f(x)$ 也在 $f(c)$ 旁 ε 远范围内。

旁 δ 范围内的 x 值则由竖直红色区域标出。由此，该图展示了一次恰当的 δ 的选择，它使得（在思考题 2.3 中你将会具体解释为何如此）每个 c 旁 δ 范围内的 x 都有，$f(x)$ 也落在 $f(c)$ 旁 ε 范围内。

我们可以用符号语言，精炼地将 f 在 c 处的连续性表述如下：

$$\forall \varepsilon > 0 \exists \delta > 0 \forall x [x在c旁\delta远范围内 \Rightarrow f(x)在f(c)旁\varepsilon远范围内]。$$

量词符号 $\forall$ 读作"所有"，符号 $\exists$ 读作"存在"。所以，一个函数在点 c 连续，按照上述表达式，如果对于任意所需的准确度 ε，都存在一个接近程度 δ，使得任何如此接近 c 的 x，都有 $f(x)$ 落在所需准确度 $f(c)$ 的范围内。简言之，只要控制 x 使之足够接近 c，你便能确保 $f(x)$ 离 $f(c)$ 想多近就多近。

56 连续性博弈

接下来考虑连续性博弈。在这此博弈中，你的职责是守卫函数 f 的连续性。攻方会向你展示一个值 c 以及一个 $\varepsilon > 0$，而你必须回敬

一个 $\delta > 0$。攻方接着能在 c 旁边 δ 远的范围内再取任意一个 x，而若 $f(x)$ 落在了 $f(c)$ 旁 ε 远的范围内，你就赢了。在章末思考题 2.1 中，你将要证明，f 是连续的，当且仅当，你对此博弈可能找到一个必胜策略。

数学中的许多断言都有类似交替的 ∀∃ 量词，而这些断言可被从策略的角度解读为一类博弈，在其中，攻方打出全称量词 ∀ 的实例，而守方则回应存在量词 ∃ 的见证事例。数学上复杂的断言通常会包含多次交替的量词，而它们又会对应着更长的博弈。也许是因为人类进化发生在一个本质上充满博弈论的人为抉择的严峻环境中，策略上的失败将招致后果，我们似乎具备一种用于策略推理的先天官能，这些推理支撑着那些复杂的量词交替性数学断言。我们如何能够以如此方式运用人类经验来获得数学洞见，对此我感到颇为不凡。

分析中的估值

让我们在应用中来说明 ε-δ 定义，证明两个连续函数的和仍是连续函数。设 f 和 g 都在点 c 连续，并考虑函数 $f + g$，它在 c 的值是 $f(c) + g(c)$。为看出此函数在 c 连续，我们将作出所谓的 $\varepsilon/2$ 论证。考虑任意 $\varepsilon > 0$。故而也有，$\varepsilon/2 > 0$。因为 f 连续，所以存在 $\delta_1 > 0$ 使得，任何落在 c 旁边 δ_1 远范围内的 x 都有 $f(x)$ 也在 $f(c)$ 旁边 $\varepsilon/2$ 远范围内。类似地，因为 g 连续，所以存在 $\delta_2 > 0$ 使得，任何落在 c 旁边 δ_2 远范围内的 x 都有 $g(x)$ 也在 $g(c)$ 旁边 $\varepsilon/2$ 远的范围内。令 δ 为 δ_1 和 δ_2 中较小的那个。如果 x 落在 c 旁 δ 远范围内，由此，它将既在 c 旁 δ_1 远范围内，也在 c 旁 δ_2 远范围内。然后，$f(x)$ 在 $f(c)$ 旁 $\varepsilon/2$ 远范围内，$g(x)$ 在 $g(c)$ 旁边 $\varepsilon/2$ 远范围内。这就使 $f(x) + g(x)$ 在 $f(c) + g(c)$ 旁 ε 远范围内，因为每一项的误差都不超过 $\varepsilon/2$，并且至

此我们已赢得此局连续性博弈。所以 $f + g$ 是连续的，如我们所愿。

该论证展示了"估值"方法，它对于实分析这一学科至关重要，借由此法，我们能将一个量，打散成各个部分，分别加以分析，从而确定总误差的范围。我们不仅有 $\varepsilon/2$ 论证，也有 $\varepsilon/3$ 论证，将那个量分为三份，以至于 $\varepsilon/2^n$ 论证，破出无穷多份，其中第 n 份的误差不超过 $\varepsilon/2^n$。该法要义在于，因为

$$\sum_{n=1}^{\infty} \frac{\varepsilon}{2^n} = \varepsilon,$$

我们因而能将总误差如愿控制在 ε 以内。让我强调一下，此处对"估值"一词的使用不意味着，我们以某种方式猜测误差有多大，相反，我们确切证明了误差可能范围的绝对限度。

57　　分析学家的态度可用下面这句口号来表述：

在代数里，总说相等，相等，相等。

但在分析里，则说小于等于，小于等于，小于等于。

在代数里，我们时常在方程的序列中前进，致力于准确地解出它们，而在分析中，我们则在不等式的序列中前行，想要提出误差的估值，通过证明误差一定小于某一个量，这个量又小于另一个量，依此类推，直到最终证明它小于目标值 ε，如我们所期待的。该误差的精确值是多少无关紧要；相反，要点在于我们可以让它想多小就多小。

极限

ε-δ 的思想促成了一种对极限概念的一般的形式化表述。即，我们将 x 趋近于 c 时的 $f(x)$ 的极限定义为量 L，写作：

$$\lim_{x \to c} f(x) = L,$$

如果对于任意 $\varepsilon > 0$，都存在一个 $\delta > 0$，使得任何到 c 的距离小于 δ 的 x（但忽略 $x = c$）都有 $f(x)$ 到 L 的距离小于 ε。

但何必搞这么复杂呢？极限和连续性概念真的需要这样一种极度准确且详尽的分析吗？我们难道不能用一种更为自然且直观的解释吗？实际上，在牛顿和莱布尼兹之后，数学家们已经用一种非形式且直观的解释前行了一个半世纪。极限和连续性的 ε-δ 概念是很久之后的事，在魏尔斯特拉斯那里达至其现代形式，而柯西、波尔查诺稍早也已使用，但这些都晚于关于无穷小量，即无穷小的量的非形式概念。让我们将这种用法与现代方法作一个比较。

第二节 瞬时变化

在微积分中，我们需要理解瞬时变化率这一概念。从高塔上抛下一个钢球；球就开始下落，随着重力牵引，它的速度越来越快，直至它砸上人行道——小心躲开！如果高度很高，那么该球就有可能达到其一个最终速度，此时重力被空气阻力平衡。但在那之前，球都在加速，它的速率会不断增大。这种情形与火车沿着铁轨匀速行进的情形存在根本区别，后者的速度我们可从以下方程解出：

$$距离 = 速率 \times 时间。$$

然而，对于这个钢球而言，如果我们测量下落过程消耗的总时长以及总距离，解出的速率就只是平均速率。哪怕很短一段区间上的平均速率，似乎并不能完全把握瞬时变化率的概念。

58 无穷小量

微积分的早期研究者用无穷小量来解决这个问题。考虑函数 $f(x) = x^2$。f 在点 x 处的瞬时变化率是多少呢？为弄清楚，我们来考虑在一段无穷小那么小的区间——即 x 到 $x + \delta$ 这个区间，其中 δ 是一个无穷小量——上事情如何变化。函数值会相应地从 $f(x)$ 变到 $f(x + \delta)$，因而这段微小区间上的平均变化率是

$$
\begin{aligned}
\frac{f(x + \delta) - f(x)}{\delta} &= \frac{(x + \delta)^2 - x^2}{\delta} \\
&= (x^2 + 2x\delta + \delta^2 - x^2)/\delta \\
&= (2x\delta + \delta^2)/\delta \\
&= 2x + \delta_{\circ}
\end{aligned}
$$

因为 δ 是无穷小量，所以结尾的 $2x + \delta$ 无穷接近于 $2x$，于是我们断定，该函数的瞬时改变量是 $2x$。换言之，x^2 的导数是 $2x$。

看明白我们刚做了什么吗？如同牛顿和莱布尼兹，我们引入了无穷小量 δ，并且它出现在了最终结果 $2x + \delta$ 里，但在那最后一步，如他们所做的那样，我们说 δ 已无关紧要，可视为零。不过我们却不能一开始就将其视为零，否则，我们的变化率计算就会变成 $\frac{0}{0}$，而这没有意义。

一个无穷小的数到底是什么？如果一个无穷小的数只是一个非常小，但非零的数，那么我们在最后抛掉它的做法就是错的，这样的话我们就没法求得 f 的瞬时变化率，而只会得到一段区间上的平均变化率。反之，如果一个无穷小的数不单是个非常微小的数，而且还无穷小，那么它就会是一种全新的数学量，那样的话我们似乎会需要一套

更全面的解释，来说明它的数学性质，以及它在计算中如何与实数相互作用。例如，在之前的计算中，我们就将这些无穷小的数与实数相乘，而在其他情形中，我们还会将指数函数或三角函数应用于这些表达式。为了理论融贯性考量，我们似乎会需要一套解释来说明为何它们有意义。

贝克莱主教（Bishop Berkeley，1734）曾猛烈抨击微积分的基础。

> 而这些相同的转瞬即逝的增量又是什么呢？它们既不是有穷量，也不是无穷小的量，也还不是彻底的无。我们难道不该叫它们逝去的量的幽灵吗？

贝克莱嘲讽的是，本质上看起来非常近似的推理也能用来论证一些不可理喻的、我们明知为假的数学断言。例如，如果 δ 小的可忽略不计，那么 2δ 和 3δ 之间就仅相差一个可忽略不计的量。如果我们将此差视为零，那么 $2\delta = 3\delta$，由此我们可断言 $2 = 3$，而这是荒谬的。如果我们不愿接受此结论，我们又凭什么将之前对无穷小量的处理方式视为有效的呢？似乎我们并不明确，何时能合理地将无穷小量等同于零，何时又不能，而微积分的早期基础似乎由此显得问题重重，即便其研究者能够在实践中避免错误的结论。微积分的基础由此显得毫无规律。

导数的现代定义

如果极限存在，使用按前面提到的 $\varepsilon\text{-}\delta$ 极限概念，一函数 f 的导数的现代定义可由下式给出

$$f'(x) = \lim_{h \to 0} \frac{f(x+h) - f(x)}{h}。$$

至此，我们所用的不再是一个单一的无穷小量 δ，而实质上是许多个增量 h，并在 h 趋于零时取极限。这种准确的处理极限的方式避免了伴随无穷小量的会引发悖谬的所有困难，同时也保存了它们背后的本质直观——连续函数输入的微小改变仅会导致输出的微小改变，而且一函数在一点处的导数则源于该点附近不断缩小的区间上的平均变化率。

第三节 概念词汇的扩大

对极限的 ε-δ 描述方法提供了扩大的数学词汇，扩展了我们表达新的、更为精微的数学概念的能力，极大地丰富了这一学科。让我们尝试这些进一步细化的可能性。

比如，对连续性概念作加强，我们说一个实数上的函数 f 是一致连续的，如果对于每个 $\varepsilon > 0$，都存在 $\delta > 0$ 使得，只要 x 和 y 相距不超过 δ，那么 $f(x)$ 和 $f(y)$ 相距也不超过 ε。但稍等一下，这和通常的连续性有何不同？区别在于，通常的连续性是在每个点 c 处分别作出的断言，每个数 c 处都有其各自的 ε、δ。特别地，对通常的连续性来说，为实现 c 处的连续性所选取的 δ，不仅依赖于 ε，还依赖于 c。相比之下，对于一致连续性，δ 就只依赖于 ε。同一个 δ 必须要一致地对所有 x 和 y 起作用（在此 y 实质上扮演了 c 的角色）。

思考这个函数，$f(x) = x^2$，一条简单的抛物线，定义于全体实数上。此函数自然是连续的，但它在其定义域上却不一致连续，因为随着 x 增大，它将变得越来越陡峭。换言之，对于任一 $\delta > 0$，如果我们离开原点足够远，那么此抛物线将变得如此陡峭，以至于我们会发现足够接近的 x 和 y，相差小于 $\delta > 0$，而 x^2 和 y^2 却相差一个巨大的量。正因如此，不可能存在适用于所有 x 和 y 的单一的 δ，哪怕采用一个非常大的 ε 也是如此。同时，利用实数轴上所谓闭区间的紧致性——由海涅-博雷尔定理所表述，我们能证明每个定义在实数闭区间 $[a, b]$ 上的连续函数，在该区间上都是一致连续的。

60

一致连续性的概念起于对连续性定义中量词顺序的简单调换，如下比较两者便可看出：

一个实数函数 f 是连续的，当

$\forall y \forall \varepsilon > 0 \exists \delta > 0 \forall x [x, y\,相距不超\,\delta \Rightarrow f(x), f(y)\,相距不超\,\varepsilon]$

相较，f 是一致连续的，当

$\forall \varepsilon > 0 \exists \delta > 0 \forall x, y [x, y\,相距不超\,\delta \Rightarrow f(x), f(y)\,相距不超\,\varepsilon]$

让我们再探索其他几个此类变体的例子——又有哪些概念由此而生？读者可在章末思考题 2.5 中试着解读以下三则命题的意思，并分别找出表现出这三条性质的函数：

$\exists \delta > 0 \forall \varepsilon > 0 \forall x, y [x, y\,相距不超\,\delta \Rightarrow f(x), f(y)\,相距不超\,\varepsilon]$

$\forall \varepsilon > 0 \forall x, y \exists \delta > 0 [x, y\,相距不超\,\delta \Rightarrow f(x), f(y)\,相距不超\,\varepsilon]$

$\forall \varepsilon > 0 \forall \delta > 0 \forall x \exists y [x, y\,相距不超\,\delta\,并且\,f(x), f(y)\,相距不超\,\varepsilon]$

在最后一条中，我们还要求 $x \neq y$，以求让这条性质有趣和微妙。

埃雷特·毕肖普（Errett Bishop, 1977）曾将连续性的 ε-δ 理解描述为"常识"，我倾向于同意他的说法。不过，依我之见，考虑到连续性陈述中微小的句法变动就能导致截然不同的概念，这一事实似乎突显了连续性的 ε-δ 解释根本上的微妙性与脆弱性，而此概念的微妙本质也许说明了它是多么精致。假设我们有一系列连续函数 $f_0, f_1, f_2, \ldots$，并且它们正好逐点地收敛于一个极限函数 $f_n(x) \to f(x)$。那么该极限函数一定也是连续的吗？柯西在这个问题上出现了误判，声称一列连续函数的收敛点是一个连续函数。但事实上这是错的。举个反例，考虑限定在单位区间上的函数序列 $x, x^2, x^3, \ldots$，如上图以蓝线所绘。这些函数各自都是连续的，但随着幂次上升，它们会在区间的绝大部分上压平，而在右侧猛然突起至 1。而

极限函数，以红色标注，会相应地取常值 0，只有 $x = 1$ 一个例外，而它在此处有一个跃升至 1 的不连续点。所以连续函数的收敛极限并不必然也连续。为柯西开脱几句，他曾用的是收敛级数 $\Sigma_n f_n(x)$，而非一个逐点收敛的极限 $\lim_n f_n(x)$，这状况掩藏了反例，尽管我们也能用相继作差的手法将序列和级数相互转换，揭示出两种表述一样都错。另一方面，伊姆雷·拉卡托斯（Imre Lakatos, 2015 [1976]）结合柯西论证的历史背景，对之提出了一种更宽容的意见。

通过将条件部分的逐点收敛强化为一致收敛，我们能够得到一条正确的蕴含式 $f_n \rightrightarrows f$，该式意味着，对于每个 $\varepsilon > 0$，都存在一个 N 使得每个脚标 $n \geq N$ 的函数 f_n 都落在 f 周围 ε 范围内，这意味着对于每一个 x，都有 $f_n(x)$ 与 $f(x)$ 相距小于 ε。由 $\varepsilon/3$ 论证，一列连续函数的一致极限是连续的：如果 x 离 c 足够近，那么 $f_n(x)$ 终归也将距 $f(x)$ 和 $f_n(c)$ 够近，而后者距 $f(c)$ 够近。更一般地，一个仅仅是逐点收敛的函数序列，如果它能形成一个等连续族，意思是在每一个点 c 处，对每一 $\varepsilon > 0$，都存在一个 $\delta > 0$ 在 c 处对每一 f_n 都适用，那么其极限函数就是连续的。

我要论证的是，$\varepsilon\text{-}\delta$ 方法并不是仅仅修补破损的基础而一任结构的

61

其余部分保持原样。我们不仅仅在光鲜的（并且更安全）新基础上重复旧有模式的推理。相反，这新方法带来了新的推理模式，开启了新概念和微妙区别的大门。有此新方法傍身，我们能在原先的理解中进行精密的分级，现在看来这些理解是粗糙的；我们能区分连续性和一致连续性，或区分逐点收敛、一致收敛、或一个等连续性族之收敛。情况由此拨云见日，而我们在这一领域中的数学认识得到了大幅擢升。

第四节 最小上界原则

实分析这一学科能够以最小上界原则为基础，它是戴德金完备性的版本之一。将此作为核心原则，我们能进而证明所有熟悉的基础定理，如中值定理、海涅-博雷尔定理以及其他种种。在某种意义上，最小上界原理之于实分析所是，正如归纳原理之于数论所是。

最小上界原理 每个有上界的非空实数集都有一个最小上界。

集合 $A \subset \mathbb{R}$ 的上界就是一个实数 r，使得 A 中每一个元素都小于等于 r。一数 r 是 A 的最小上界，或称 A 的上确界，并记作 $\sup(A)$，倘若 r 是 A 的上界，而且每当 s 是 A 的上界时都有 $r \leq s$。

完备性的推论

62

让我们概述实分析中几个熟悉的基础结论的证明，来说明这一基本原则该如何使用。首先考虑中值定理，它断言，如果 f 是定义在实数上的一个连续函数，而 d 是 $f(a)$ 和 $f(b)$ 之间的某个值，那么 a 和 b 之间就存在一数 c，它使 $f(c) = d$。简言之，它断言，对于连续函数而言，每个中间的函数值都会被实现。

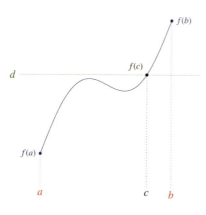

要从最小上界原则证明此事实，设 $a < b$ 且 $f(a) < d < f(b)$，并令 A 为区间 $[a, b]$ 中所有满足 $f(x) < d$ 的实数 x。此集合非空，因为 a 就在 A 中，并且它以 b 为上界。由最小上界原则，它有一个最小上界 $c = \sup(A)$。考虑 $f(c)$ 的值。若 $f(c)$ 过小，意思是 $f(c) < d$，那么按 f 的连续性，c 附近的 x 的值 $f(x)$ 也将会小于 d。但这将意味着，A 中存在一些在 c 之上的元素，这与 $c = \sup(A)$ 相矛盾。因此，$f(c) \geq d$。同理，若 $f(c)$ 过大，意思是 $f(c) > d$，那么又按 f 的连续性，c 的一个小邻域内的 x 的值 $f(x)$ 将都在 d 之上，与 $c = \sup(A)$ 矛盾，因为 A 中必定存在元素距 c 任意近，而按 A 的定义，那些元素 x 又必定满足 $f(x) < d$。由此，$f(c) = d$ 必定成立，而我们便找到了能够实现中值 d 的所求点 c。

接着考虑海涅-博雷尔定理，它断言单位区间 $[0, 1]$ 是紧致的。它的含义是，只要 $\mathcal{U}$ 是一集开区间，且覆盖了实数的单位闭区间 $[0, 1]$，那么就存在 $\mathcal{U}$ 中的有穷多个开区间，它们已能覆盖 $[0, 1]$。嗯？对于刚接触实分析的人来说，这一开覆盖结论的重要性可能并不明显；也许它甚至显得有点怪异。每个闭区间的开覆盖都含有一个有穷子覆盖，这为什么就重要了呢？回答是，此性质至关重要，且事实上，我们很难过誉紧致性概念的重要性，它是数千则数学证明的关键所在。它背后所涉的思想最终壮大为拓扑学这一学科。让我们来将之浅尝。

为证海涅-博雷尔定理，先固定开覆盖 $\mathcal{U}$，它由实数中的一些开区间所组成，能使每个数 $x \in [0,1]$ 都出现在某一 $U \in \mathcal{U}$ 中。考虑集合 B，它由所有这样一些 $x \in [0,1]$ 组成，它们能使 $[0,x]$ 被 $\mathcal{U}$ 中的有穷多个元素所覆盖。在此，$0 \in B$，因为 $[0,0]$ 中有的就只有 0 这一个点，它被 $\mathcal{U}$ 中的某个开集所覆盖。令 b 为 B 在 $[0,1]$ 中的最小上界。如若 $b = 1$，那么我们就能用 $\mathcal{U}$ 中的有穷多个元素来覆盖 $[0,1]$，并得证所求。因而假定 $b < 1$。因为 $\mathcal{U}$ 覆盖了整个区间，所以存在某个开区间 $U \in \mathcal{U}$ 能使 $b \in U$。因为 U 包含了 b 的一个邻域，后者又是 B 的上确界，所以必定存在一个点 $x \in B$ 满足 $x \in U$。因此，我们能用有穷多个 $\mathcal{U}$ 中的开集便覆盖 $[0,x]$，而那集合 U 本身又覆盖了那区间剩余部分 $[x,b]$，因而我们仅用了有穷多个 $\mathcal{U}$ 中的开集便覆盖 $[0,b]$。但是因为开区间必会严格地外溢到 b 之上，所以必存在 B 中元素严格地大于 b，这就与 b 是 B 地最小上界的设定相矛盾。所以我们便证明了所求证定理。

最小上界原则的另一应用是这一事实的证明：每列降序闭区间套都有一个非空交集。这说的是，如果

$$[a_0, b_0] \supseteq [a_1, b_1] \supseteq [a_2, b_2] \supseteq \cdots$$

那么就存在一个实数 z，它出现在每一区间中 $z \in [a_n, b_n]$。我们能简单地令 $z = \sup_n a_n$。更普遍地说，利用海涅-博雷尔定理，我们能证明在一实数区间中，每列降序非空闭集套都有一个非空交集。因为倘若不存在这样的实数 z，那么这些闭集的补就会构成原本区间的一个开覆盖，而它不带有穷子覆盖，这与海涅-博雷尔定理相悖。

连续归纳

上文中我做了个类比，将最小上界原则于实分析的地位比于数学归纳法在数论中的地位。此类比准确度很高，特别当考虑连续归纳原则时，它是最小上界原则的一种类归纳的表述形式，能被用于推导实分析中的许多基础结论。

连续归纳原则如果 A 是一个非负实数组成的集合使得

1. $0 \in A$；

2. 若 $x \in A$，那么就存在 $\delta > 0$ 能使 $[x, x + \delta) \subseteq A$；

3. 若 x 是个非负实数并且 $[0, x) \subseteq A$，那么就有 $x \in A$。

那么 A 就是全体非负实数组成的集合。

用通俗语言说，该原则有着一条起点假设断言 0 在集合 A 中，又有一条归纳性质确保只要 x 以下的数都在 A 中，那么 x 自身就也在 A 中；以及只要数 x 在 A 中，那么再提高一点，继而所有 x 和某值 $x + \delta$ 之间的数也都会在 A 中。其结论，正如归纳原则中那样，便是所有这样的 A 都包含所有数（在此情形中，指所有非负实数）。

赵元任（Yuen Ren Chao, 1919）曾叙述过一则类似的原则：

此定理在数学中表达了我们熟悉的"楔子的薄端"论证，或者说，"骆驼鼻子"论证[1]。

假设 1　让我们先承认，喝半杯啤酒是被允许的行为。

假设 2　对于任意的 x，如果喝 x 量的啤酒无妨，那么就没什么理由不允许喝 $x + \delta$ 那么多，只要 δ 不超出一个难

---

[1]　两者皆为英语谚语。含义类似于滑坡论证。有点像汉语中的"积羽沉舟""千里之堤，溃于蚁穴"。——译者注

以察觉的量 Δ。

由此，想喝多大的量都无妨。

连续归纳原则可从最小上界原则证得，对这样一些能使 $[0,a] \subseteq A$ 的数 a，考虑它们所组成的集合的上确界 r。此上确界必定在 A 中，因为 $[0,r) \subseteq A$；但如果 $r \in A$，那么它就又该比它自身再大至少一点点，如此便矛盾了。这蕴含式的逆命题也成立，留作章末问题 2.16 交由读者证明，于是我们就有了三个等价的原则：连续归纳、最小上界，以及戴德金完备性。

数学家们有时会对连续归纳原则大感惊讶，惊讶于居然存在着一条能被用于实数上的归纳原则，用得还是实数序。因为一个普遍的看法，甚至是一个根深蒂固的预期是：归纳在根本上应该是离散的，而且只在良序上适用。然而我们眼前就生生出现了这么一条基于连续序结构的能用在实数上的归纳原则。

这条连续归纳原则很是实用，并且能被用于搭建起很多实分析的初等理论。让我们通过用此原则给出海涅-博雷尔定理的另一种证明，来对此加以说明。假设，$\mathcal{U}$ 是 $[0,1]$ 的一个覆盖。我们将用连续归纳来证明，对于 $0 \leq x \leq 1$，其相应的每一段子区间 $[0,x]$ 都可被 $\mathcal{U}$ 中有穷多个元素所覆盖。这对 $x = 0$ 成立，因为 $[0,0]$ 就只有一个点。如若 $[0,x]$ 被选自 $\mathcal{U}$ 的有穷多个集合所覆盖，那么随便哪个含有 x 的开集也必定会探出超过 x 一小段，因此同样一套有穷集族就覆盖了一段非平凡的扩展区间 $[0,x+\delta]$。再者，如果每段更小的区间 $[0,r]$，其中 $r < x$，都已被有穷覆盖，那么选一个含有 x 的开集，它必定会，对于某一 $r < x$，包含了 $(r,x]$；通过将此开集和 $[0,r]$ 的有穷覆盖结合在一起，我们就达成了对 $[0,x]$ 的一种有穷覆盖。所以依照连续归纳，每一 $[0,x]$ 都有一个选自 $\mathcal{U}$ 的有穷子覆盖。特别地，$[0,1]$ 本身便被有穷

地覆盖了，如所求证。

第五节 数学的不可或缺性

数学工具和词汇似乎在近乎每门当代科学的理论中都居于核心位置，从这一事实来看，我们能作何哲学论断？何其不凡，从微观到宇观，在每一物理尺度上，我们的最好的科学理论都是完全数学化的。为什么就该如此呢？牛顿物理学的法则被表述为数则通用微分方程，它们说明了力的相互作用和运动过程，统一了我们对繁多物理现象的理解，从一根弹簧上重物的谐振到天体的行星运动；我们有关电磁作用的最好的理论预设了不可见的电磁和磁场，围绕我们周身，包裹着地球；相对论用奇异的数学几何理论解释了时空的本性；量子力学用到了希尔伯特空间；弦论则动用了甚至更为抽象的数学对象；而且所有实验科学，包括社会科学，都大量使用了数学中的统计学。该境况，物理学家保罗·狄拉克（Paul Dirac, 1963）曾这么描述：

> 自然的根本特征中似乎该有这么一条，物理法则是经由一套充满力与美的数学理论而被写就的，唯有具备高标准数学素养的人才能理解它。你也许会好奇：为什么自然是顺着这些思路而被构造出来的？我们只能回答，我们现有的知识似乎就表明它被如斯构造。我们只有接受的份。我们也许能用这样的说法来描述此境况，上帝是一位站得很高的数学家，并且他在构建宇宙时用到了非常高等的数学。我们在数学中迈出的浅浅几步让我们能够窥见宇宙的一星半点，而随着我们不断发展出越来越高深的数学，我们也能希冀去更清楚地认

识宇宙。[1]

在此，数学对于物理学和其他科学似乎都不可或缺。

在这一基础上，希拉里·普特南（Hilary Putnam）和威拉德·冯·奥尔曼·蒯因（Willard Van Orman Quine）提出了不可或缺性论证以声援数学实在论，主张对于那些在我们的最好的科学理论中，构成不可或缺的部分的对象，我们必须负有本体论承诺 [其经典表述见 Putnam（1971）]。正如一位科学家能基于依据充实的病原体理论，仍为不可见的显微尺度有机体的存在找到依据，哪怕尚不能直接观察到那些有机体，也正如一位科学家可能会投向物质的原子理论或是电子、地球的熔融铁核、黑洞、波函数这些事物的存在，甚至当在我们的依据充实的理论中支撑它们的全是间接证据时也如此，那么同理，按照不可或缺性论证，我们应当也能为那些出现在我们最好的理论中的抽象的数学对象之存在性找到依据。蒯因强调了一种确证整体主义的观点，按此，理论仅能作为一个整体被确证。倘若一些数学论断是该理论中不可或缺的部分，那么它们也就是被确证之物的部分。

不依赖数的科学

直指不可或缺论证的要害，哈特里·H·菲尔德（Hartry H. Field，1980）争辩道，数学的真实性实际上并非对科学不可或缺。守着一种对数学的唯名论理解方式，他主张，为成功地作出一套科学的分析，我们并不需求取这些抽象的数学对象实然的存在性。

1　然而，我们不应误解狄拉克关于上帝的看法，因为他也曾说过："如果我们保持真诚——而科学家必须这样——我们必须承认宗教是一堆虚假的论断，没有任何现实基础。上帝这个观念本身就是人类想象的产物。"狄拉克，沃纳·海森堡（Werner Heisenberg）在（Heisenberg，1971，p.85-86）中引用了这段话。

相反，菲尔德指出，不可或缺性论证背后藏着一种逻辑错误。换言之，即便数学理论对于科学的分析不可或缺，我们也没理由就认为数学理论实然地为真。比如说，若数学的论断能堪堪构成科学理论的一套保守扩张，那便也足够了。准确地说，如第一章已介绍，一套理论 S 相对于它所扩充的另一套理论 T 就一类论断 $\mathcal{L}$ 而言是保守的，如果每当 S 可证明一条 $\mathcal{L}$ 类的命题，该命题已然在 T 中可证。换句话说，更强的理论 S 并不能告诉我们任何新的，原先基于 T 时不可知的 $\mathcal{L}$ 事实。然而，这并不就意味着理论 S 一无是处，因为 S 也许能以某种方式统一我们所知，或更具解释性，或能让推理更便捷，即便归根结底，S 中并不能证得任何新的 $\mathcal{L}$ 命题。

在不可或缺性论证的叙述中，我们的科学理论 S 描述了物理世界的本性，但该理论也包含了一些数学宣称，它们断言了多种数学对象之存在。令 N 为该科学理论的唯名论片段，它略去了其中的数学宣称。倘若完整的理论 S 相对于 N 就有关物理世界的命题而言是保守的，那么我们便能放心地用完整的 S 来对物理世界作出推演，不论它所作出的数学宣称是真是假。在该经数学处理扩充了的理论中，科学家可假装该理论的数学部分为真，安心推理，而无需真心接纳那些额外的数学命题的真实性。

同一模式下的例子在数学中已然遍地开花。考虑复数在数学中的早期运用，先于虚数的本性被充分理解时。在那早远的时代，持怀疑态度的数学家偶尔也会用到所谓的虚（构）数，写下如 $1+\sqrt{-5}$ 这样的式子，即便他们将这些式子视作无意义时也如此，因为到最后，他们计算过程中的虚部有时会被消去，而他们为其待解方程找到合意的实数解。这景象当初肯定看得人云里雾里，看着这些计算在无意义的领域中被推演，但却不知怎么地最终算出一个实数解，可脱开复数被独立验算的解。我想表达的是，即便一位数学家没有真心接纳复数之实存，复数的理论相对于其实数理论，就有关实数的论断而言仍是保守的。所以即便一位持怀疑态度的数学家也能佯装虚数真的存在，安心推理。

菲尔德将相似的论证思路推及整个数学。据菲尔德，这问题终归无关紧要，"作为科学理论的一部分而被作出的数学宣称在事实上是真是假?"，只要该理论相对于该理论非数学的部分，就物理命题而言，是保守的，因为若如此，科学家就能假装数学宣称为真而安心地推理。

令人印象深刻地，菲尔德尝试说明，我们如何能完全不指称数学 67
对象，就铸出各种各样的科学理论，它们是常规理论的唯名论替代版，不背负对数学对象之存在性的承诺。他给出了牛顿时空和牛顿引力理论的一种唯名论阐释。比如说，一条基本的思路是，用一串串物理的安排来顶替数学量。例如，我们可以用两个粒子在空间中的可能的间距来表示任意一个实数，然后通过指称那两个粒子的可能方位来等效地指称那个实数。

菲尔德的批评者指出，尽管他已极力尝试消除数和其他抽象的数学对象，但他所得的本体论依然很多元，充满着时空区域以及对象，它们都可被看作抽象对象。我们该不该认为物理学已接纳了这些抽象对象呢？再者，该唯名论化的理论颇为累赘麻烦，且因此对于在物理学中提供解释和洞见的目的而言都不那么有用——然而解释和洞见难道不是不可或缺性的重点之一吗？

虚构主义

虚构主义是数学哲学中的一种立场，按此，数学的存在论断并非依其字面意思为真，它反而是一种权宜的虚构，服务于某个特定用途，比如数学在科学中的应用。依照虚构主义，数学中的叙述在地位上类似于关于小说中虚构事件的叙述。例如，一则算术命题 p，能被阐述为这一陈述，"按照算术理论，p"。这正如我们也许会说，"按照毕翠克斯·波特（Beatrix Potter，1906）写的故事，青蛙先生杰里米·费舍尔喜欢撑船泛舟。"在他对科学的唯名论改造计划中，菲尔德本质上辩护了一种为科学中的数学而作的虚构主义理解。即便数学宣称不按其字面意思为真，科学家还是能假装它们为真而继续推理。

我发现一条饶有趣味的线索是，虚构主义立场似乎可以将我们引向数学中的非经典逻辑。不妨假设，在《青蛙先生杰里米》（*Jeremy Fisher*）的故事中，他的小舟的价格并未被讨论；现在来考虑这则陈述，"杰里米·费舍尔为他的小舟付了不止两先令。"如下说法会是错的："依据碧翠克斯·波特的故事，杰里米·费舍尔为他的小舟付了不止两先令。"而反过来的说法也是错的："依据碧翠克斯·波特的故事，杰里米·费舍尔为他的小舟付了不超过两先令。"这则故事压根没提这些事。所以这则故事既没断言 p 也没说 $\neg p$。这是不是违背了排中律呢？

依我之见不然，这状况并不必然否定排中律。当某人既不断言 p 也不断言 $\neg p$ 时，他仍能断言 $p \vee \neg p$，因为按照碧翠克斯·波特的故事，我们可以合理地假设，要么杰里米先生为他的小舟付了不止两先令，要么没有，这又是因为杰里米先生的世界被展现为遵循这些寻常逻辑规则的样子。另一种看出这点的方法是，在经典逻辑中考虑一套不完全的理论 T。因该理论不完全，所以就存在该理论所不能判定的命题 p，因而在此理论中，我们既不能断言 p 也不能断言 $\neg p$，但我们又的确能断言 $p \vee \neg p$，这样我们并未否定排中律。虚构的解释本质上正如不完全理论，它不要求我们抛弃经典逻辑。

理论/元理论之分

在一种充实的意义上，虚构主义是一步从对象理论到元理论中的后撤。让我们来作出理论/元理论间的区分。在数学中，对象理论是描述该理论所关于的那些数学主题对象的理论。元理论，相比之下，会将对象理论本身来作数学的分析并研究与之有关的元理论问题，例如可证性和一致性。在对象理论中——以 ZFC 集合论为例——我们会断言存在着各种各样的集合，包括实数的良序以及各不相同的有着很大基数的不可数集，与此同时在元理论中，特别是当仅能利用相对弱的算术资源来梳理该理论时，我们并不能直接作出那些存在宣称中的任何一条，而却只能像名虚构主义者那样断言，"根据 ZFC 理论，存在着实数的良序以及具有这样或那样很大基数的不可数集。"这样看来，虚构主义立场恰好相当于一种元数学的姿态。因此理，虚构主义和形式主义间存在种种亲缘关系（见第七章），因为形式主义者也一同撤回了元理论里，认为他（她）自己并没断言，例如，无穷集合之存在，而仅断言了，依其背景理论，无穷集存在。

第六节 函数概念中的抽象化

数学分析严格性逐渐抬头的同时，函数概念的抽象化也愈演愈烈。函数是什么？按朴素的说法，我们通过给出关于如何将输入值 x 算得输出值 y 的规则或公式，便明确了一例函数。我们都知晓许多例子，如 $y = x^2 + x + 1$ 或 $y = \sqrt{1 - x^2}$ 或 $y = e^x$ 或 $y = \sin(x)$。但你是否已注意到，后两个函数没办法用代数域的运算符直接表达？相反，它们是超越函数（*transcendental functions*），这已在函数概念抽象化进程中更上了一层楼。

为处理幂级数而发展合适的工具的过程，将数学家们引向了其他种更为普遍的函数表示形式，比如幂级数和傅里叶级数，如下为指数函数 e^x 和锯齿函数 $s(x)$ 所作的例子：

$$e^x = \sum_{n=0}^{\infty} \frac{x^n}{n!} \qquad s(x) = \frac{2}{\pi} \sum_{n=0}^{\infty} \frac{(-1)^{n+1}}{n} \sin(nx)。$$

这些种类的表示方式提供了更为普遍的函数概念，助数学家得以解决过去困扰不堪的数学难题。例如，我们能够去求一则微分方程的解，借由假设它有着某种级数的形式，然后去求得具体系数，最终发现假设确实正确，并且存在一个那种形式的解。例如，傅里叶就曾用他的傅里叶级数求解热力方程，而这些级数如今已遍及科学和工程领域的各个角落。

69　魔梯

让我们来考察几个也许会拓宽函数概念见地的例子。如下图，考虑"魔梯"（the Devil's staircase）

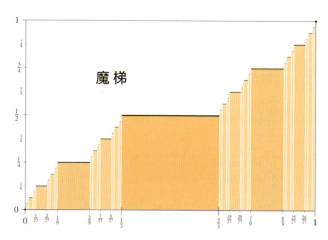

该函数由康托用他的中央三分集，亦称康托集，定义而出，而且它也构成了微积分基本定理的一种自然推广版本的一则反例，因为它虽是一个从单位区间到其自身的连续函数，并相对于勒贝格测度而在几乎所有点处导数为 0，但其函数值却在该区间中从 0 升到了 1。从 0 升到 1 的同时在几乎每处保持静止，这简直是魔鬼的行径。

为构造该函数，我们开始先为单位区间的最左侧赋上 0 值，为最右侧赋上 1 值。于两者之间插值，我们将常值 $\frac{1}{2}$ 放在整段中间三分之一区间上；于是还剩下两段区间待处理，两侧各一段。接着，我们在那两端区间的中间三分之一区间上分别插值 $\frac{1}{4}$ 和 $\frac{3}{4}$，依此类推，继续在下分区段上插值。如此就将该函数在所得全部中央三分之一区间的并集上定义了出来，在图中以橙色表示，而且由插值过程可见，该函数连续地扩张到了整个区间上。因为该函数在每段中央三分之一的区间上都局部为常值，其导数在这些区间上都为 0，并且那些区间加起来测度为 1。在略去所有中央三分之一的区间后，所余点组成的集合即康托集。

空间填充曲线

接着，考虑空间填充曲线这种现象。一条曲线是一个从一维单位区间到某一空间中的连续函数，比如对于平面，就是一个连续函数 $c:$ $[0,1] \to \mathbb{R}^2$。我们能轻易画出许多条这样的曲线并分析它们的数学性质。

一条曲线在实际上描述了一种沿着特定路径行进的方式：我们于时间 t 到达位置 $c(t)$。因此，这条曲线从点 $c(0)$ 发端；随着时间 t 推移沿着该曲线路径行进；然后它于 $c(1)$ 到达终点。曲线被允许改变行进速度，与自身交叠，甚至还可沿相同路径后退，回溯它们的来路。因这一缘故，我们不应将一条曲线与其在平面上的图像等同，相反，该曲线是一种描出图像路径的方式。

因为我们所熟悉的那些可被轻易画出并把握的曲线似乎都表现出一种单维度的特点，人们震惊于发现原来存在着空间填充曲线，这些曲线能完全填满一个空间。皮亚诺曾造出了这样一条空间填充曲线，一个从单位区间到单位方形的连续函数，它有这样一条性质，该方形中的每个点都在某一时刻被该条曲线所途经。让我们来考虑希尔伯特的空间填充曲线，如下所示，它是皮亚诺曲线的简化。

希尔伯特曲线能被一道极限过程所定义。我们从一条粗略的近似线起步，它是一条由三条线段组成的曲线，如下页中左上角的图形所示；每一条近似线都会在下一步被具备细节更精细的另一条所取代，而最终得到的希尔伯特曲线本身单纯就是这些近似线在越来越精细的演变道路上的极限。该过程的前六步迭代如下所示，每条近似线都从左下角发端，然后弯弯绕绕，最终止于右下角。每条近似曲线都由有穷多条线段组成，我们应想象它们被以一致的速度穿行。我们需要证

明的是，随着近似线变得越来越精细，其极限值是收敛的，由此才能
定义出那条极限曲线。

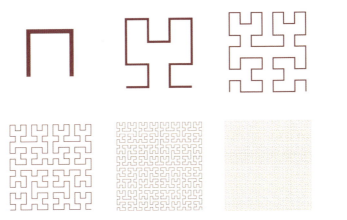

　　我们首先在如上所示的希尔伯特曲线的几条近似线中看出这样一
点信息。如果我们沿着近似线以常速穿行，那么半途点永远正好出现
在路径和中垂线的交汇处，在一座横跨东西半区的小桥上（请读者在
图中的六步迭代中分别找一找这座小桥，你能找得到吗？）。于是，最终
的极限曲线的半途点 h 正是这些小桥的极限，而且我们还可看出，它
们将收敛于背景方形的正中央。因此 $h(\frac{1}{2}) = (\frac{1}{2}, \frac{1}{2})$。因为弯折越发限
于局部，其极限曲线也将是连续的；而且因为弯折会变得越来越细致，
并最终折入背景方形的每一片区域，推论可知，背景方形中的每个点
都会出现在极限曲线的路径上。

　　所以希尔伯特曲线是一条能空间填充曲线。按我的想法，从这样
的例子开始，想用我们有关"一条曲线能是怎样"，甚至"一个连续函
数能是怎样"的天真直观来涵盖它已颇为勉强，再难为继。

康威 13-进制函数

让我们看向另一个这样的例子，它也许将进一步延伸我们有关函数概念的直观。康威 13-进制函数 $C(x)$ 如下对每一实数 x 被定义，通过观察 x 的十三进制（以 13 为基）表示来判断它是否编码了一个特定的密码数，即 x 的康威值。具体说来，我们将 x 表示为十三进制，用到寻常的十位数字 $0, \ldots, 9$，外加三个额外的数字 $\oplus, \ominus, \odot$ 来分别代表十三进制系统中的值 10、11 和 12。倘若 x 的十三进制表示刚好以这种形式结尾

$$\oplus a_0 a_1 \cdots a_k \odot b_0 b_1 b_2 b_3 \cdots$$

其中 a_i 和 b_j 仅用到 0 到 9 的数字，那么它的康威值 $C(x)$ 便是数 $a_0 a_1 \cdots a_k . b_0 b_1 b_2 b_3 \cdots$，对此值又用回十进制。而倘若 x 的十三进制表示以如下另一种形式结尾

$$\ominus a_0 a_1 \cdots a_k \odot b_0 b_1 b_2 b_3 \cdots$$

其中 a_i 和 b_j 仅用到 0 到 9 的数字，那么它的康威值 $C(x)$ 就是数 $-a_0 a_1 \cdots a_k . b_0 b_1 b_2 b_3 \cdots$，这相当于把 $\oplus$ 和 $\ominus$ 用作了 $C(x)$ 的正负号。最后，如果 x 的十三进制表示不以上述任何一种形式结尾，例如，如果它无穷多次地用到了数字 $\oplus$，或如果它完全没用到数字 $\odot$，那么我们就为其附上默认值 $C(x) = 0$。下面这些例子有助于解释上述想法：

x	$\mapsto$	$C(x)$
$1.235432 \oplus 3 \odot 14159265 \cdots$	$\mapsto$	$3.14159265 \cdots$
$1.231 \ominus 2 \odot 718281828 \cdots$	$\mapsto$	$-2.718281828 \cdots$
$-1342 \ominus \oplus 12 \oplus 52.123 \odot 7686767 \cdots$	$\mapsto$	$52123.7686767 \cdots$
$1.2 \oplus 3 \ominus 4 \oplus 5 \ominus 6 \oplus 7 \ominus 8 \oplus \cdots$	$\mapsto$	$0 \cdots$

要点在于，我们能从 x 的十三进制表示中径直读出 $C(x)$ 的十进制值。在左侧，我们有的是输入数值 x，以十三进制 i 表示，而在右侧的是编码所得的康威值 $C(x)$，以十进制呈现。当输入值没编码任何数时，取默认值 0。注意，我们在解码过程中无视了 x 在十三进制下的小数点。

让我们再仔细端详一下康威函数，这将揭示出它的一些奇妙特征。一点关键事实是，每个实数 y 都是某一实数 x 的康威值，且进一步，你还能在任意指定一数 x 的十三进制下有穷多位前段后，将 y 编码到它的尾段中。如果你希望 x 的十三进制表示以特定样式起头，请自便，而后只需在其后加上数字 $\oplus$ 或 $\ominus$，取决于 y 是为正还是为负，接着再列出 y 的十进制数字便能写完 x 的表示式，其中用数字 $\odot$ 来标记 y 的十进制小数点所在。随之便有 $C(x) = y$。而因为我们能够，在编码 y 之前，任意地指定 x 起头的数字，所以便有在实数的每一段区间中，不论多小，都会存在一个实数 x，使得 $C(x) = y$。换言之，康威函数限制于一段任意小的区间，所得函数仍是到全体实数集上的满射。

继而，如果我们真要作一幅康威函数的图像，它将与其他，更普 73
通的函数的图像看起来截然不同。以下，是我对其图像的示意性的呈现尝试：

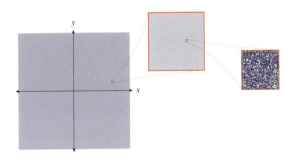

如读者所见，该函数的值以蓝色笔画点出，但由于这些点在平面

上出现得太过密集，我们没法轻易地分辨出一个个的单点，因而其图像显得就像蓝色的一团。当我要在黑板上画它的图像时，我会径直把粉笔横过来，然后把版面用粉笔灰堆满。

但康威函数却又实打实地是个函数，每条垂线上正好仅有一个点，而且我们应把该图像想象为由一个个单点 $(x, C(x))$ 组成。如果我们要在放大镜下来看这幅图像，如上图所示意，我们也许会抱有能开始分辨出这些单点的希望。但事实上，我们应将上图理解为仅仅是示意性的，因为不论放大多少有穷倍率，该图像自然仍是稠密的，丝毫不含净空的区域，因而放大镜下这些斑点之间的空白并不准确。归根结底，我们似乎没有任何办法能令人全然满意地准确绘出其图像。

另一个微妙的事实是，默认值 0 事实上在康威函数中出现得频繁，这是因为无法编码出一个康威值的实数 x 组成的集合具备勒贝格满测度。正是在该意义下，几乎所有的实数都落在康威函数的默认取值分类下，由此康威函数几乎总取零值。为反映此函数的这一特性，我们也许本该把 x-轴涂上更深的蓝，因为就勒贝格测度的意义而言，该函数的绝大部分都趴在此轴上。同时，该函数真正有意思的部分却仅出现在一个零测集上，即那些确实编码了某一康威值的实数 x。

74　　　　还有个情况请注意，康威函数，尽管高度不连续，却仍满足中值定理的结论部分：对任意 $a < b$，每个 $f(a)$ 和 $f(b)$ 之间的值，都会被 a 和 b 之间的某个 c 作为 $f(c)$ 实现出来。

我们如此便已考察过三个函数个例，它们隐隐要将我们对一个函数可能是什么的观念延伸开来。数学家们最终落足在了一个非常宽泛的函数概念上，抛弃了一切令函数必须可按某种公式被定义出来的要求；转而，一个函数单纯就是某种输入和输出之间的一个特定种类的关系：一个函数是任意一个这样的关系，对于一个输入，它仅给出至多一个，且总是这一个，输出。

在一些数学学科中，函数概念已演化得更进一步，在某种意义上可以说是"长角了"。这说的是，对于许多数学家而言，特别在那些用到范畴论的学科中，一个函数 f 不仅仅是确定下它的定义域 X，以及该域中每个点 $x \in X$ 所对应的函数值 $f(x)$，就能定义得了的。反而，我们还要明确该函数的所谓陪域（codomain），即该函数 $f : X \to Y$ 的意向目标值所在的空间 Y。陪域和该函数的值域还不尽然相同，因为并非每个 $y \in Y$ 都需要被实现为一个值 $f(x)$。按这一函数概念，实数上的平方函数 $s(x) = x^2$ 可被理解为一个从 $\mathbb{R}$ 到 $\mathbb{R}$ 的函数，或是一个从 $\mathbb{R}$ 到 $[0, \infty)$，而要点在于，它们会被算作两个不同的函数，两个碰巧有着相同的定义域 $\mathbb{R}$ 并在该域中每个点 x 处都有相同函数值的函数；但因为它们的陪域不同，所以它们仍是不同的函数。这种围绕陪域的考量对于范畴论下的态射观念至关重要，在这背景下做两函数的复合 $f \circ g$ 时，作为例子，我们希望将 g 的陪域与 f 的定义域对接上。

第七节 再谈无穷小量

来到本章最后一个主题，让我们回看无穷小量。尽管有着带缺陷的基础以及贝克莱的批评在前，最好还是要记得，无穷小量的观念实际上是片沃土，并引出了许多稳健的数学洞见，包括微积分的所有基础性结论。如今的数学家们基本上都惯于借由考虑一个函数或系统的输入的无穷小的变化所引发的效果，来处理微积分和微分方程方面的难题。

例如，为计算一个绕 x-轴而成的实心体的体积，习惯的做法是想象将该体积切分为无穷小量薄的圆盘。x 处的圆盘半径为 $f(x)$，其厚

度为一个无穷小量 dx（由此其体积是 $\pi f(x)^2 dx$），因此，a 和 b 之间的总体积就是

$$V = \pi \int_a^b f(x)^2 dx。$$

另一个例子，它出现在我们想要计算由一个光滑的函数 $y = f(x)$ 所划出的曲线的长度时。我们通常会想象将它切分为无穷小量长的许多小段，然后将每截小段视为一个有着无穷小量 dx 和 dy 作为直角边的三角形的斜边 ds。所以按毕达哥拉斯定理的一个无穷小量版例示，我们可见 $ds = \sqrt{dx^2 + dy^2}$，从中"提出因数" dx，便得 $ds = \sqrt{1 + (dy/dx)^2}dx$，因而该曲线的长度由下式给出

$$S = \int_a^b \sqrt{1 + \left(\frac{dy}{dx}\right)^2}dx。$$

至此，我们不应对微积分的早期发展史作卡通式的理解，将它想象为一通借逝去的量的幽灵之口作出的不知所谓的胡话。正相反，它是一个属于数学上巨大进展和深邃洞见的时代。也许这一情景让一位哲学家暂时一顿，当他在沉思基础性问题之于数学进展的意义时——我们非得要先要坚实的基础，才能推动数学知识的进步吗？显然不是。即便如此，基于 $\varepsilon\text{-}\delta$ 方法对其带病的基础的整顿的确也让一门精密得多的数学分析成为可能，带来了进一步的巨大数学发展和进步。最终能确定下一套基础，这无疑是有价值的。

非标准分析和超实数

这在 1961 年该是多么惊人的一项进展，当亚伯拉罕·罗宾逊（Abraham Robinson）提出了他的非标准分析理论。此理论，起源于数理逻辑中的一些思想且建立在如今所谓的超实数 $\mathbb{R}^*$ 的基础上，提供了一种

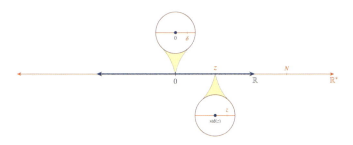

能处理无穷小量的严谨办法，在多处平行映照于微积分中的早期工作。我将这一进展多少看作数学现实对历史和数学哲学开下的一场玩笑。

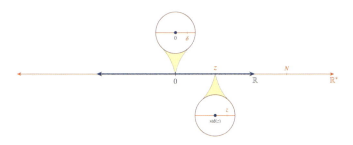

　　其思路如下。超实数系 $\mathbb{R}^*$ 是一个扩张实数而得的有序域，有着新的无穷数和无穷小量数。在图中，实数轴——意指所有实数组成的整条轴——被以蓝色标出。超实数轴，以红色标记，于是就严格地伸出到实数轴的界限之外。这最初会有些难以想象，但这确实是超实数构造过程所得的效果。例如，图中所标出的那个超实数 N 就大于所有的实数，而数 δ 为正，严格大于 0 的同时又严格小于所有的正实数。我们也可想象 $\delta = 1/N$，因为一个无穷数的倒数将是一个无穷小量，且反之亦然。

　　每个实数都被一个由那些无穷小地接近于它的超实数所组成的邻域包裹，因而倘若我们能在超实数中的某个实数处一直聚焦放大，我们最终将看到一扇小窗，它仅包含该实数和那些无穷接近于它的超实数。每个以标准实数为上下界的超实数 z 都将无穷小量地接近于一个唯一地标准实数，它被称为 z 的标准部分，并记作 std(z)，如图中所示。

　　让超实数对非标准分析如此有魅力的部分原因还在于它们的一条更不凡的性质，用形式化的数学分析语言所表述的任何对实数 $\mathbb{R}$ 为真的命题，也对超实数 $\mathbb{R}^*$ 为真。迁移原则（the transfer principle）断言，

76

每个实数 a 和实函数 f 都有着非标准的超实数镜像 a^* 和 f^*，使得任何在实数系 $\mathbb{R}$ 中成立的关于 a 和 f 的命题 $\varphi(a, f)$ 也在超实数系 $\mathbb{R}^*$ 中对其镜像成立 $\varphi(a^*, f^*)$。于此，实数就有着一道初等嵌入 $a \mapsto a^*$ 投射入超实数中 $\mathbb{R} \precsim \mathbb{R}^*$。

由迁移原则，我们就能确切地知晓哪些算术和代数运算可被用在超实数上——正是实数系中能用的那些，一模一样。由迁移原则，我们还会有无穷整数、无穷素数、2 的无穷次幂等概念，而且我们还能把实数中的一段区间切分为无穷多段长度为无穷小量的等长子区间。这些正是我们想在微积分里实现的操作，而非标准分析则为这一愿望打下了严格的基础。

非标准分析中的微积分

让我们通过解释非标准分析如何处理导数，来对此做解说。我们将用一个无穷小的超实数来计算某函数 f 的导数，丝毫不借助极限过程或是 $\varepsilon\text{-}\delta$ 论证。例如，为找出 $f(x) = x^2$ 的导数，令 δ 为一个正的无穷小超实数。我们来计算其在区间 x 到 $x + \delta$ 上的变化率商数

$$\frac{f(x + \delta) - f(x)}{\delta} = \frac{(x + \delta)^2 - x^2}{\delta} = 2x + \delta,$$

这里我们先执行了之前所做过的同样的代数步骤，接着便径直取其结果的标准部分，便得

$$\operatorname{std}(2x + d) = 2x。$$

于是，x^2 的导数就是 $2x$。其中用到的取标准部分的操作在效果上将我们处理无穷小量的正确方法正规化了——它正好解释了这些幽魂如何

被驱散！至此，非标准分析让无穷小量的严谨运用变得可行。

非标准分析已然成长为一套成熟的理论，提供了一条平行于经典 77
理论的替代性理解思路。当我们着手在非标准分析中工作时，我们可
能会自然而然地内化一些哲学视角，我接下来想就此谈谈。然而，其
中有些材料颇为技术化，因而那些不太熟悉超幂的读者，也可选择直
接跳过。

经典的模型构造视角

按此思路，非标准的宇宙会被认为是一套清楚明白的构造的产物，
比如一套超幂构造。在最基础的例子中，我们手头有的是标准实数域
结构 $\langle \mathbb{R}, +, \cdot, 0, 1, \mathbb{Z} \rangle$，接着你在自然数上（或者在别的什么合适的集
合上）相对于一个固定的非主超滤 U 做一番超幂构造。所得的超幂结
构 $\mathbb{R}^* = \mathbb{R}^{\mathbb{N}}/U$ 就被认为是对超实数的一种理解版本，一个有序的非
阿基米德式的域，由此也是一个含有无穷元素的域。

然而，假以时日，我们滋生想要在前-超幂构造的模型中附上更多
结构的愿望，以便能表述更多思想，而每条想法都会有一条非标准的
镜像。我们会想为每个函数都指派一个常元符号，加一个标记整数 $\mathbb{Z}$
的谓词，或者进而给每个实数 $\mathbb{R}$ 的子集都标上，再为每个实函数来个
函数符号，如此等等。按此方式，我们得到每个实数 z 的非标准类比
z^*，每个实函数 f 的非标准类比 f^*，如此等等。不久之后，我们又会
想要其幂集 $P(\mathbb{R})$ 及其更高阶迭代物的非标准类比。最终，我们会意
识到，不如对整个集合论宇宙作超幂 $V \to V^{\omega}/U$，这相当于在做非标
准分析时用到二阶逻辑、三阶逻辑，事实上以至于任意序数 α 的 α-阶
逻辑。我们继而会见到标准宇宙 V 的副本被包括在了非标准领域 V^*
内，且我们分析和理解后者的途径恰是超滤构造本身。

　　一些非标准分析的应用场景会要求我们不仅做一次超幂构造，而是沿着一条线序迭代着做超幂构造。此种超幂构造将会把非标准性分出不同层次来，而这有时很有用。归根结底，当我们用到额外的构造方法时，这就相当于在我们把所有模型论技巧都装入工具箱中。我们会想要能用上高阶的饱和性质，或是嵌入，或是标准系统，不一而足。有这么一套高度发展的关于算术模型的理论用上了颇为高阶的技巧。举个饱和性推论的例子，每幅无穷图，无论它多大，只要在一个饱和度足够高的非标准分析模型中，都能作为某个"非标准-有穷"图的诱导子图呈现而出。这事实有时能让你对无穷图作有穷的构造，只不过代价是挪步到一幅非标准的理论背景下。

78　公理进路

　　然而，非标准分析的大多数应用都不依赖于超幂的或迭代超幂的构造细节，因此，通常认为我们值得将使非标准分析的论证成立的那些一般性原则单提出来。至此便到了写下其背景的公理的时刻。在基础情形中，我们手头有标准的 $\mathbb{R}$s 结构，也许还有代表每个实数的一个个常元（以及在高阶情形中代表所有子集和函数的常元），再带一个映到非标准结构 $\mathbb{R}^*$ 中的映射，所以每个实数 a 都会有其非标准版本的 a^*，而每个实数函数 f 都有其非标准版本的 f^*。通常而言，主要的公理会包括迁移原理，它断言，任何能用原结构的语言所表述的性质在标准宇宙成立，恰恰当该性质也对其所涉对象的非标准镜像在非标准宇宙成立。迁移原则正好相当于断言了从标准对象到其非标准镜像的映射 $a \mapsto a^*$ 之初等性。我们时常也会想加上一条饱和原则，它表述的是，任何具备足够可实现性的型（type）都在非标准模型中被实然地实现，而此原则所做正是将超幂的饱和性质公理化了。有时我们还会想获得比自然数上的超幂所能给出的更强的饱和型，不过我们还是可以经由更大的超幂或是其他模型论方法来满足这一愿望。

本质上说，同样的公理化路数在高阶情形下也能用，按此我们会对每个集合论对象都有一个非标准版的对应者，还有一道映射 $V \to V^*$，以及任意高阶的非标准结构。而且类似地，我们能把那些，伴随不同层次的标准性的，迭代超幂构造中那些想用的特性也给公理化。

"那一"超实数系

正如大多数数学中会遇到的状况，当我们既有一套特定构造，也有一套公理框架时，如若可能，去从公理出发作论证会被认为是比去动用那套构造的细节更好的做法。而我所见过的大多数非标准分析的应用都能仅借常规的非标准化公理的助力就撬动起来。然而，公理化路数的一点重大缺陷在于，其公理化方案不是范畴性的。能满足超实数公理的数学结构并不唯一，在同构的意义上，没有哪个结构可被称为"那一"超实数系（the hyperreal numbers）。相反，有许多结构可作超实数的候选结构，其基数不尽相同；其中一些是另一些的扩张，且它们全都能满足这套公理，但他们相互之间不尽同构。

由于这个原因，纵然总在日常交流中提起，去指称"那一"超实数系似乎仍是错误的，且说到底是无意义的做法，就算从结构主义者视角看来也如此。该状况完全不似自然数、整数、实数以及复数，在那些情形中我们确有其范畴性的刻画。诚然，结构主义者甚至在那些情形中也在单称词项的使用方面面临着一些挑战（第一章中已探讨过的那些），但在超实数这里状况糟糕得多。即便我们有权，也许借助某类结构主义的意义阐释，来在自然数和实数那里使用单称词项，那些结构主义的阐释到了超实数这里仍会不攻自破，单纯因为其公理并不

79

119

能认定出一个唯一的结构。我们似乎无权，在任何较真的意义上，对超实数作出单称的指称。

可是同时，我们在文献中能找到成堆的对"那一"超实数系的指称。这么做为何没引发根本性的问题？我的解释是，对非标准分析的目的而言，即是，对于通过非标准实数的手段来确立起关于实数的微积分真理这个目标而言，各种超实数结构之间的那些异构的差别恰好不相干。所有这些结构都是带有迁移原则的非阿基米德式的有序域，而且仅凭这些性质就足以撑起这些域结构所提供的应用。在这种意义下，我们仿佛就固定下了一个特定的非标准域 $\mathbb{R}^*$—而且就关心的应用而言，具体是哪个结构无所谓—而后对那一超实数系的指称径直就指向那个被固定下的特定结构 $\mathbb{R}^*$。仿佛是，数学家们施行了斯图亚特·夏皮罗的隐藏有界量词的解释，但其中缺少一个范畴性结论的环节。

我好奇这处范畴性的缺乏能否解释一些数学家对于研究非标准分析兴致寥寥；它妨碍了当事人对超实数系采取一种直来直去的结构主义态度，而会将其推回到模型论视角的怀抱，后者能更准确地传达出状况的复杂性。

与此同时，我们确实对超现实数有一个范畴性结论，这些数组成了一个真类大小的非标准有序域，它在模型论的意义下是饱和的——比方说，每个集合大小的切割都被填上。在标准的二阶集合论中，例如带有全局选择（一个将全域良序化的真类）的哥德尔-贝奈斯集合论，或是凯雷-摩尔斯集合论（Kelley-Morse set theory），我们能证明所有这样的有序域相互都同构。这提供了一个角度，在此意义下，"那一超实数系"可以被赋予意义，借由让该词项指向那一超现实数系的方式，不过代价是得和真类结构打交道。

激进非标准性视角

对非标准分析的这一观察视角牵涉了一项观察者的数学本体论立场的重大基础性转向。即，从该视角看，相比于把标准结构看成是在非标准世界中有着对应镜像，我们反而把非标准世界看作"真实"世界，随之带有一个注明"标准性"的谓词可将其中一部分挑拣出来。按此思路，我们把实数看成既包含无穷实数也包含无穷小量实数的存在，并且我们可以谈论两个有穷实数何时及是否会拥有相同的标准部分，及其种种。从此视角看，我们把其他视角眼中那些会是非标准实数的数看成是"真实的"实数，而后我们在其上会有一个谓词作标定，它相当于其他路数中加星号映射的值域。所以有些实数是标准的，有些函数是标准的。

比如，在一段牵扯有穷组合学的论证中，某位持这种视角的数学家也许会脱口而出，"令 N 为一个无穷整数"或"考虑一个无穷小的有理数。"（我在纽约的一位同事就时常这么说话。）那种说话方式也许在那些不习惯这种视角的人看来显得古怪，但对于接受了它的人而言，它能促进学术生产力。这些实践者在非标准性的佳酿中沉醉已久；他们已全身心倒向了非标准的领域——一个全新的存在层面。

这一思想的一些极端版本还会引入许多层次的标准性和非标准性，推至全部阶数。卡雷尔·赫尔巴切（Karel Hrbacek 1979，2009）就有这么一套为非标准集合论服务的稳健理论，它有着一套层次深度无穷的标准性阶层系统。按其角度，并不存在一个完全"标准"的领域。在赫尔巴切的系统中，我们并不是从一个标准的宇宙开始，而后爬升到非标准宇宙，而是相反，我们从一个完满的宇宙（它根本上说是非标准的）开始，而后向越来越深的标准性层次下潜而去。每个 ZFC 模型，他已证明，都是一个嵌套在另一个他所关心的非标准理论模型中的标准模型。

非标准与经典视角间的互译

到最后，我的观点是，我所叙述的三种视角间的抉择一事是个人偏好问题，而且任何一条能在某种视角下拼搭出来的论证在其他视角下都有相似替代。在这种意义下，想在不同视角间分出个高下一事似乎，就数学考虑而言，无足轻重。但话说回来，如我在第一章第十六节所论，不同路线的哲学观点能够将当事人引向不同的数学问题和不同的数学研究精力倾注方向。

我们通常可以将论证不仅在不同的非标准分析视角间翻译，而且还在非标准的领域以及经典的 ε-δ 方法间翻译。陶哲轩（Terence Tao，2007）已将非标准分析的方法描述为一种顺畅地管理我们的 ε 论证的办法。人们可能会说，"这个 δ 比用 ε 能定义出的任何东西都小。"这将是一种便捷的处理误差估量的办法。类似地，陶哲轩还指出超滤也能被用在一条论证中，以简单地管理我们的估量工作；如果我们分别了解到，对于 a、b 和 c 这三个对象中的每一个，都存在着一个大测度多（比照于该超滤而言）的关联见证事物，那么我们就也能找到一个大测度多的见证事物对它们三者同时有效。

然而，对于一些实分析学家，正是其对超滤以及其他来源于数理逻辑的概念的不熟悉阻碍了他们对非标准方法的认可。在这种意义下，对非标准分析的偏好或回避立场似乎部分源于其文化教育背景。

H·哲罗姆·凯斯勒（H. Jerome Keisler）曾写过一本导论级的微积分教科书《初等微积分：一种无穷小量的视角》（Keisler，1976），目标读者是第一年的本科生，基于非标准分析的理念，但除此之外教了这

级别的微积分教科书该教的一切。它是一本特别厚的书，包含了许多
关于定积分、导数、优化问题、链式法则以及其他种种知识点的例题，
同时有全面的适合于微积分课本科学生的习题。它表面上看起来就像
别的任何一本用在此类微积分课上的标准微积分教材。但若你翻开凯
斯勒的书卷，在扉页那些常规的三角学恒等式以及积分公式旁，你会
发现一串公理，它们管辖着无穷数和无穷小量数的作用方式，以及迁
移原则、标准部分的代数运算，以及别的种种。这全都基于非标准分
析，而且在根本上不同于别的微积分教材。这本书在威斯康星大学麦
迪逊分校的微积分课堂上被使用了一段时间，颇为成功。

围绕此书书评的学术圈政治有则有趣的八卦故事。保罗·哈尔默斯
（Paul Halmos），《美国数学学会快报》（*Bulletin of the American Mathematical
Society*）的编辑，曾向埃雷特·毕肖普约稿评论凯斯勒的这本书。毕肖
普几十年前曾是凯斯勒的学生，但他也是位名声在外的数学哲学意义
上的构造主义者——这是一类与非标准分析的主要方法间有着深深间
隙的立场。书评自然可预测地消极，它引发了广泛批评，特别是由马
丁·戴维斯（Martin Davis，1977）稍后于同本期刊上所发的。对此书
评，凯斯勒（Keisler，1977）回应道（亦见 Davis and Hausner，1978），
选择毕肖普来评论本书如同"请位禁酒斗士来品鉴红酒"。

对非标准分析的批评

阿兰·孔涅（Alan Connes）曾向非标准分析提出了一点根本性的
批评，在一次采访中他评论道：

> 那时，我已经在非标准分析中研究了一段时间，但不久后我
> 便发现了那理论中的一处蹊跷……要点在于当你获得一个
> 非标准数时，你就会得到一个不可测集。在肖凯（Choquet）的

> 圈子里，大家都对波兰学派的成果有研究，我们都知道每个
> 你能说出来的集合都是可测的；所以用非标准分析去做物理
> 学的尝试似乎注定死路一条。（Goldstein and Skandalis，2007）

他这话要表达什么意思？他引用的事实指的又是什么？让我一一道来。

"当你获得一个非标准数时，你就会得到一个不可测集。"

每个非标准自然数 N 都会引出一种特定的自然数组成的"大"集合概念：一个集合 $X \subset \mathbb{N}$ 是大的，当且仅当 $N \in X^*$。换言之，一个集合 X 是大的，如果它表达了某种那个非标准数 N 具备的性质。任何标准的有穷集都不大，且更进一步，任何两个大集合的交集也是大的，而且任何包含着一个大集合的集合（superset）也是大的。由此，所有这些大集合所组成的集族 $\mathcal{U}$ 就被称作一个自然数上的非主超滤。我们可以把这些大集合视同于康托空间 $2^{\mathbb{N}}$ 中的元素，其上带有一个自然的概率测度，即抛硬币测度，因此 $\mathcal{U}$ 是康托空间的一个子集。

82　　　不过此处的要点是，非主超滤在康托空间中不可能是可测的，因为完全的位反转运算，它是保测度的，会将 $\mathcal{U}$ 刚好变成它的补集族，所以 $\mathcal{U}$ 的测度将会是 $\frac{1}{2}$，但 $\mathcal{U}$ 又是个尾事件，在任意有穷位的翻转操作下不变，因此由柯尔莫哥洛夫零一律（Kolmogorov's zero-one law），它的测度必定是 0 或 1。

"波兰学派的成果……每个你能说出来的集合都是可测的。"

表达"一个集合很容易被描述出来"的另一种说法是，它在描述集合论的阶层系统中待在低层，这广为人知的概念出自那些波兰逻辑学家的手笔，而那些待在最低处的集合必定是可测的。例如，博雷尔层谱中的每个集合都可测，而以这些博雷尔集为背景的领域也常被描述为明文数学（explicit mathematics）的领域。

在更强的集合论公理背景下，如大基数公理或投影决定性公理，这一现象的复杂度将上好几个台阶，因为在这些设定下，随之发生的是，所有投影阶层体系中的集合都是勒贝格可测的。这将包括你在实数和整数上用量词以及任何基础数学运算所能定义的一切集合。至此，任何你能说出的集合都是可测的。

孔涅的批评的精髓在于，我们没法用任何明晰或具体的方式来为超实数构造出一个模型，因为那样的话我们将明文地构造出一个不可测集，而那是不可能的。至此，非标准分析和超滤以及选择公理 的弱形式紧密地交织在了一起。由此原因，从它在科学和物理学任何真实世界中的应用方面考虑，它似乎是无用的。

思考题

2.1 证明，f 在 c 点连续，当且仅当，在一场连续性博弈中的守方有一套必胜策略。你在证明蕴涵从左到右的方向时，亦即证明其策略在面对某个特定 ε 时会打出某个特定 δ 时，是否用到了选择公理？你能否在该证明中避免使用 AC？

2.2 从极限和连续性的 ε-δ 定义来证明，f 在点 c 连续当且仅当 $\lim_{x \to c} f(x) = f(c)$。

2.3 在 86 页定义 7 的配图中，哪一点关于 f 的蓝色函数图象和黄色阴影方块之间关系的细节表明了该 δ 对于那 ε 是个恰当的选择？比方说，如果 ε 改为只有一半大，该 δ 还恰当吗？

2.4 设计一盘，守方与攻方之间的，一致连续性博弈，并论证 f 是一致收敛的当且仅当守方可以有一种必胜策略。

2.5 用直白的语言解释本章第三节中作出的、经量词变化后的各种连续性陈述是什么意思。并找出那三条性质中的每一条分别对应着什么类别的函数。

2.6 用以下三种不同的方式计算函数 $f(x) = x^3$ 的导数：（1）用古典的无穷小量方法；（2）走 $\varepsilon\text{-}\delta$ 极限思路，并相应用其导数定义；（3）用非标准分析方法。比较这三种方法。你能否看出具体在哪，贝克莱所说的消逝了的量的阴魂在你的计算中出现？

2.7 给出一则基于无穷小量的微积分第一基本定理的证明，它断言，对于任何定义在实数上的连续实值函数 f，式子 $\frac{\mathrm{d}}{\mathrm{d}x}\int_a^x f(t)d(t)$ 都有定义。你能不能对定积分 $\int_a^b f(t)dt$ 给出一种无穷小量风格的解释？

2.8 对一个函数，解释连续性和一致连续性的区别，解释应包含两者精确的定义和配套的有说明力的例子。接着，尝试不用现代的 $\varepsilon\text{-}\delta$ 术语，而仅用旧时代的无穷小量观念，尽你所能地来表述两者之间的差别。

2.9 不可或缺性论证会如何受下面这个事实影响——一套数学理论经常可被阐释到另一套中去？考虑我们能在整数中，事实上可在自然数中阐述出有理数，我们是不是就可以斩断对有理数的需要？对实数又如何呢？我们能不能斩断对算术和实分析的需求，而转投集合论呢？或者转用范畴论抑或其他什么数学基础？这状况会不会影响菲尔德的唯名论化计划的成败？如果他已经将数学对象阐释成别的抽象对象的语汇，比如时空位置？

2.10 你能不能像这样使用不可或缺性论证来为数学的真理性提供支撑，通过主张数学的一个领域对于它在另一部分中的应用不可或缺？例如，也许线性代数对于它在微分方程理论中的应用就不可或缺。再进一步，如果后者理论对于科学不可或缺，这是否意味着线性代数对于科学也不可或缺？

2.11　对于那些不仅希望把抽象的数学对象，而且还像把那些具体的却不可观测的物理现象一并从我们的科学理论中摘除的人而言，菲尔德的唯名论化论证在多大程度上是成功的？例如，我们能不能将同样风格的论证拿来支持这么一些怀疑论立场的科学理论？它们会宣称"不存在细菌或病原体，除了显微镜下的那些"，或是"地核并不存在"。

2.12　引入一个模态算子 $\Box p$ 来表示，"按照碧翠克斯·波特的《青蛙先生杰里米》故事的说法，p。"你将如何表述它的对偶算子 $\Diamond p = \neg\Box\neg p$ 的意思呢？这些算子会遵从哪些模态法则？例如，$\Box p \to p$ 或 $\Box(p \to q) \to (\Box p \to \Box q)$ 还成立吗？那些涉及模态嵌套的命题呢，如 $\Diamond\Box p \to \Box\Diamond$ 或是 $\Box p \to \Box\Box p$？鉴于这样一个事实，杰里米·费舍尔的故事没提到任何名叫碧翠克斯·波特的人，也没提到任何这么一个人可能写下或没写下的任何故事，包括一篇名叫《青蛙先生杰里米》的故事，我们是不是就有理由认为对每则 p 都有 $\neg\Box\Box p$ 成立？与此同时，她在其他作品中的确以第一人称提到过她自己，还配上了一幅肖像，见《老鼠先生塞缪尔，或布丁卷的故事》（ *The Tale of Samuel Whiskers or, The Roly-Poly Pudding*，1908，p.61 ）。

2.13　在何种方式上，虚构主义立场相当于从对象理论回撤到元理论？

2.14　虚构主义在应对元数学论断时做得有多好？假设 T 是我们的主要对象理论，比如集合论，并假设我们已经发表了一通元数学论证来论断，在 T 中什么可证或什么不可证。一位虚构主义者会怎么应对这些元数学论断呢？如果它们是虚构的，能被当作小说，那么这

84

本元数学小说中的理论 T 和那本 T 小说所描述的理论 T 还是一回事儿吗？

2.15 倘若菲尔德是对的，继而我们最好的科学理论，包括它们的数学部分，都相对于那些理论的唯名化版本是保守的，那么这不正构成了一个我们不再需要这些唯名化版本理论的理由吗？毕竟，如果这些数学扩张真是保守的，那么我们便能安心地将它们用于科学推理。这不会动摇其唯名论化计划吗？

2.16 证明连续归纳原则等价于实数中的最小上界原则，从而连同戴德金完备性原则，三者都是一体的三种形式。

2.17 用连续性的 ε-δ 定义，来解释为什么康威函数不连续。

2.18 考虑面向微积分的非标准分析方法，超实数系缺乏范畴性这一事实的重大意义，如果存在，又是什么呢？该事实会动摇微积分的非标准分析方法的基础吗？

2.19 鉴于超实数系缺乏范畴性，我们该如何理解那些关于超实数的事实论断？

2.20 我们能不能将非标准分析和数学哲学上的结构主义趋向的裂痕弥补调和？

2.21 坚实的基础对于数学知识的开创性进步是必要的吗？

扩展阅读

• H.Jerome Keisler（2000）：这本不同寻常的微积分教材运用出自非标准分析的无穷小量来实现了初等微积分的推演。

- Pete Clark（2019）：一篇生动的文章，它基于连续归纳原则做了实分析方面的推演。

- Mark Colyvan（2019）：《斯坦福哲学百科》中一篇探讨不可或缺性论证的出色条目；它的总结很到位，并附上了许多额外的参考资料。

- Mark Balaguer（2018）：另一篇出色的《斯坦福哲学百科》条目，它解释了数学中的虚构主义。

- Hilary Putnam（1971）：不可或缺性论证的一篇经典阐述。

- Hartry H. Field（1980）：它承载了菲尔德的唯名论化计划。

致谢与出处

85

　　本章的一些材料，包括几幅插图，源自我之前的书《证明与数学的艺术》（Hamkins, 2020c）。连续归纳原则的历史并非全然清楚，但皮特·克拉克（Clark, 2019）提供了许多参考资料，并将它的早期版本至少追溯到了赵元任（Chao, 1919）和辛奇金（Khintchin, 1923）。不过，赵元任版本的原则事实上并不等价于连续归纳原则，因为他坚持要求一个不小于 δ 的统一增量，而正因如此他也才能不需要类似于条件（3）的条款。我关于孔涅访谈的评论基于我在 MathOverflow 上的发帖（见 Hamkins, 2011），它回应了罗伯特·哈拉维（Robert Haraway）关于同一话题的提问。另外，在布莱克本和迪亚柯尼斯的著作（Blackwell and Diaconis, 1996）中可见一则对非主超滤构成了一出不可测尾事件的详细证明。

第三章
无穷

摘要：我们将沿着希尔伯特旅馆寓言和伽利略悖论所指引的方向，一步步深入到等数关系和可数性的概念中。另一方面，康托的对角线证明揭示出了不可数性概念，以及一个由不同阶无穷构成的庞大层谱；有些证明还引发了构造性证明和非构造性证明之辨。芝诺悖论凸显了有关潜无穷与实无穷的诸多古典思考。此外，我们将考量超穷序数。

第一节 希尔伯特旅馆

让我们来听一听希尔伯特旅馆的寓言故事。这家旅馆真的很大，它有着无穷多的房间，每间都是富丽堂皇的整平层套间，并且都用自然数标号：0、1、2……以至无穷。有一次，这家旅馆刚好满房了——每间客房都住了位房客，总计无穷多位。但此时，一位新客人到达了，想办理入住。他在前台询问。经理该怎么做呢？经理冷静地回复道："没问题。"他对店内的所有房客都发出了一张通知：每位房客都必须换到更高一层（号）的房间：

$$n \text{号房间} \qquad \mapsto \qquad n+1 \text{号房间}。$$

你看，在客人的入住协议上有一行小字，要求所有入住房客都必须听经理的指令换房。所以每位客人都按通知进行了换房，这使得 0 号房间空出来了，可供那位新客人入住。

又到了周末，一大波客团同时到店——整整 1000 人，于是经理又安排了一次大换房，指挥所有房客向上挪 1000 层房：

$$n\text{号房间} \qquad \mapsto \qquad n+1000\text{号房间}。$$

这使得从 0 号到 999 号的房间都空了出来，容纳下了那波客团。

希尔伯特号大巴

过了一周，一波规模更大的客团到了：他们乘坐希尔伯特号大巴而来，满满当当。大巴上有无穷多个座位，也用自然数标了号，所以车上有 0 号座、1 号座、2 号座……以至无穷；在每个座位上，都坐着一位新到客人。他们全都想入住希尔伯特旅馆。

这次经理能安排下所有客人吗？好吧，他不能故技重施，叫每位房客都上挪无穷多号房间，因为每间客房的标号都是有穷的，他没法直接把每个房客都上挪无穷号从而在旅馆底部腾出足够的空间。但他是否仍有办法对现有房客做些安排，从而为大巴上的新客变出空房呢？在往下读之前，请读者自己思考一下这样的方法。

想出解法了吗？答案是"当然可以"，每位新客仍能顺利住店。有很多方法都行得通，但还是让我讲讲具体这位经理是怎么做的。首先，经理指挥每位住在 n 号房的房客挪到 $2n$ 号房，这便腾空了所有奇数号的房间。接着他指引每位座位号为 s 的乘客入住 $2s+1$ 号房，后者当然是奇数，因此不同座位上的乘客都住进了不同的奇数号房间：

$$n\text{号房间} \quad \mapsto \quad 2n\text{号房间}$$
$$s\text{号座位} \quad \mapsto \quad 2s+1\text{号房间}$$

按此法，人人都住进了他自己的单间，其中旧房客在偶数号房，而乘大巴来的新客则住奇数号房。

希尔伯特号列车

又是一天，希尔伯特号列车到站了。列车有无穷多节车厢，每节都有无穷多个座位，且座无虚席。每名乘客都被两部分信息标记：他们所在的车厢号 c 以及他们的座位号 s；而且每位乘客都急不可耐地想办理入住。

这次旅馆经理能安排他们全住下吗？是的，事实仍如此。第一步，经理可以指挥所有店内的 n 号房的客人搬到 $2n$ 号房间，这将腾空所有奇数号房间。接着，经理指挥每位坐在 c 车厢 s 号座的乘客入住 3^c5^s 号房：

$$n\text{号房间} \qquad \mapsto \qquad 2n\text{号房间}$$
$$c\text{号车厢，}s\text{号座位} \qquad \mapsto \qquad 3^c5^s\text{号房间}$$

因为 3^c5^s 肯定是奇数，其对应的客房便是可入住的状态，而且不同乘客不会分到同一间房，这是由自然数素因数分解的唯一性保证的。所以再一次，人人有房间住。

第二节 可数集合

这一寓言故事中起作用的主要概念是可数性，因为一个集合是可数的，如果它可以适应希尔伯特旅馆，即能与自然数集形成一一对应。另一种考虑此概念的方式是，一个非空集合 A 是可数的，当且仅当我们能将 A 中的元素用一张列表枚举出来，表中元素可以重复并以自然数编号：

$$a_0, a_1, a_2, a_3, \cdots$$

我们允许重复是为了把有穷集合也包括进来，我们将它们也视为可数的。

我们在希尔伯特旅馆那里所作的证明表明，两个可数集的并集也可数，因为你能让它们中的一个对应于偶数，另一个对应于奇数。比如，整数 $\mathbb{Z}$ 就构成一个可数集，因为整数集是正整数集和非正整数集这两个可数无穷集的并。我们也可直接以如下方式列出 $\mathbb{Z}$，从而看出其可数性：

$$0, 1, -1, 2, -2, 3, -3, \cdots$$

一个更强并且可能有些出人意料的结果是，可数多个可数集的并仍然是可数的。通过希尔伯特号列车那里的论证我们便可看出这一点，因为列车本身便由可数多个可数集组成——无穷多节车厢，每节车厢座位数无穷。

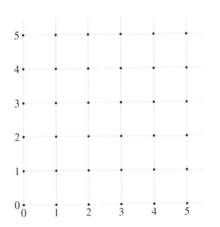

但还是让我们为这一基础性结果再作一版证明。该结果的论题是，我们能够将自然数集 N 和自然数对的集合一一对应起来。如果我们将自然数对 (n,k) 设想为网格中的节点，如图所示，那么此论题说的便是，节点的数量和自然数的数量相同。注意，这一网格结构中不同列的节点组成了可数多个可数集。我们希望以某种方式将这张二维的点网重排成一条一维的点列。

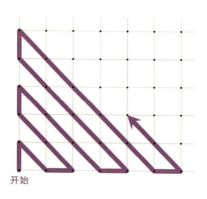

开始

想象沿着上图所示的弯折路径穿行于网格平面上。我们从原点起步，然后辗转迂回地沿着对角线上上下下地前进。随着我们越走越远，我们最终将遍历每一处指定的节点。当我们行经路径上相邻的两个点时，不妨给它们标上相接续的自然数——第一点标 0，下一个 1，再下一个 2，如此等等，类似地将每一个自然数 n 和路径上的第 n 个点 x_n, y_n 关联在一起。至此，自然数和自然数对便一一对应了起来。

该证明的一种变体允许我们用一个简单的多项式来描述此对应关系。换言之，相比于沿着前述的紫色路径上下转折，让我们从原点起步，转而依次沿着一条条相邻的对角线斜向上行，如下图红线所示。你在到达点 (x,y) 之前所遇到的点，组成了一条条斜上的对角线，其长度分别为 1、2、3 等等，最后再加上末段对角线上的 $y+1$ 个点。所以

(x, y) 之前的点的总数可由如下求和式给出

$$[1 + 2 + \cdots + (x + y)] + y。$$

它等于 $\frac{1}{2}(x + y)(x + y + 1) + y$，因此它为自然数提供了一个多项式匹配函数。

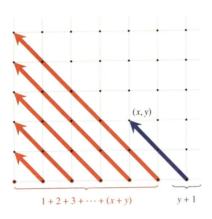

第三节　等数性

　　可数性只是一个更普遍、更基础的概念的特例，后者即等数性概念，根据此概念，两集合 A 和 B 是等数的，如果它们的元素能被互相一一对应起来。例如，这个房间里的人的集合，就与房间里的鼻子的集合等数，仅仅是因为，我们每个人都有一只鼻子，且没有人有两只鼻子（我假定没人在他的衣袋里还藏了只鼻子）。我们可以验证这一等数性实例的真伪，而无需对人数或鼻子数计数，正是在这个意义上，等数性在概念上先于数和计数。另一方面，就儿童认知发展的角度而言，这些概念显然是同步形成的；有研究（Sarnecka and Wright，2013，

见摘要）发现"孩子们要么同时理解基数（计数）和等数性，要么两者都不理解。"

91　　我们在第一章中已经讨论了等数性，与弗雷格的数概念及康托-休谟原则联系在一起，后者断言，我们的数概念背后总是跟着等数性，因为任意两个类具有相同数量的元素，当且仅当它们是等数的。这一讨论全神贯注于有穷数，因为弗雷格力图通过这一原则把算术还原为逻辑。对比之下，康托则将等数关系重点应用于无穷集。

　　伽利略在他最后一本科学著作——《关于两门新科学的对话》（*Dialogues Concerning Two New Sciences*，Galileo，1638）——中极为超前地探讨了各种无穷等数关系所带来的令人费解的难题，比弗雷格和康托早了好几个世纪。在书中人物辛普利丘和萨尔维亚蒂的一场对话中，他们观察到自然数能够和完全平方数形成一一对应关系，方法是将数 n 与其平方 n^2 对应：

$$0 \quad 1 \quad 2 \quad 3 \quad 4 \quad 5 \quad 6 \quad \cdots$$

$$0 \quad 1 \quad 4 \quad 9 \quad 16 \quad 25 \quad 36 \quad \cdots$$

这情形构成悖论，因为一方面自然数似乎比平方数多，并非每个自然数都是平方数；另一方面，该对应关系却表明，自然数和平方数一样多。这个例子由此显示了如下两种观念间的张力：其一是任何一一对应的两个类大小也相同（后来被称为康托-休谟原则），其二是欧几里得原则，它断言一个对象的真部分一定小于原来的那个对象。伽利略认识到，两者我们必须抛其一。

　　类似地，伽利略对话中的人物还发现，不同长度的线段上的点能够通过扇形相似关系被一一对应在一起，如下：

由于两条线段上的点通过相似性被置于一一对应关系中，便呈现出了一种悖论的面貌：较短的线段和较长的线段拥有相同多的点，但较短本身似乎就意味着拥有更少的点。

事实上，伽利略笔下的人物甚至看出，一段有穷的开线段能够与整条直线建立一一对应关系！在下图中，顶部红色线段内侧的每个点先落在半圆上，而后沿圆弧被外投到直线上；直线上的每个点都被射中了，因此这形成了线段和直线之间的一个一一对应关系：

92

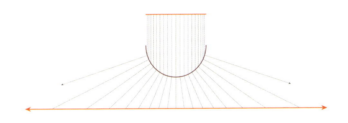

伽利略借他笔下人物萨尔维亚蒂之口总结道，大小的比较根本不适用于无穷领域：

> 就我所见，我们只能推论全体数是无穷的，平方数的数目是无穷的，而且它们的平方根也是无穷的；但平方数的数目既不比全体数更少，也不比它们更多；而说到底，"相等"、"大于"和"小于"这些属性并不适用于无穷的量，而仅适用于有穷的量。因此，当辛普利丘摆出了数条长度不等的线，并问我其中更长者如何可能不比更短者拥有更多点时，我会这

么回应他，一条线段的点比之于另一条并不会更多，也不会更少，甚至也不会相等，但这些线中的每一条都包含无穷多的点。（Galileo Galilei，1914[1638]，p. 32）

第四节 希尔伯特杯半程马拉松

回到我们的寓言故事，人人都到镇上来参与一场盛大的赛事，即希尔伯特杯半程马拉松，比赛选手们都喜欢分数，像分数般密集地挤在一起。每位选手都有一个选手号码，每个非负有理数都对应着一位跑者：

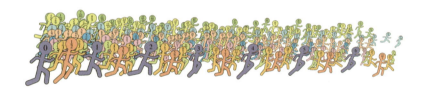

旅馆经理能为所有的比赛选手安排出房间吗？是的。一如既往，他通过将现有的房客挪到双倍房号的房间，腾出了奇数号的房间。然后，他又把 p/q 号跑者安置到 $3^p 5^q$ 号房，其中 p/q 已约到最简：

$$n\text{号房间} \qquad \longmapsto \qquad 2n\text{号房间}$$

$$\frac{p}{q}\text{号选手} \qquad \longmapsto \qquad 3^p 5^q\text{号房间}$$

按此法，参与半程马拉松盛会的所有人都在希尔伯特旅馆有了住处。

康托号游轮

大赛之后，阴霾笼罩了整个旅馆，因为康托号游轮到港了。对应每一个实数，船上都载有一位乘客。我们有乘客 $\sqrt{2}$、乘客 e、乘客 π 等等，每位都因终于靠岸而兴奋不已。每位乘客都手握一张票，上面印着独一无二的票号（一个实数），并且游船满员了：每个实数都会在某张票上出现。整数号都在一等舱，而后是有理数和代数数，最终是拿着超越数票的大批乘客挤在一起。随着乘客们上岸，他们全都想要入住希尔伯特旅馆。旅馆能够住得下康托号的全体乘客吗？

CUNARD R.M.S. AQUITANIA   Tonnage 45,650

第五节 不可数性

这个问题的答案颇令人着迷，而且可能还令人感到震惊或至少是困惑。答案是"不能"，康托号游轮上的乘客，希尔伯特旅馆装不下。康托的深刻发现是，实数集是不可数的。实数无法与自然数形成一一对应关系。特别地，这表明存在着不同大小的无穷，因为实数的无穷就比自然数的无穷大。

这里所声称的是，实数集 $\mathbb{R}$ 是不可数的，即它无法与自然数集 $\mathbb{N}$ 形成一一对应关系，因而 $\mathbb{R}$ 的大小是比 $\mathbb{N}$ 的大小更高阶的无穷。为证此点，让我们反设所有实数能够组成一个可数集。由此，实数就能被

枚举成一个清单 $r_1, r_2, R_3 \cdots$，每个实数都现身其中。用这个清单，让我们来描画出一个特定的实数 z，方法是指定它在十进制表示下各位的数字：

$$z = 0.d_1d_2d_3 \cdots$$

我们在选择 d_n 时，刻意让它与 r_n 的十进制表示下的第 n 位数字不同。我们默认取 $d_n = 1$，除非 r_n 十进制表示下的第 n 位数字也为 1，那种情况下我们就取 $d_n = 7$。在此构造中，我们恰在第 n 步确保了 $z \neq r_n$，因为这两个数在第 n 位上的十进制数字不同（并请注意，z 这个各位数字全为 1 或 7 的数，有着唯一的十进制展开式）。由于这对每个 n 都成立，所以实数 z 不会出现在那张清单中。但这与我们的假设矛盾，我们的假设是每个实数都在清单上出现。因此，实数组成了一个不可数集，证毕。

为了加深我们对以上证明的理解，让我用一个明确的例子对此构造过程加以说明。也许那张实数清单最初几行正好如下：

$$r_1 = \pi$$

$$r_2 = e$$

$$r_3 = \sqrt{2}$$

$$r_4 = \ln(2)$$

$$r_5 = \sqrt{29}$$

$$\vdots$$

我们可以先将这些数的十进制展开式按位对齐，像这样：

$$r_1 = 3.\ \textcolor{orange}{1}\ 4\ 1\ 5\ 9\ 2\ 6\ 5\ 3\ 5\ 8\cdots$$

$$r_2 = 2.\ 7\ \textcolor{orange}{1}\ 8\ 2\ 8\ 1\ 8\ 2\ 8\ 4\ 5\cdots$$

$$r_3 = 1.\ 4\ 1\ \textcolor{orange}{4}\ 2\ 1\ 3\ 5\ 6\ 2\ 3\ 7\cdots$$

$$r_4 = 0.\ 6\ 9\ 3\ \textcolor{orange}{1}\ 4\ 7\ 1\ 8\ 0\ 5\ 5\cdots$$

$$r_5 = 5.\ 3\ 8\ 5\ 1\ \textcolor{orange}{6}\ 4\ 8\ 0\ 7\ 1\ 3\cdots$$

$$\vdots \qquad\qquad \ddots$$

仔细审视那些标红的对角线上的数字，我们可看出，证明中所定义的对角线实数 z 会是

$$z = 0.77171\cdots$$

因为构造过程中已指明，它的第 n 位取 1，除非 r_n 的第 n 位恰好也是 1，而在那种情况下我们就取 7。参考对角线上的红色数字，这一造数过程的结果就是上面这个实数 z。实数 z 被称为那一给定枚举列的对角线实数，因为 z 的各位数字都是参考原本清单上高亮对角线数字——第 n 个数的第 n 位——定义而得。由于这个原因，康托的证明也被称为对角线方法，它是一种极为稳健的方法，出现在数以千计的数学证明中，其中许多都非常抽象。我们在本章中还会再看见几个对角线证明。

让我简要回应一下一个微妙但却终归属于次要的问题，它由这样一个事实引起，有些实数会有两种表示形式，比如 $0.9999\cdots = 1.0000\cdots$，因为这个原因，一般而言，谈论某个实数的"那个"十进制展开式，是

欠妥的。由于这种非唯一性仅仅伴随末尾全零/全一的情况出现，而且我们的实数 z 仅含 1 和 7 两种数字，它仍将有着唯一的展开式。因而，事实上正是因为这种性质本身，如果 r_n 有两种表示法，我们将自动达成 $z \neq r_n$。所以这个问题无关紧要。

康托的原始论证

从历史上看，康托的原始论证并未像我们在此处所做的那样，提到数的各位数字。与此不同，他是这样来论证的：如果实数组成了一个可数集，那么我们就能将它们枚举到一张清单 $r_1, r_2, r_3 \cdots$ 上。我们接着能构造一个闭区间套序列，在选择第 n 个区间时有意将数 r_n 排除在外：

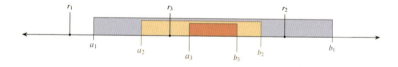

即，我们选取第一个区间 $[a_1, b_1]$ 来排除数 r_1，选下一个区间 $[a_2, b_2]$ 来排除数 r_2，以此类推，依序经过所有自然数。令 $z = \sup_n a_n$ 为这些区间左端点的上确界。它因此是一个在所有区间内的数。所以它与每个数 r_n 都不同，因为那些数中的每一个都被系统性地从这些区间中最终摘出了。所以 z 是一个不在最初的清单中的实数。但这与我们关于清单包含所有实数的假设矛盾。所以实数集是不可数的。

有些作者就这两种论证的区别发表了评论，声称康托的原始论证中没有对角线的思想，后者，他们说，出现得更晚。我的观点是，这种评论是错的，尽管两种证明表面上不同，第一种用了对角线方法，第二种用了闭区间套序列，它们依然在根本上是同一种构造。理由是，去确

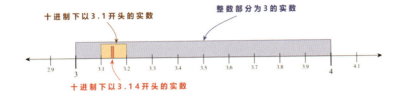

定一个实数的十进制展开头几位数字的工作，正是将它限定到由一些特定实数组成的区间的工作，那些数的展开式以那几位数字起头。因而去为对角线数选定额外一位上的数字以图使之不同于 r_n，相当于将它限定到一个将 r_n 排除在外的区间中去。所以两种论证表达了同一种基础思想。

死不认账的"怪人"

康托的定理和证明有时会以某些匪夷所思的方式被误读，形成了所谓数学"怪人"现象。往往是一位不幸的人，自认为是怀才不遇的天才，认为自己成功地颠覆了既有的数学大厦，但事实上做的连边都不沾。我有时会收到一些电子邮件或手稿，声称康托的证明彻底错了，乃至整个数学都错了，是学者互捧堆积出来的泡沫。但可悲的是，他们的控诉完全站不住脚。

他们的言论大概是这种感觉。在一些手稿中，其建议本质上是，在完成了康托的对角线数 z 的构造后，如果它没有出现在最初的清单 $r_1, r_2, r_3 \ldots$，那么我们就该直接把它加到清单上！把对角线数 z 放到最前面，不就结了，他们如是说。这一建议当然毫无价值。对角线数如果出现在另一张清单上，一张不同于原始清单的单子，自然没什么大不了。对角线数的关键就在于，因为它不在原始清单上，所以它驳倒了原始清单已然包含所有实数的假设。这一矛盾表明，想要作出一张包含所有实数的清单是不可能的，并且这正是说实数集 $\mathbb{R}$ 不可数的意义所在。

另一种套路是，当事人干脆无视康托的证明，直接捧出他或她自己论证实数集可数的证明。例如，当事人可能会先证明可用十进制有限小数表示的实数可数，接着，指出每个实数都是此类数的极限；进而他们断言，只存在着可数多的实数。

这一论证开始没问题，因为事实上，可以用十进制有限小数表示的实数正是以 10 的幂次为分母的有理数，因而的确只有可数多个这样的数。第二步也没错，因为事实上，每个实数都是某列此类有理数的极限，这数列不断逼近该实数。但是，论证的最后一步错了；事实上，他们在宣称可数集合的极限点所组成的集合也可数时，通常都不加证明或是加以错误证明，因此最终的结论根本是错误的。实数集的确有个可数的稠密子集，但这不意味着实数集本身是可数的。

第六节 康托论超越数

康托用他的定理为刘维尔 1844 年关于超越数存在性的定理提供了一种新的证明。事实上，康托不单证明了超越数存在，还更进一步证明了大多数实数都是超越的。具体而言，只有可数多的代数实数，而超越实数却有不可数多个——一个严格更大的无穷量。

为证这点，康托首先注意到代数实数仅有可数多个。一个实数 r 是代数的——可以回看一下第一章——如果它是一个非平凡的单变量整系数多项式的根。在代数学中，我们证明了这类多项式每一个都只有有穷多个根。例如，$\sqrt{2}$ 就是多项式 $x^2 - 2$ 的两个根中的一个，另一个是 $-\sqrt{2}$。按此方式，每个代数实数都可以通过选定一组有穷多的整数而被决定：它之为根的多项式的系数以及它在那则多项式中所有根中排的位置编号。因为整数的所有有穷序列组成的集合是可数的，因之仅存在可数多个代数实数。

接着，因为康托已经证明了存在着不可数多个实数，随之可得一定存在着非代数的实数，这也就是说它们是超越的。事实上，因为两个可数集的并仍然是可数的，所以一定存在不可数多个超越实数，但仅存在可数多个代数数。在这一意义下，大多数实数都是超越的。

构造性论证与非构造性论证

让我来强调一下这一论证所引发的一个微妙的问题。我们的论题是存在着超越数，这是一个存在性论题，它宣称某种数学对象存在（超越数）。数学中的存在性论题经常可以通过一个构造性证明来证明，这种证明会明确给出一个所涉的数学对象。相比之下，一个非构造性证明则仅证明存在着这样一个对象，而不展示任何具体实例，也不会引导我们找出那类对象的一个具体实例。例如，一个存在性论题的一个非构造性证明，可能会通过从不存在这类对象的假设中推出矛盾的方式来进行。

考虑下面这个论证：这座仓库里一定有一只猫，因为我们没看到任何老鼠。这个论证是非构造的，因为它并没给出任何一只具体的猫；而一个构造性证明则会向我们展示一只现实的猫。类似地，当我们论证必然存在超越实数，否则就会只有可数多个实数时，我们并不会对任何具体超越数有更多了解，而相比之下，像刘维尔证明那样的构造性证明则会展示出一个实例。如果有可能且证明的难度尚可接受，数学家们通常更偏爱构造性的证明。构造性证明更有说服力吗？也许是的，因为当题中对象被明确给出时，证明看上去就更不容易出差错；当你向我展示了谷仓中一只实实在在的猫时，我很容易就会接受仓库里确有只猫。虽说如此，构造性证明时常也会变得非常繁琐，比别的方法都要复杂，这正是因为它们作出了更详细的声称。另一个偏爱构造性证明的理由在于，它们通常比仅仅断言对象的存在提供了更多关于对象的信息。当你向我展示一只现实的猫时，我也许能看到它身上的斑点并知晓它性子是否温顺，以及其他。

98 　　我们必须意识到，在构造性相关术语的运用中存在着某种分歧。即，一方面，数学家们普遍地以我刚刚描述的方式宽松地使用这一术语，用它指称这样的情况，在那里数学家们给出了某种构造所涉对象的方法，甚至在这些方法涉及无穷的或不可计算的过程时也如此。但同时，另一方面，那些持有所谓构造主义哲学立场的数学家和哲学家，会在一种更精确的意义上使用该词，对什么该算作构造的实施更严格的要求。例如，按严格的用法，构造性证明甚至不准用排中律，如分情况论证中可能会出现的那样，即便这类使用按该术语更宽容的普通用法已经算构造性的了。我们将在第五章进一步展开这个话题。目前，让我们继续按更宽松、普通的用法前进。

　　所以，康托关于超越数存在的证明是构造性的吗？刘维尔1844年更早的那个证明肯定是构造性的；他通过规定其各位数字的方式给出了一个具体的实数，即刘维尔常数，而且他还证明了它是超越的。康托的证明是否也给出了任何具体的超越数呢？还是说，它仅仅只是一个存在性证明，表明存在着某些超越数，但此外我们对其一无所知，就如同谷仓里未现身的猫一样。

　　我们有时，甚至经常，会看到数学家们断言，康托的证明确实不是构造性的；我曾见一位德高望重的数学家在一场公开演讲上当着数百人的面作出这一论断。作出这一断言的数学家经常解释说，康托对实数集不可数性的证明是通过反证法进行的——实数集是不可数的，因为你能提出的任何枚举方案都不完全——接着我们推论，还是借反证法，超越数必然存在，因为否则的话实数就仅有可数多个，这是第二个矛盾点。这种论证方式看上去的确是非构造性的，因为它仅证明了必然有些实数是超越的，但它看上去没给出任何一个具体的超越数。

尽管如此，我还是主张，康托的证明，若理解的方式合适，事实上是一个构造性的、给出了具体超越数的证明。要看出这一点，第一，请注意康托证明代数数可数时曾给出了一种枚举它们的明确方法；第二，康托的对角线方法对于任何一种给定的实数枚举，都给出了构造一个不出现于该枚举中的具体实数——对角线数——的方法。结合这两步，首先枚举代数数，然后给出对应的对角线实数，我们便构造出了一个具体的非代数实数。所以，康托的证明终归还是构造性的。

第七节　论集合子集的数量 99

康托将他的对角线论证推广，以证明每个集合的子集数都严格地大于其元素数。没有集合 X 能与其幂集 $P(X)$ 等数，后者即 X 的所有子集组成的集合。让我们来看下面的证明：我们反设集合 X 和它的幂集 $P(X)$ 等数。所以就存在 X 的元素和 X 的子集之间的一一对应，将每个元素 $a \in X$ 和每个 $X_a \subset X$ 以某种方式联系起来，让每个子集都被点到。在此联系的基础上，让我们来定义对角线集：

$$D = \{a \in X | a \notin X_a\}。$$

它当然是 X 的一个子集。需注意的关键在于，对于每个元素 a，我们都有 $a \in D$ 当且仅当 $a \notin X_a$。所以 D 是一个子集，但却没和任何一

个元素 $a \in X$ 对应在一起，与我们已将 X 的元素和 X 的所有子集一一对应的假设矛盾。所以 $P(X)$ 和 X 不等数。事实上，该证明表明，不可能存在从集合 X 到其幂集的满射。

这一证明延续了康托的核心的对角线思想的一种抽象形式，因为我们已经根据一个元素 a 是否在 X_a 中而判断是否将其置入对角线子集 D 中。即，在坐标 a 处，我们用集合 X_a 做文章，这在效果上相当于在 $X \times X$ 的那条抽象对角线上工作。

至此，我们已经证明没有集合 X 能够与它的幂集 $P(X)$ 等数。同时，易证每个集合 X 的子集数至少和它的元素数一样多，因为我们可以把每个元素 $x \in X$ 与其单点集 $\{x\}$ 关联起来。因此，一个集合的幂集严格地大于该集合本身，$X < P(X)$。

论无穷的个数

比如，自然数的幂集 $P(\mathbb{N})$ 就比 $\mathbb{N}$ 更大，因而它也是个不可数集。通过迭代幂集运算，我们能得到规模越来越大的无穷：

$$\mathbb{N} < P(\mathbb{N}) < P\big(P(\mathbb{N})\big) < P\Big(P\big(P(\mathbb{N})\big)\Big) < \cdots$$

其中每个后继的幂集都是一个更大的不可数无穷，所以特别地，存在着无穷多不同大小的无穷。

那么有多少无穷呢？好吧，无穷多，我们刚说过。但哪个无穷多？假设我们已经有 κ 多个不同的无穷基数 κ_i，其中 i 取自某个 κ 大小的下标集。那么每个基数 κ_i 都会是某个集合 X_i 的基数。让我们固定下这些 X_i，接着令 $X = \bigcup_{I \in I} X_i$ 为这些集合的并集，它因此便至少与这些集合中的任何一个一样大。其幂集 $P(X)$，因此，会严格地大于任

何一个集合 X_i。所以我们就发现了一个严格大于每一 κ_i 的基数。我们刚刚证明的是，不存在任何基数组成的集合能囊括所有基数。

因此，一般的结论是：

100

存在比任何给定无穷都多的不同的无穷。

我们将在第八章中进一步展开。尽管此处的论证在挑选集合 X_i 时用到了选择公理，在不带选择公理的策梅洛-弗兰克尔集合论公理系统中，我们也能再做一版这样的论证。另一方面，该结论没法在更弱的策梅洛系统中证出，后者没有替换公理；事实上，策梅洛的理论与仅存在可数多不同基数的情形相对一致。

罗素论命题的数量

伯特兰·罗素（Bertrand Russell, 1903）曾提出一个相关的论证，并将其归功于康托，他论证，存在着严格多于对象的命题。第一步，他直接论证存在着至少和对象一样多的命题：

> 或再者，取命题组成的类。每个对象都能在某个命题中出现，而似乎无可置疑的是，存在至少和对象一样多的命题。因为，如果 u 是一个给定的类，"x 是一个 u" 每代入一个不同的 x 的值，就会得出一个不同的命题；…… 我们只需恰当地变换 u 以对每个可能的 x 都产出这种形式的命题，由此命题的数量一定至少和对象数量一样多。（Russell, 1903, §348）

第二步，利用康托的对角线方法，罗素论证命题的数量不可能和对象一样多：

> 再者，我们能轻松地证明，存在着比对象更多的命题函数。假设我们已在所有对象和一些命题函数间达成了某种对应关

151

系，并令 φ_x 对应于 x。那么"并非-$\varphi_x(x)$"，换言之"φ_x 对
x 不成立"，就是一个未被列在对应关系中的命题函数；因为
它为真恰当 φ_x 对 x 为假，为假恰当后者为真，因此它对于
每个 x 取值都与 φ_x 不同。(Russell, 1903, §348)

这一论证中的形式对角线思路，几乎等同于康托对集合 X 的子集多于
其元素的证明。

论可能的委员会的数量

让我们将这个论证以一种拟人化的形式再重演一遍，证明若从一
个给定的人员团体中选拔一个委员会，其可能的选择数将严格地大于
总人数，不论人数是有穷多还是无穷多。让我们先假定，那个团体的
任何一个人员集都能组成一个委员会。所以我们可选全民委员会，团
体人人都是委员，以及空委员会，其中没有一位成员，以及所有的单
人委员会和各种各样的双人会、三人会，等等。从单人会，我们便可
立即看出委员会的选择至少和人数一样多。但这本身还不足以说明委
员会的数量比人数更多，因为在无穷情形中，也许仍会存在人员与可
能的委员会之间的某种一一对应。所以让我们用康托的对角线技术来
论证不存在这种对应关系。反设存在着这样一种人和可能委员会之间
的一一对应。让我们把这种对应关系理解成一种委员会命名方案，按
其执行，我们将把每个委员会用一个不同的人名命名。让我们再组建
一个新的委员会 D，它由那些不在以他的名字命名的委员会中任职的
人组成。这当然也是一个名正言顺的委员会，所以它一定也会以某人
的名字命名，比如 d 这个人。让我们来问这样一个问题，d 这个人是
不是委员会 D 的成员？如果是，那么 d 就是这个以 d 命名的委员会的
成员，这样的话，d 又不应该是 D 的成员；但若 d 不是 D 的成员，那

么 d 就不是以 d 命名的委员会的成员，那样的话，他又应该是 D 的成员。不论正反，我们都会碰到矛盾，所以根本就不存在这样的命名体系，所以委员会的数量一定严格地多于人员的数量。

这一推理本质上类似于康托在证明一个集合的子集数比该集合本身的基数更大时所用的推理，而且它本质上也类似于我们将在第八章中讨论罗素悖论时用到的推理。在某种意义上，这种推理并不能被推广到所有集合组成的类 V，因为事实上 V 的每个子集都是一个集合，因而也是 V 的一个元素，所以 V 的子集和元素数量一样多。但因为 V 是个真类而非一个集合，若类比地推广至考虑 V 的子类而非子集，在这种情形下，该论证仍有效。这意味着，在所有的标准类理论中，如在哥德尔-贝奈斯集合论和凯利-摩尔斯集合论中，不会存在对 V 的所有子类的类枚举，因为我们能故技重施用对角线技术驳倒任何这样的候选枚举。

斯川·项迪的日记

让我们来看几个有趣的无穷悖论。首先考虑斯川·项迪的悖论，它由罗素在他的《数学的原则》一书中提出：

> 斯川·项迪，如我们所知，曾花了两年来书写他生命中头两天的历史，并感叹，按这种速度，材料的积累将快于他的处理能力，以至于他永远没法写完。现在我的观点是，如果他能永生，并且不会厌弃他的工作，那么，即便他的人生一直如其开始时那样充满故事，他的传记将没有任何部分写不完。（Russell, 1903, §340）

故事的关键在于，如果斯川要用掉他的整个第 n 年来写完他的第 n 天，那么事实上每一天的故事最终都将被载入其传记。正如伽利略的线段和直线，在永恒中，日与年是等数的。

制图师悖论

对照于斯川·项迪的日记在时间上无尽延伸，豪尔赫·路易斯·博尔赫斯（Jorge Luis Borges）提出了一种空间上的类比，它被设想为摘录于一本 17 世纪的虚构文学作品：

> ……在那个帝国中，制图的技艺精益求精，以至于一个行省的一幅地图就会占地整座城市，而一幅帝国的全图，则会占地一个行省。一段时间后，那些不可思议的地图也不能令人满足了，于是制图师工会绘出了一张帝国那么大的帝国地图，它在每一点上都和实地吻合。许多世代后，人们不再像他们的先辈那样热衷于制图学，然后带着几分冷漠，他们将它揭去，曝于酷日和严寒中任其生灭。时至今日，在西方大沙漠中，还残存着那幅宏图的残迹，已为动物和乞丐所占据；在整个大地上，地图学的痕迹此外更无处可寻。
>
> ——苏亚雷兹·米兰达，《智者的行迹》，第四卷，第 65 章，雷里达，1658。

（Jorge Luis Borges，2004）

能占满整座城市的行省巨图本身就是一个令人瞩目的地理奇观，它也会在地图上被绘为一幅微缩版的地图的地图，如此又可微缩再行绘制，直至它的所有细节都超过分辨率的极限而被抹去。然而，帝国全域的宏图在其自身之上刻画自身，以 1∶1 的等比例绘制，不会带来任何这样的分辨率折损。但如果按放大的比例尺来呢？和斯川·项迪

102

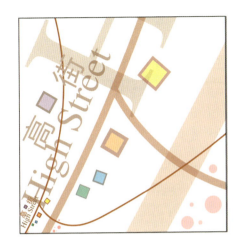

的故事同步，让我来向你讲述我在海那头遇到的另一个想一争高低的
孪生帝国的故事，他们在制图家大赛上凭借着其远超 1∶1 比例尺的
恢弘巨图夺冠，它比实景更大，以至于一座城市的地图就能填满一个
省，一个省的填满整个国。每一平方米的风貌被绘于一平方公里的图
上，它把其上植物呈现到细胞结构层面，把帝国公民的笔记和日记上
的书写细节呈现得分毫毕现，仿佛用巨大的画笔绘制在巨幅画布上一
般。而事实上，地图上所有的细节本身又成了一些地理风貌，需被再
度放大绘制，但再进一步，又需被绘制得更大，如此上推不绝。制图
家在羊皮纸上不慎滴落的一滴红墨，在第一轮放大时被载录成了一洼
池塘，然后成了一泊湖，接着又成了一片海，倘若真有人能走那么远
去找到它。可纵然如此，如果身处一方无尽的欧几里得平面上，那么
就会有足够的空间来将其上所有地点都以这种自相似的方式放大和载
录无穷多次。

103 巴别城图书馆

博尔赫斯还讲到过"巴别城图书馆"，它由无数完全相同的六边形书库组成，它们之间有窄廊和旋梯连接，每间书库中都有四个五层书柜；每层搁板上都放着三十五本统一规格的书，每本书都有 410 页，每页四十行，每行八十个字母，全都取自同一套二十五个字符的字符集，如果我们把空格、句号和逗号也算在内的话。图书馆员每人分管三间库，所得报酬仅够温饱，几乎全都离岗而去或是陷入疯狂。人们围绕这座巨大的图书馆生出一些传闻：说它馆藏囊括了那种格式的所有可能的图书，没有任何两本一样的书。

> 从这两条无可争议的前提条件出发，他推导道，图书馆馆藏囊括一切，它的书架上摆放了那二十几个正字符号所能组合出的一切（数量尽管极为庞大，却非无穷）：一切图书：记录事无巨细的未来史、大天使们的自传、图书馆馆藏的可靠目录、成千上万的错误目录、对那些目录的勘误说明、对正确目录的错误的勘误说明、巴西利德（Basilides）的诺斯替教派福音书、对那本福音的评注、对福音书评注的评注、有关你的死亡的真相、每本书的所有语种的译本、所有书之间的摘录拼接。（Borges，1962）

这些书中的大部分当然写的都是胡话——其中一本会把"CVS"从封面重复到书末。但同时，也没有一本有意义的书会稀缺得成为不可或缺的孤本，因为它会有数量巨大的近似替代，和它仅在无关紧要处有差别，也许只差了一个逗号或是空格，或者是差个段落换行。然而，书目总数仍有穷。每页上会载有 $40 \times 80 = 3200$ 个字符，所以每本书会有 $410 \times 3200 = 1312000$ 个字符，一百万多一点。因为每个字符有 25

种可能，所以书本数量会是 $25^1312000$。确实是个很大的数，但不是无穷的。蒯因曾写到过"万有图书馆"，借二进制记号给出了另一番观念图景：

> 有一种更简便、更经济的方式来削减……一套仅用点和线的双字符字型，就能做我们的八十字符的字型所能做的事。……一种荒谬至极的东西现在摆在我们面前，干瞪着我们：一个只藏有两卷书的万有图书馆，一卷里只有一个点，而另一卷里只有一条线。但我们清楚地知道，不断地重复和交替使用这两者，已足以表达出世间一切真相。这有穷而万有地图书馆的奇迹，只不过是二进制记法之奇迹的一种夸张演绎：所有值得说的，以及其他一切，都能仅用两个符号便说出。奇迹背后的真相就好像奥兹国巫师的秘密被揭穿后一样平淡扫兴，但它对计算机却意义非凡。(Quine，1987，p. 223)

论可能的书籍的数量

既然我们在讨论可能的书籍的数量，我不妨也来做个抖机灵的论证：事实上，仅存在有穷多本可能的书籍，即便我们不限制书的长度也如此。书这种东西，让我们以常理度之：一本书由有穷长的书页序列组成，其中每页都有常规的形式，会由比方说至多 100 行文本组成，每行至多由 100 个从某一固定有穷字符集选出的字符组成，还会有一个页码以常规的方式印在底部，随着书页后翻而递增。我们不对书的书页数做任何假定。

乍一看，似乎一定会存在无穷多本这种形式的可能书籍，因为我们将会有那些任意篇幅的全 A 之书，连篇累牍地只印字母 A，类似地对 B 也是这样，如此等等。这难道不就能推出存在着无穷多本书吗？非

104

157

也。我断言，只存在有穷多本上述形式的书。关键理由在于书页的限制，一旦书页数变得非常大，我们就没有足够的空间来写页码了，如果我们真要以"常规的方式"来写它的话，如上文所述。即便我们允许页码溢出到不止一行，但最终页码也会以纯数字占满整页篇幅。因此，一页上能合规印下的页码数有着一个绝对的有穷上界。因而遵循我对书的描述，一本书的页数也有着一个绝对的页数上界。因为只有有穷多字符可以一并出现在每一页上，随之便只存在有穷多本那种类型的可能书籍。

另一方面，倘若我们允许一些非标准的书页编码方式，如在第一页写"1"，而在所有后续书页上写"+1"，或是用文字来写"前一页页码的下一个数"，或其他类似办法，那么我们的论证就会失效。如果允许这样的编码方式，那么显然通过把书装订得越来越厚，我们会有无穷本书。

第八节 超越等数性：大小比较原则

尽管康托-休谟原则 给了我们一种表达两个集合或类大小相同的方法，即它们是等数的，但一种关于数和大小的强健概念，应能让我们作出大小比较判断，让我们能说一个集合或类和另一个比起来至少一样大。因为这个理由，我们似乎需要一条严格地超越康托-休谟原则的原则，比如康托所用的这一条：

大小比较原则 一个集合在大小方面小于或等于另一个集合，当且仅当，第一个集合等数于第二个集合的某个子集。

让我们写下 $A \lesssim B$ 来代表集合 A 在大小方面小于或等于集合 B。这一原则断言，$A \lesssim B$，恰当存在从 A 到 B 的一个单射时：

$$A \precsim B \iff \exists f : A \underset{1-1}{\longrightarrow} B。$$

函数 f 的值域是 B 的一个子集，且 A 与之等数。

大小比较原则相当于欧几里得原则的一种自反的集合论重构版，因为它断言每个集合至少和它的子集一样大。相比之下，集合论中严格的欧几里得原则断言，每个集合都严格地大于它的真子集，而这已经借由康托-休谟原则在自然数与完全平方数这种例子那里遭遇了反例，如伽利略所观察到的那样。

我们对 $\precsim$ 符号的用法带着某种包袱，因为它暗示这种比较大小的关系会表现出序的或至少是拟序的特征。我们当然希望我们的大小关系是类序的，不是吗？好吧，易见集合上的 $\precsim$ 关系是自反的，意思是 $A \precsim A$，而且也是传递的，意思是 $A \precsim B \precsim C$ 蕴含 $A \precsim C$。于是，大小关系 $\precsim$ 开始看起来有些序的模样了。不过，一个更微妙的提问是，关系 $\precsim$ 是否反对称？换句话说，如果两个集合彼此至少和对方一样大，它们就一定一样大吗？这种说话方式可能会诱导我们认为它的答案平凡而显然。但它并不平凡。这一蕴涵命题是正确的，正是施罗德-康托-伯恩斯坦定理的内容。

定理 8（施罗德-康托-伯恩斯坦） 如果 $A \precsim$ 且 $B \precsim A$，那么集合 A 和 B 就等数：$A \simeq B$。

因为集合 A 和 B 遵循 $A \precsim B$ 和 $A \precsim B$ 意味着我们有两个单射，一个从左到右 $f : A \underset{1-1}{\longrightarrow} B$，一个从右到左 $g : B \underset{1-1}{\longrightarrow} A$。每个集合都可嵌入另一个中。问题在于，是否这两个函数能够以某种方式被结合起来，造就一种 A 和 B 之间的一一对应关系，即一个从 A 到 B 的双射函数。施罗德-康托-伯恩斯坦定理断言，这可以做到。

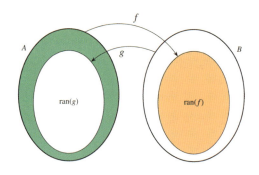

105

这则定理，其证明出人意料地精妙，有着一段曲折的历史。它被康托在 1887 年不加证明地陈述，被戴德金在 1888 年不加发表地证明，又被康托在 1895 年预设了基数的线性的条件下证明，被恩斯特·施罗德（Ernst Schröder）在 1896 年将其作为威廉·斯坦利·杰文斯（William Stanley Jevons）的某则定理的推论证明并接着又在 1897 年独立地证明（但这版证明后来被发现是错的），而后被菲力克斯·伯恩斯坦（Felix Berstein）在 1897 年独立地证明。

如康托所见，该定理是以下条件的直接推论——每个集合都能被排成良序。而且事实上，该定理也能从"所有基数都能被 $\lesssim$ 排成线序"这条假设直接推出。然而，这一线性假设，后来被发现等价于选择公理，如弗雷德里希·莫里茨·哈特格斯（Friedrich Moritz Hartogs）所证，而且因为我们并不真的需要这条假设来证明该定理，我们最好还是不要借其力。

尽管我的基本观点是，这则定理比常人视角下的估量要更加微妙，但该定理的证明也没难到让人望而生畏，而且你能在任何一本好的集合论教科书中找到它的证明。举个例子，我（Hamkins，2020c，定理 117）就给出了一例颇为初等的证明，基于朱利乌斯·寇尼希（Julius König，1906）当年的证明。

　　让我来讲解一例施罗德-康托-伯恩斯坦定理的应用，用它证明实数轴 $\mathbb{R}$ 和实平面 $\mathbb{R} \times \mathbb{R}$ 是等数的。什么？真是咄咄怪事！直线和平面居然会有同样多的点？是的，确实如此。我们显然有 $\mathbb{R} \lesssim \mathbb{R} \times \mathbb{R}$，因为我们可以将实数轴和，举例而言，平面上任意一条给定的直线对应起来。要证反向命题也成立，首先请注意到，由 $x \mapsto e^x$ 可得实数轴 $\mathbb{R}$ 和正实数等数。因此，平面 $\mathbb{R} \times \mathbb{R}$ 也就和正数象限 $\mathbb{R}^+ \times \mathbb{R}^+$ 建立了双射。然后，给定平面上任一点 $(x, y) \in \mathbb{R} \times \mathbb{R}$，令 z 为这样一个实数，它交叠 x 和 y 的十进制展开数字而成。

$$(3.14159\cdots, 2.71828\cdots) \mapsto (32.1741185298\cdots)$$

此处会碰到一个恼人的麻烦，其成因在于有的实数会有两种十进制展开形式，如 $1.000\cdots = 0.999\cdots$，因而在这交叠过程中，让我们决定总是仅用 x 和 y 的那种不以全 9 结尾的展开式。这样所得的映射 $(x, y) \mapsto z$ 是单射，因为从 z 我们还能够原出 x 和 y 的各位上数字（注意 z 永远不会以全 9 结尾）。但是这一映射并非到 $\mathbb{R}^+$ 上的满射，因为我们将永远无法以这种交叠方式映出 $0.90909090\cdots$ 这个数。然而，综上我们已有一个先从 $\mathbb{R} \times \mathbb{R}$ 到 $\mathbb{R}^+ \times \mathbb{R}^+$，再到 $\mathbb{R}$ 的单射，它又可直接单射到 $\mathbb{R} \times \mathbb{R}$ 中。借助施罗德-康托-伯恩斯坦定理，这就足以得出两个集合等数的结论了。这意味着，尽管我们没有展示出一个明晰的一一对应关系，但我们已展示了两个方向上的单射，因而该定理就能给出一个双射的对应关系。一个本质上相似的论证可以证明，实数轴 $\mathbb{R}$ 和任意有穷维的实数空间 $\mathbb{R}^n$ 都等数，甚至事实上对可数维的也一样。如本书早先提到的（第14页），这一惊人的结果致使康托在 1877 年致戴德金的信中写道："我虽眼见它，但无法信其为实！"（Dauben，2004，p. 941）

请把心思花到自反拟序上

　　我接下来希望探讨我在若干数学的和哲学的分析失手的例子中看到的一个共同特征，这些分析都在将一些想法从有穷领域推向无穷时栽了跟头。假设我们正在分析一个拟序关系，如"大于"或"至少一样大"关系，或是"比之更好"、"至少一样好"关系，或是那些因"随附"而起的关系，或通过"奠基"或别的什么"归约"概念而起的关系。我心中所想的那个有问题的特征，会在我们让严格版的序关系优先于更弱的自反序关系时出现。例如，手握集合论版的欧几里得原则，它断言每个集合都严格地大于它的真部分，我们曾将这一则在有穷集上的关于严格序的思想推广，但这一原则却在无穷领域中栽了跟头，一如伽利略在自然数和完全平方数那里看到的那样。另一方面，它的关于自反序的对应法则，即大小比较原则，却完全没问题，而且和康托-休谟原则兼容。相似的情景也在无穷功利主义的主题下上演，相关文献充斥着各种版本的严格的帕累托原则，它断言如果每个个体都能过得更好（即便在一个无穷世界中），那么世界作为一个整体也会更加美好。然而，该原则违背了一些非常自然的同构不变性原则，因其允许一些道理上类似于伽利略的例子的反例情形的存在（见 Hamkins and Montero 2000a，2000b）。我的看法是，严格的帕累托原则在无穷的功利主义领域里是条迷途，正如欧几里得原则在无穷基数领域，原因非常相似。而自反版本的帕累托原则——它仅断言作为结果的世界至少和原来一样好，如果所有个体都过得比原来至少一样好的话——避免了那些反例并和那些同构不变原则兼容。类似的问题也在别的例子中出现，包括那些关于各种各样的随附、奠基和归约关系的例子。因此，处理一些哲学上的拟序关系时，我倾向于将下面这种做法看成一种根本性错误——通常也是新手会犯的错误——即，把严格版本的序关系用作基本概念来塑造直观观念并陈述其基本原则。我们应当转而将我们的观念和原则的基础建立在更加稳妥的自反序关系上。第一个理由是，如伽利略所看到的那类带来麻烦的反例情形，会不断地在另外这些无穷语境下重演。第二个理由是数学方面的一点观察，一般来说，自反版本的拟序关系相较它的严格版本会携带更多信息，意思是，我们能从自反序定义出严格序，但反之不行，因为一个给定的严格序可从多种自反序关系中被拔升而出（Hamkins，2020c，p.164）；其基本的困难在于，严格序无法区分"无差别"$x \leq y \leq x$ 和"不可比"$x \nleq y \nleq x$。由此，自反拟序关系相较其对应的严格序更加根本。因此，为了避开这一常见的陷阱，温馨提示，不管你在研究何种拟序关系，请把你的哲学分析的心思花到它的自反版本上，而非其严格序关系上。

第九节 什么是康托的连续统假设？

康托曾醉心于一个有趣的观察。即，在数学中我们似乎有很多自然的可数无穷集的例子：

自然数集 $\mathbb{N}$；整数集 $\mathbb{Z}$；有理数集 $\mathbb{Q}$；有穷二进制序列集 $2^{<\mathbb{N}}$；整系数多项式集 $\mathbb{Z}[x]$。

我们似乎也有很多自然的连续统大小的集合的例子：

108

实数集 $\mathbb{R}$；复数集 $\mathbb{C}$；康托空间（无穷二进制序列）$2^{\mathbb{N}}$；自然数的幂集 $P(\mathbb{N})$；连续函数的空间 $f : \mathbb{R} \to \mathbb{R}$。

但是我们似乎没有可证其基数介于 $\mathbb{N}$ 和 $\mathbb{R}$ 之间的集合。康托努力想解答这个问题：是否存在一个集合，它的基数介于自然数和连续统之间？

连续统假设CH，由康托提出，是这样一个命题，不存在介于可数和连续统之间或自然数 $\mathbb{N}$ 和实数 $\mathbb{R}$ 之间的无穷。它是对的吗？它能被证伪吗？这个问题困扰着康托。希尔伯特在 20 世纪初将连续统假设列为他著名的二十三个未解问题中的第一个，这些未解问题很大程度上引导了之后数学研究的走向。

康托能够证明连续统假设的许多实例，比如，他证明了它对实数闭集成立。他曾希望将其成果推向更加复杂的集合。这个想法最终被证实经得住考验，至少部分如此。例如，我们能证明它对博雷尔集成立，这些集合出自一个特定的集合层谱系统，它以开集为起点并对可数次的交、并、补运算封闭。

在这之外，20 世纪后半叶，集合论学家们证明，如果存在够充分的特定几类满足一些非常强的无穷公理的大基数，那么连续统假设就将不仅对博雷尔集成立，而且对所有投影集层谱中的集合都成立，后者是一个广阔的集合体系，它由那些你能借助一个允许使用基本算术概念并可在整数和实数上使用量词的语言所能定义的集合组成。在这条路上，康托的策略实现了部分胜利。

哥德尔于 1938 年证明，如果 ZF 集合论系统的公理是一致的，那么它们也将与连续统假设以及选择公理相一致。由此，我们没法期望有朝一日能驳倒这些原则，在这种意义上，假设它们为真将是安全的举动。该结论解释了为何康托没能找到一个明确的集合，其基数介于 $\mathbb{N}$ 和 $\mathbb{R}$ 之间，因为即使不存在这样的集合，也与集合论相一致。

科恩于 1963 年证明了，如果 ZF 集合论的公理是一致的，那么它们和选择公理以及连续统假设的否命题放一起也一致。在这种意义上，假设连续统假设为假也是安全的举动。该结论能解释为何康托从未能找出它为真的证明，因为即便它为假，也与集合论一致；不过有一点不同的是，康托并未在一个形式系统中开展其工作。我们将在第八章中回到这些集合论相关的思考。

第十节 超穷基数——"阿列夫"序列和"贝斯"序列

我们现在来继续发展一点康托的超穷数理论。我们已看到，康托的论证表明，存在着无穷多个不同大小的无穷，而且事实上存在着比任何给定无穷都多的不同大小的无穷。

康托定义了一个无穷基数的序列，它从最小的无穷 $\aleph_0$ 开始，它相当于自然数集或任何可数无穷集的大小，并且更一般地，$\aleph_\alpha$ 被定义为第 α 个无穷基数，结果是如下一条无穷基数序列：

$$\aleph_0 < \aleph_1 < \aleph_2 < \cdots \aleph_\omega < \aleph_{\omega+1} < \cdots$$

基数 $\aleph_\omega$ 是所有基数 $\aleph_n$ 的上确界，其中 n 是有穷数。这个基数看起来相当大，因为它不可数而且又比许多别的不可数基数更大；事实上，它是一个极限基数，这意味着不存在一个紧邻着它的前驱无穷。

与此同时，基数 $\aleph_\omega$ 还有另外一条有趣的性质，使得它相对可达。换言之，因为它是对于 $n < \omega$ 的所有基数 $\aleph_n$ 的上确界，它因此就是一个奇异基数，一个由相对少量的相对小的基数组成的集合的上确界。这说得是，$\aleph_\omega$ 是这么一个基数集合的上确界，它的大小小于 $\aleph_\omega$ 而且组成它的每个基数大小也都小于 $\aleph_\omega$。注意基数 $\aleph_0$，作为对比，这个可数无穷基数是一个正则基数，它可没有这样的相对短的梯子：每条有穷数组成的有穷序列的上确界都有穷。在这种意义上，基数 $\aleph_0$ 从下往上不可达。

康托还考虑了另一个相关的基数层谱，贝斯层谱，它通过在每一步上迭代幂集操作而生成：

$$\beth_0 < \beth_1 < \beth_2 < \cdots \beth_\omega < \beth_{\omega+1} < \cdots$$

我们从最小的无穷基数 $\beth = \aleph_0$ 开始，而后在每一步，我们施加幂集运算 $\beth_{\alpha+1} = 2^{\beth_\alpha}$，并在极限步处取上确界。

连续统假设相当于说，$\aleph_1$ 和 $\beth_1$ 是同一个无穷基数，换言之我们用于产出不可数基数的主力方法——对一个可数集取幂集——所产出的恰好是相邻的下一个不可数基数。更一般地说，广义连续统假设则断言，两个层谱一路往上都完全等同，换言之，对于任意序数 α 都有 $\aleph_\alpha = \beth_\alpha$。

基数 $\beth_\omega$ 十分有趣，因为它是一个强极限基数，意思是，它对幂集运算封闭，这使得每个大小小于 $\beth_\omega$ 的集合的幂集的大小仍小于 $\beth_\omega$；这是因为如果一个集合的大小小于 $\beth_\omega$，那么它的大小至多是某个 $\beth_n$，其中 n 是个自然数，这样的话它的幂集大小至多为 $\beth_{n+1}$，这小于 $\beth_\omega$。在这种意义上，基数 $\beth_\omega$ 通过取幂集的方式是不可达的。然而，像 $\aleph_\omega$ 一样，它是奇异的；它之下有把短梯，一条短的共尾序列，因为它是所有 $n < \omega$ 的 $\beth_n$ 的上确界，这也就使它成为了一个小基数组成的小集合的上确界。

有没有可能存在真正的不可达基数呢？这该是一个不可数的基数 κ，它是（1）通过幂集不可达的，意思是，每个大小上小于 κ 的集合，其幂集的大小也小于 κ；但同时也是（2）一个正则基数，它将不会容许短共尾序列的存在，没有一条由数量小于 κ 的大小都小于 κ 的基数序列，其上确界能到 κ。最小的无穷 $\aleph_0$，尽管是可数的，却同时有着这两条性质，因为有穷集的幂集也是有穷的，而且有穷基数组成的有穷长序列的上确界也是有穷的。所以，寻求一个不可达基数，就是寻求一个更高的无穷，一个不可数的基数，使得它能俯瞰包括 $\aleph_0$ 在内的更小的基数，如同 $\aleph_0$ 俯瞰有穷基数那般。这有可能吗？

问题的答案复杂而令人着迷，它的故事我们将在第八章讲述。存在一个不可达基数的假设，正是最初一批大基数公理中的一条，它是一条强无穷公理，假设存在着一个具有某些可体现"大之为大"的特性的无穷基数。大基数公理是数学中已知最强的一批公理。

刘易斯论对象和属性的数量

在罗素关于命题数量的观察上进一步拓展，大卫·刘易斯（David Lewis）考虑这样一对问题：有多少事物存在？以及，有多少事物的性质存在？对此，他给出了精确得惊人的回答——分别是至少 $\beth_2$ 和 $\beth_3$ 那么多。让我试着来重构他的推理思路。首先让我们假定，我们所居住的现实的物理空间和时空都已被完善地建模，比如在我们的物理学理论中借实数所做的。（这很容易引发争议；物理学家们无需把他们的物理学模型看作在物理上是完全真实的；经济学家们会用实值的微分方程来对人们的经济行为建模，即便他们也承认它归根结底该是一个离散系统，仅存在有穷多的人做着有穷多种选择；类似地，物理学家们也许最终会认为空间或时间是有穷且离散的。）所以，空间的或时空的位置的数量便会是连续统多，正是实数的基数大小，可用这些中任一记号表示 $\beth_1 = 2^{\aleph_0} = |\mathbb{R}| = \mathfrak{c}$。任一组空间点组成的集合都是一片空间区域，我们将把它当作一个"事物"。所以，事物的数量至少和实数子集的数量一样多，而这便是 $2^{\beth_1}$ 多，等于 $\beth_2$。因而就存在着至少 $\beth_2$ 那么多的事物。如果任何事物都能被它所占据的时空点的组合决定，在时间和空间中都延展开的一片，那么我们反之便知，事物的数量至多会是时空点集的数量，因而事物的数量将恰好等于 $\beth_2$。然而

数学哲学讲义

许多哲学家反对其预设条件，援引一些经典例子，如在一个塑像和一团黏土的例子中，不同的事物占据了相同的位置；而基特·范恩（Kit Fine，2003）通过在模具中调配浇铸合金的方式造出了一尊塑像，从而使得"那块合金"和"那尊塑像"在空间和时间上都吻合到一起，但他们是两件不同的事物，因为也许其中一件可被认为是件精美的工艺品而另一件不然。

111   关于性质，刘易斯写道：

> 任何的事物类别，不管它是刻意拼凑的还是混杂的抑或思想和语言都无法描述的，也不管它对用于描述这个世界是否多余，终归都是一条性质。所以存在的性质基数非常巨大。如果事物的基数，实存的或其他的，是贝斯-2——我认为这个估计更可能偏低而非偏高——那么性质的基数就会是贝斯-3。而那将是一个事实上特别大的无穷，对那些将集合论学到一定深度的人例外。能用英语表述的性质，或者再加上能用"大脑的语言"，即突触连结和神经脉冲，表达的性质何其多，但相较之下，仍只是其中微不足道的一部分。(Lewis, 1983, p.346)

至此，他主张，如果存在着 $\beth_2$ 那么多的事物，那么任何一个事物的集合都会决定一条性质，那么至少存在着 $2^{\beth_2}$ 多条性质，而这正是 $\beth_3$ 那么多。在别的著作中，他还考虑了可能世界的数量，并论断它也是 $\beth_2$。

> 我们可能会问，那些归纳推理无效的世界（假相世界）在数量上和归纳推理有效的世界（真相世界）相比孰为多。如果这意味着对其基数做比较，似乎显然两数相等。因为假相世界和真相世界在这点上类似，我们都能轻易地为它们划下贝斯-2的下界，后者是在连续统多的时空连续点上的二值分布方式

168

的数量；而我们很难有充分理由论证它有更大的基数。(Lewis,
1986，p. 118)

第十一节 芝诺悖论

我们迄今有关无穷的大多数讨论，都可被置于一种特定的当代无穷观之下，将无穷集看作数学风景中普通的一部分。但现在让我们简要回顾一些更久远的无穷观。

埃利亚的芝诺（Zeno of Elea，公元前 490-430 年）认为，所有的运动都是不可能的，因为在你从这儿移动到那儿之前，你必须先走过半程，而在你走到中点前，你又需走到那点前的半程，如此反复，以至无穷。于是，他论断，你永远没法走出第一步。类似地，阿基里斯永远没法在跑步竞赛中追上乌龟，因为在他做到以前，他必须先赶到乌龟原所在处，但在这段时间内，乌龟已经前进了一些，而当阿基里斯再赶到那点时，乌龟又前进了一些，直至无穷。所以阿基里斯永远无法追上乌龟。你对这些悖论论证怎么看？

许多数学家认为这些问题已经通过微积分的思想被满意地解决了。特别是积分学，它建立在我们可以通过将一块有穷区域切成越来越小的长方形，再取它们面积和的极限的方式，来计算它的面积。类似地，对无穷级数的标准的极限分析会告诉我们，和芝诺针锋相对，我们能够把一个无穷级数加总起来，如

$$\frac{1}{2} + \frac{1}{4} + \frac{1}{8} + \frac{1}{16} + \frac{1}{32} + \cdots$$

并且还得到一个有穷的和。上面这个例子中，级数加总为 1，这个事实也能可视化为下图这样。整个单位正方形面积为 1。这篇区域被划分　　112

成了面积为 $\frac{1}{2}$、$\frac{1}{4}$、$\frac{1}{8}$……的更小片区域。因为这些区域穷尽了整个正方形区域，随之即有那条级数之和为 1。

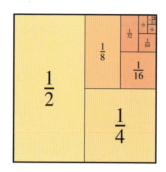

实无穷与潜无穷

历史上另一个关于无穷的思想是亚里士多德在实无穷和潜无穷之间的区分。在古典时代，潜无穷论者占主导，但当今大多数数学家都是实无穷论者。潜无穷论（仅在它有着一种不会完结的潜能的意义上）将无穷的类视为是无穷的。我们能够在一个无穷的类中不断装入更多的元素，想要（有穷的）多少就能有多少，但将它们当作一个完成了的无穷整体则被认为是不可理喻的。存在无穷多的自然数，这话的意思不过是我们无法穷尽它们；但我们永远没法把握它们的全体。实无穷论，则主张要将无穷的类看作已完成了的整体。实无穷论者会认为所有自然数组成的集合是一个已经完结了的整体，而且我们还能将更多无穷类的存在，如所有实数的集合，宣布为已完成了的整体。

第十二节 如何计数

我们接下来了解一下如何对超穷序数计数，并以此结束本章。这是一项人人都能掌握的功夫。如你所料，序数以自然数开端：

$$0 \quad 1 \quad 2 \quad 3 \quad 4 \quad 5 \quad \cdots$$

但序数会延续到这些有穷数之上。第一个无穷序数被称为 ω，它紧跟在全部有穷数之后，像这样：

$$0 \quad 1 \quad 2 \quad 3 \quad 4 \quad 5 \quad \cdots \quad \omega$$

序数 ω 是一个极限序数，因为它没有紧邻的前驱序数，而比它小的序数的集合在后继运算下封闭。在任意序数之后，我们总能加个 1，而后再加个 1，如此反复：

$$0 \quad 1 \quad 2 \quad 3 \quad 4 \quad 5 \quad \cdots \quad \omega \quad \omega+1 \quad \omega+2 \quad \omega+3 \cdots$$

由此看来，序数总以同样的方式前进漫延着，无论从哪个点开始。在你穷尽了所有有穷数 n 对应的 $\omega+n$ 之后，你终会到达 $\omega+\omega$，它也可被写作 $\omega \cdot 2$。这是 ω 之后的下一个极限序数：

$$0 \quad 1 \quad 2 \quad 3 \quad 4 \quad 5 \quad \cdots \quad \omega \quad \omega+1 \quad \omega+2 \quad \omega+3 \cdots \quad \omega \cdot 2$$

此后，我们接着加 1，最终会经达 $\omega \cdot 3$ 及其之外：

113

0	1	2	3	$\cdots$		
ω	$\omega+1$	$\omega+2$	$\omega+3$			
$\omega\cdot2$	$\omega\cdot2+1$	$\omega\cdot2+2$	$\omega\cdot2+3$	$\cdots$		
$\omega\cdot3$	$\omega\cdot3+1$	$\omega\cdot3+2$	$\omega\cdot3+3$	$\cdots$		

$\vdots$

$\omega\cdot n$	$\omega\cdot n+1$	$\omega\cdot n+2$	$\omega\cdot n+3$	$\cdots$	$\omega\cdot n+k$	$\cdots$

$\vdots$

ω^2

至此，我们已数得高达 ω^2，途经所有 $\omega\cdot n+k$ 形式的序数，其中 n 和 k 都是有穷的。序数 ω^2 是第一个作为一串极限序数之极限的极限序数，因为 ω^2 是随 n 在 ω 中上升而得的这些 $\omega\cdot n$ 的极限。

数到 ω^2 其实很像数到 100。在数 100 时，我们本质上只是数到 10，但要数 10 次；一个世纪是十旬，在一旬内计年本质上和在另一旬内计年没什么不同。在序数中数到 ω^2 也正如此，除了这里的"旬"有 ω 那么长，而总体上有 ω 那么多"旬"。所以，我们要做的不过是数到 ω 一共 ω 次。这一类比相当强，因为序数 $\omega\cdot n+k$ 正好也是个双数位的序数，ω 进制的。所以数到 ω^2 就是数遍所有两位数的序数，正像数到 100。

不过，当然，序数会延伸得远高于 ω^2。它们继续延伸到越来越高的 ω 幂次上，如此：

$$\omega^2 + 1 \quad \omega^2 + 2 \quad \cdots \quad \omega^2 + \omega \quad \cdots \quad \omega^2 + \omega \cdot n + k \quad \cdots$$

$$\omega^2 \cdot r + \omega \cdot n + k \quad \cdots$$

$$\omega^3 \quad \omega^3 + 1 \quad \omega^4 \quad \cdots \quad \omega^m \quad \cdots \quad \omega^\omega \quad \cdots$$

而且还会继续延伸到迭代幂次，乃至求幂运算的不动点上：

$$\omega^{\omega^{\omega^\omega}} \quad \cdots \quad \omega^{\omega^{\omega^{\omega^\omega}}} \quad \cdots \quad \varepsilon_0 \quad \cdots \quad \varepsilon_1 \quad \cdots$$

序数 ε_0 是最小的满足 $\omega_0^\varepsilon = \varepsilon_0$ 的序数，而它能被想成是无穷迭代后的幂，这也解释了为什么 $\omega_0^\varepsilon = \varepsilon_0$：

$$\varepsilon_0 = \omega^{\omega^{\omega^\omega}} \qquad \omega^{\varepsilon_0} = \omega^{\omega^{\omega^{\omega^\omega}}} = \varepsilon_0$$

在此之后，我们加 1 并继续，而 ε_1 则是下一个这种运算下的不动点。最终，我们会达到 ε-过程本身的那些不动点上。序数 $\omega_1^{\mathfrak{Ch}}$ 是无穷棋局的欧米伽-1（omega one of chess），它是一场无穷象棋博弈中的局面（postions）可能会有的分值的上确界，它在（Evans and Hamkins，2014）中被提出。序数 ω_1^{CK} 是丘奇-克林尼序数，它是所有自然数上的可计算关系的序型所能产生出的序数的上确界。

　　尽管这些序数全都非常大，但它们仍都仅只是可数序数，但超穷序数还将延伸到不可数的领域中：

$$\cdots \quad \omega_1^{\mathfrak{Ch}} \quad \cdots \quad \omega_1^{CK} \quad \cdots \quad \cdots \quad \omega_1$$

$$\cdots \quad \omega_2 \quad \cdots \quad \alpha \quad \cdots \quad \cdots \quad \cdots$$

114

173

序数 ω_1 是第一个不可数序数，ω_2 是下一个，以此类推。省略号上套省略号，当然它们终归无法传达这一学科稳健丰富的细节，我在这里也仅作示意。继续在序数之梯上攀爬，我们会达到越来越大的无穷，也许最终会达到集合论中各种大基数的高度，如不可达基数、马洛基数、可测基数、超紧基数，以及更多。序数能继续延伸，没有尽头，像沙粒一般流过超穷的沙漏。

既然我们在本章谈到了构造性与非构造性证明，我想以推特用户 Quarantine'em（2020）的带几分逗趣意味的推文结束全章，其文如下：

There's a really great joke about non-constructive proofs.

存在一个关于非构造性证明的超好笑的笑话。

思考题

3.1 假设宾客们以本章所描述的方式到达希尔伯特旅馆：最初来了一位客人，接着 1000 位同时登门，而后是希尔伯特号大巴，接着希尔伯特号列车，最后是希尔伯特杯半程马拉松的选手们。如果旅馆经理按本章描述的手续来安排，请说明谁会住在 0 号到 100 号房。他们怎么到的，和哪批人一起？如果他们到达时乘的是列车或大巴，他们会坐在哪节车或哪个座位上呢？会佩戴哪块分数马拉松号码布？如果你是第一位到访的来宾，你最终会住在哪间？你的头顶上第一间有人的客房是哪间？房里的客人怎么到的？

3.2 希尔伯特旅馆所在街道走到底，有一座希尔伯特立方合作公寓大楼，它是座无穷的立方建筑，像 $N \times N \times N$，其中每位住客的居所都由三个数标记，楼层号 n、廊厅号 h、走道号 h。因为内部房间采光昏暗，合作公寓的全体住客都希望能搬到希尔伯特旅馆。经理能安排得下吗？

3.3 你能否给出一个直接的证明，说明所有无穷长二值序列的集合不可数？

3.4 你能否论证，空间 $\mathbb{R}$ 中点的数量和实数轴 $\mathbb{R}$ 中一样多？以及在任何有穷维上作类似的证明：$\mathbb{R}^n$ 与 $\mathbb{R}$ 等数。你能否流畅的用数学归纳法，将其作为 $\mathbb{R} \simeq \mathbb{R}^2$ 证出这一点？（提示：证明如果 A 和 B 等数，那么 $A \times C$ 和 $B \times C$ 亦然。）无穷维情形又如何呢？

3.5 存在多少实数上的连续函数？

3.6 假设空间已被用实数妥善地建模。存在着多少个空间的区域？存在多少空间的开区域？（如果你熟悉实数中的博雷尔集的话，请问存在多少博雷尔集呢？）你对这些问题的答案是否和刘易斯在性质的数量和事物的数量这两方面的计算工作有关？

3.7 就基数大小而言，是实数上的整数值函数更多，还是整数上的实值函数更多？ 115

3.8 伽利略笔下的萨尔维亚蒂似乎认为，在无穷集间作大小比较是不可理喻的，至少对"等于""大于""小于"这三种关系如此。但若用"小于等于""大于等于"来比大小又如何呢？萨尔维亚蒂是否可能认为每个集合至少和它的子集一样大？以及萨尔维亚蒂是否可能认为每个集合至少和它自身大小相同？

3.9 康托会怎么回应伽利略 (借萨尔维亚蒂之口) 给出的无穷类之间的大小比较无意义的提议？康托怎么定义这样的大小比较？

3.10 假设我们储备着无穷多颗台球以及一口空袋子，而你开始执行如下过程：在第一分钟，你把两个球放进袋子里，而后丢出其中一个；在接下来的半分钟里，你放两个球进袋，而后丢其中一个；在接下来的四分之一分钟里，你放两个球进袋，而后丢其中一个，以此类推。两分钟后，你已经完成了无穷次这样的置换。袋子里还剩多少球？你丢哪个球对结果有影响吗？让我们来想象，所有球上都标了号 1、2、3……，并且在每一步，你永远拿出并丢掉袋中标号最小的那颗球。而后会发生什么？或者假设你总是抛弃标号最大的那颗球呢？或假设你随机丢掉一个球？

3.11 论证对于任何一组水果，可能搭配出的水果沙拉种类总比水果种类多。找出你的论证，本书中关于可能委员会数量的论证，以及康托的每个集合 X 在大小上都严格小于其幂集 $P(X)$ 的证明，这三者之间的确切相似之处。如果你熟悉罗素悖论（见第八章），请也找出这些论者和它之间的确切相似之处。

3.12 在委员会数量的论证中，对每个人都与某委员会关联在一起的要求是否重要？一个委员会永远不会被冠名多次的要求是否重要？如果不重要，请重做一版论证，证明不存在从一部分人到所有委员会上的满射关联映射。类似地，证明对于任意集合 X，不存在从 X 的某个子集到 X 的幂集上的满射函数。

3.13 假设你拥有无穷多张一元美钞（标号为 1、3、5……），当你走进一家邪恶的地下酒吧时，你遇到了一位恶魔坐在桌旁，桌上钱财码得小山一样高。你坐下，然后恶魔向你搭话，说他特别中意你兜里这些钞票，并且希望付些溢价从你手里买到它们。具体而言，他愿意为你的每张一元美钞付两美金。为完成交易，他提议了一条无穷长的付款流程，在每一步上他会给你两美元再拿走一美元。第一次付款会耗时 1/2 小时，第二次 1/4 小时，第三次 1/8 小时，以此类推，这样在 1 小时后，整个交易便完成了。恶魔抿了口威士忌，而你在仔细琢磨；你应该接受他的提议吗？也许你会认为这将让你赚到，或者也许你认为反正已有无限多钞票，交易前后没差别。退一万步，你认为你不会亏，所以便签下了合同，而后流程开始。这买卖怎么可能坑到你呢？开始看起来你似乎捡漏了，因为在付款的每一步，他都付给你两美元而你仅失去一美元。然而，恶魔对于先交易哪张钞票后哪张的顺序特别在意。合同规定，在交易的每一步，他要从你手里买走标号最小的钞票，并付给你标号更大的一美元钞票。于是，在第一次付款时，他从你手里接走 1 号钞票，并付给你 2 号和 4 号钞。在下一步，他买走 2 号钞（他刚付给你的那张），再给你 6 号、8 号钞。接着他用 10 号和 12 号买走你的 3 号，如此反复。当整场交易完成时，你会有何发现？

116

3.14 考虑拉劳多哥提亚的美妙的超级任务（Laraudogoitia, 1996）。想象无数个大小依此减小的台球，它们收敛至一个点。这些球起初是静止的，但而后我们让第一个球滚动起来。它撞上了下一个球，传递出了它的全部能量，然后那个球也开始滚动。每个球依此撞上下一个，并传递出它的全部能量。由该系统的物理情景安排，运动在一定意义上最终会隐没入奇点；在一段有穷的时间后，所有碰撞都已经发生，并且所有球都保持静止。所以我们刚刚描述了这样一个物理过程，其中在每一步能量交换上，能量都守恒，但一段时间后在整体上则不然。请对此发表意见。

3.15 在另一个情景安排下，小球被放得间隔越来越远，趋向无穷远，将奇点推到了无穷远处。第一个球碰上第二个，把它撞飞，而后反复直至无穷。如果这些球加速得足够快，那么在牛顿力学法则下，通过特定安排让整个运动过程在有穷长时间内完成。这则和上则例子中耐人寻味的一点是，时间对称性允许两个运动过程反向运行，会使一列完全静止的球突然间运动起来，却在任何一步作用上都不违反能量守恒。请对此发表意见。

3.16 考虑汤姆逊灯（Thomson's lamp），它会亮一分钟，灭半分钟，亮四分之一分钟，灭八分之一分钟，以此类推。关于这盏灯在整整两分钟后的状态，你有什么想法？

3.17 解释说明康托关于超越数存在性的证明，并讨论该证明是不是构造的。它仅仅提供了超越数的纯然存在性证明，还是说它给出了一个特定的超越数？

3.18 考虑十来个比较自然的实数集，并依次判定它们是可数的还是连续统那么大的，抑或它们是否有着介于 N 和 ℝ 之间的基数大小。

3.19 描述一个数学中自然出现的集合，它应出自逻辑学和集合论之外的科目，并且有着非常大的基数。你最大能找到多大的这样的集合？

3.20 有多少个不同的基数？有多少个可数基数？

扩展阅读

• Galileo Galilei（1914 [1638]）：一部经典著作；重点参考"第一天"关于无穷的讨论。

• J. P. Laraudogoitia（1996）：一篇简短而美妙的文章，呈现说明了本章练习部分提到的无穷小球超任务的例子。

- Kurt Gödel（1947）：哥德尔对连续统假设的解说，先于科恩借力迫法得出的独立性结果。

- Jorge Luis Borges（1962）："巴别图书馆"，一部文学方面天才的短篇作品，介入了有穷和无穷的议题。

117

- Joel David Hamkins（2018）：这是我的一篇关于算术潜在主义和通用算法的文章；文中最后一节对内隐的和外显的潜在主义作了区分。

致谢与出处

本章中有几部分改写自我的书《证明与数学的艺术》（Hamkins，2020c）。大卫·希尔伯特在 1924 年的一场讲演上介绍了他的"旅馆""ber das Ünendliche（论无穷）"——见 Hilbert（2013，p.730）。而对希尔伯特号大巴、希尔伯特号列车、希尔伯特杯半程马拉松还有康托号游轮的演绎，则是我在 1990 年代早期的发明创造。书中康托号游轮的配图出自库纳德公司（1920 年早期的明信片），它可经 Wikimedia Commons 在公开领域获得。关于"康托对超越数存在性的证明是不是构造的？"问题，当一位非常显赫的数学家在一场学术报告会的公开演讲上断言"它是非构造性的"时，我正好在场；会后，我私下和他交谈，并且他最终赞同了我的观点——康托的证明事实上是构造的。感谢约瑟夫·莫什卡，他指引我找到了博尔赫斯的帝国宏图以及其他相关材料。1：1 地图的想法显然也已被许多作者考量过，包括刘易斯·卡罗尔（Lewis，1894）；亦见卡西·策普（Casey Sep，2014）所作一份非正式的当代总结。维基百科（Wikipedia，2020）上有一份不错的对施罗德-康托-伯恩斯坦定理的历史总结。关于潜在论的当代著作，像是 Hamkins and Linnebo（2019）和 Hamkins（2018），认为潜在论的本质应在宇宙片段

179

和广延这些思想中，而将它与无穷的联系断开。章末关于与恶魔的交易以及超任务的思考题改编自哈姆金斯（Hamkins，2002）作的几场报告。思考题 3.11 中水果沙拉的想法出自玛莎·司多雷（Martha Storey）。

第四章
几何

摘要：经典欧氏几何是数学演绎过程的原型。然而，有些构造如倍立方、三等分角和化圆为方，无法通过尺规完成，这暗示存在欧氏几何之外的几何领域。非欧几何的兴起，特别是考虑到科学理论和观察表明物理实在不是欧氏的，挑战了以往关于几何学为何物的解释。新的公理化，如希尔伯特和塔斯基的公理化，替代了旧的公理化，用关于完备性和居间性的公理对欧氏几何进行了修正和完善。最终，塔斯基的判定程序指向了一个诱人的可能：几何推理自动化。

经典欧氏几何是数学演绎推理的一个永恒典范，它旨在阐明几何学——作为空间的数学和科学——的基本真理，将它们全部从第一原理推演出来。从作为初始概念的点和线出发，欧几里得首先给了我们十条公理——其中五条本质上是代数的"普遍概念"，另五条本质上是几何学的"公设"——然后用它们构建了一座宏伟的大厦，他证明了一个又一个的命题，每个命题都可用于之后的证明。在这样做的过程中，他教给了我们公理方法；他教我们如何做数学。他给了我们一种产生数学的方法，称为"公理方法"，以及一个无与伦比的范例，即《几何原本》（Euclid, 300 BC），后者是迄今为止最成功、最有影响的教材，并曾在两千多年的时间里被用作最主要的数学教材。

第一节 几何构造

在他的推演中，欧几里得本质上使用了两个经典的构造工具：一把直尺或无标记标尺，它使你能经过任意给定的两点构造一条直线，并且能在两个方向上任意地延长该直线；一个圆规，它使你能以给定的一点为圆心，经过另一个给定的点构造一个圆。这两个工具足以满足他所有的应用。

120   让我们使用阿波罗尼乌斯（Apollonius）的方法来构造一条线段的垂直平分线和中点，从而直接进入欧几里得的构造概念。给定线段 AB（下图左边），我们尝试构造它的中点和垂直平分线。我们先用圆规构造一个以 A 点为圆心且经过 B 点的圆（下图中间）。然后，我们再以 B 点为圆心经过 A 点作一个圆（下图右边）。

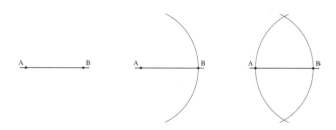

不必把这些圆完整地画出，因为我们要的只是它们上下两处的交点；有些几何学家习惯只在上下方标出短小的弧线，足以确定交点就够了。令 P 和 Q 为两个圆的交点；用直尺构造直线 PQ，它就是线段 AB 的垂直平分线，与 AB 相交于其中点 C。

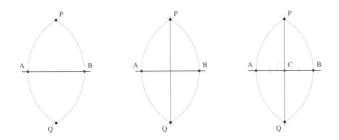

当然，描述一个构造是一回事，作出一些关于它的数学断言——如我们所做的——又是另一回事。所以，让我们来证明一下 C 是 AB 的中点，PQ 是 AB 的垂直平分线。

考虑右图。由于 P 和 Q 两个点在两个圆上都出现，线段 AP、AQ、BP 和 BQ 都是这两个圆的半径，因此它们与 AB 全等，彼此也全等。根据边边边全等定理，这意味着 $\triangle APQ$ 与 $\triangle BPQ$ 全等。由于全等三角形的对应部分也全等，我们得出结论，$\angle APQ$ 与 $\angle BPQ$ 全等。根据边角边定理，这意味着 $\triangle APC$ 与 $\triangle BPC$ 全等。全等三角形的对应部分也全等，所以线段 AC 和线段 BC 全等，也就是说，C 是线段 AB 的中点，正如我们所声称的。此外，$\angle ACP$ 与

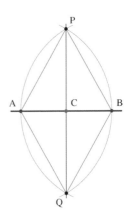

$\angle BCP$ 也全等，这表示它们都是直角，因为它们合起来构成一个平角。因此，直线 PQ 确实是线段 AB 的垂直平分线，正如我们所声称的。证毕。

读者可能见过双栏证明书写格式，它兴起于 20 世纪的美国学校，被千百万的高中生使用，其中第一栏写新断言，第二栏给出对应理由。这种书写格式强调，数学中的每个断言都需要一个理由。相比之下，欧

几里得是以散文风格写作其《原本》的，与我前面的书写方式近似。但在实作中，尤其在构造垂直平分线时，欧几里得的方法与阿波罗尼乌斯和我的方法略有不同：他首先证明我们可以在任意给定线段上构造等边三角形（命题 I.1）；然后他借此（以及其他一些结果）证明角可以被二等分（命题 I.9）；最后，他把这些结果结合起来以平分线段（I.10）。

基于对称的当代方法

尽管欧几里得的证明方法取得了巨大成功，当代的几何学家通常却更喜欢基于普遍对称性原理的证明，相比于一个特定构造的细节，这些原理被认为表达了更为基本的几何思想。人们可能会这样来论证：给定线段 AB，以其实际的垂直平分线为轴，对平面做反射变换，在这个过程中，A 和 B 互换，它们所对应的那两个圆也会互换，而这两个圆的交点 P 和 Q 在反射变换下不变。这些点因此必定处于该垂直平分线上，也就是说，PQ 就是该垂直平分线，并且因此 C 是 AB 的中点。

这样，人们通过全等对称的基本性质来理解几何，而不是沉陷在构造图形的偶然细节中。对称性原理使我们能本质上一眼看出 PQ 是所要的垂直平分线。

122　　菲利克斯·克莱因（Felix Klein, 1872）在其教授资格论文中确立了后世所称的埃尔朗根纲领（Erlangen program，以他工作的埃尔朗根-纽伦堡大学命名），根据此纲领，我们应该通过其变换群和相关不变量来理解和分析一个几何空间。几何性质在这些变换下保持，反过来（这点很重要），任何在所有变换下保持的特征都被认为是几何特征。欧几里得平面在平移、旋转和镜面反射等变换下具有全等性，而且它们都可通过至多连续三次反射得到。这些变换保持度量性质，而单纯几何相似性则意味着也允许缩放变换；有向平面几何排除反射变换，因为它们不保持手性；投影几何有它自己对应的变换群。这一方法统一了各种几何学研究，最终导向一种关于几何学的抽象的结构主义进路，在那里人们正是通过规定其对称群来定义"一门几何学"，该对称群决定一个相应的全等概念和伴随的几何不变量。

弹性圆规

我们来谈谈圆规使用中的一个有争议的问题（至少在某个时期它是有争议的）。在通常的圆规使用中，人们将圆规脚置于一点 A，将绘图臂置于一点 B，然后画出以 A 为圆心、AB 为半径的圆。但有些时候，如下做法可能更方便：我们不画这个特殊的圆，而是以距离可能较远的另外一点 C 为圆心，画一个半径长度同为 $|AB|$ 的圆。

在实践中，借助常见的刚性圆规，即拿起时半径保持不变的圆规，这不难实现，因为我们只需丈量线段 AB，然后拿起圆规到 C 点以之为圆心作半径长为 $|AB|$ 的圆。这样，我们就在 C 点复制了长度 AB。但这样做是合法的吗？这里的合法性又是什么意思呢？如此使用圆规，似乎并未直接得到欧几里得公理的授权，因为尽管欧几里得的公设 3 说，每条线段都是一个圆的半径，却没有公理说，每个点 C 都是一个半径全等于一给定线段 AB 的圆的圆心。人们担心，允许这样一种非

标准的构造方法，会使包含这种构造的证明失效。

欧几里得时代的一些谨慎的几何学家，反对这种构造方法，认为它是对尺规构造的玷污，并坚持使用弹性圆规，后者只在轻微受压画圆时保持半径不变，提起时半径就会改变。他们这么做专门为了防止那种有争议的用法。

但我们接下来将证明，即使我们以惯常的方式使用圆规，我们也仍然总能构造出我们所求的、以 C 点为圆心的圆。这被称为圆规等价定理，由欧几里得在《原本》中证明（命题 I.2），虽然欧几里得的原始构造与我下面将给出的有所不同：

给定线段 AB 和点 C，作直线 AC 和它在 A 点和 C 点的垂直线，以及以 A 点为圆心且经过 B 点的圆。令 D 为该圆与 A 处垂直线的交点，在 D 处作 AD 的一条垂直线。令 E 为所得之线与 C 处垂直线的交点。由于 $ADEC$ 是一个长方形且 AB 与 AD 全等，可推出线段 CE 全等于 AB，而这正是我们想要的。（我们有充分理由选用该定理的另一种构造和证明，读者可在思考题 4.1 中发现它们。）

圆规等价定理表明，我们事实上能够复制线段 AB 到点 C，且仅以惯常的方式使用圆规，而不将其用作记忆存储装置或测量装置。因此，有关弹性圆规的谨慎想法看起来是不适宜的，使用被禁止的圆规用法施行的一切构造，都可以通过常规用法实现。所以，为何要反对那种用法呢？

可构造的点和可构造平面

很自然的一件事是，我们想知道我们的构造方法的力量和局限。假如有某种非标准的构造方法，它或许看起来有几何上的合理性，但最终却被证明不能以通常的尺规方法模拟，我们会怎么看待它呢？给定一个几何图形，仅凭尺规，我们究竟能构造出哪些点或图形？

让我们发起一个普遍的构造过程，系统地、穷尽地实行所有可能的尺规构造。我们从两个点 A 和 B 开始，它们能确立一个单位距离：

利用直尺，我们可以构造联结这两点的一条直线；利用圆规，我们可以 124 构造两个分别以这两点为圆心、以它们所连成的线段为半径的圆。这两个圆及那条直线两两相交，产生 4 个新的交点，于是总共有了 6 个点：

有了这些新生的点，下一阶段会出现爆炸性增长。利用那 6 个点，我们可以构造 9 条新的直线和 14 个新的圆，而这些图形又彼此相交于许多新构造出的点，总共能得到 203 个点：

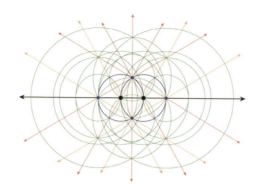

接着，利用尺规和这 203 个点，我们再次构造所有可能的线和圆，并再次发现它们产生了一些新交点。如此不断进行下去，我们能得到一个无穷的序列，序列中每一项都只含有穷多步，在此过程中，我们能生成所有可构造的点，它们构成了可构造平面。

由于每个阶段只有有穷多新的线和圆被创造出来，且它们至多产生有穷多新的交点，我们可以归纳地推出，此普遍构造过程中的每个阶段都只有有穷多的点。我在我的著作（Hamkins, 2019）中引入了可构造性序列的概念，它从 2, 6, 203 开始，依次记录我刚刚描述的普遍构造过程中每个阶段得到的点数。起初，我们并不知道该序列下一个数的精确值。我们甚至不知道下一阶段利用这 203 个点所能产生的直线和圆的精确数目。然而，借助精确计算机代数，经过许多个小时的计算机处理，佩斯·尼尔森（Pace Nielsen, 2019）发现，这 203 个点刚好能形成 17562 条直线和 32719 个不同的圆；而在付出了更多的计算努力后（连续 6 天的紧张计算，分配给 3 台机器、6 个进程），提奥菲尔·卡马拉苏（Teofil Camarasu）发现，这些直线和圆总共产生了 1723816861

个不同的交点。于是，我们的可构造性序列延续如下：

$$2, \quad 6, \quad 203, \quad 1723816861, \quad \cdots$$

可构造性序列的概念现已被收入了整数序列在线百科（Hamkins, 2020b）。

不管怎样，可构造的点是在有穷阶段的一个可数的层谱中通过此过程形成的，因此只有可数多的可构造点。特别地，由于实平面 $\mathbb{R}^2$ 上有不可数多的点，必定有一些点是不可构造的。换言之，并非平面上的每个点都是可构造的。

同时，可构造平面上的点自然在尺规构造下封闭，由此可知，可构造平面满足所有的欧几里得公理。人们因此可将可构造平面视作一个另类的几何宇宙，就欧几里得构造而言，它和实平面 $\mathbb{R}^2$ 非常像，但仍然缺失了一些点。仅用欧氏工具，我们无法指出一个特定的位置，在那个位置缺失了一个点，因为要用那些工具确定一个这样的位置，显然正意味着构造出那个点。

规矩数和数轴

正如我们在第一章中提到的，古典的量概念在根本上是几何的；一个量是一个几何长度，相对于一个标准的单位长度，后者由两个给定的点 A 和 B 之间的线段给出。让我们把这两个点重命名为 0 和 1，因为我们要把联结它们的线段理解为一个标准的单位长度，而包含这两个点的直线就是数轴。

一个规矩数是数轴上的一个点，我们能够只用尺规从点 0 和点 1 构造出它。例如，我们能够

轻易地构造出数 2，只需将圆规脚置于点 1，以从 1 到 0 的线段为半径作圆即可。

126 　　我们也可以构造出无理数 $\sqrt{2}$，它是以从 0 到 1 的线段为边的单位正方形的对角线。当然，我们可构造的远不止这些。通过作平分线，我们能把每条线段切成两半；通过线段复制，我们能加减任意两个规矩数；通过构造相似三角形，我们能对规矩数进行乘除；通过构造特定的相似三角形，我们还能取平方根（而且，仅凭这些方法就足以构造出所有规矩数）。如此这般，数轴上稠密地分布着规矩数。圆规等价定理意味着，如果我们能在平面上任何一处构造一条长为 x 的线段，那么我们就能把它转移到数轴上，且以 0 为它的一个端点，从而看出 x 是一个规矩数。因此，规矩数正是我们能用古典工具在平面上构造出的线段的长度。

　　笛卡尔在其《谈谈方法》（Descartes，1637）一书的附录"几何学"中对规矩数进行了初步研究，引入了解析几何的基本思想，后者用代数方程理解几何形状，从而将代数和几何综合起来。

第二节　非规矩数

　　在当代视野下，数学家通常将实数连续统等同于古典数轴上的点，在此意义上，所有规矩数构成一个域，它是实数域的一个子域，包含所有有理数但远不止有理数。哪些实数是规矩数？一切实数都是规矩数吗？

　　答案是否定的。正如我们已经提过的，只有可数多的规矩数，而根据康托定理，存在不可数多的实数。所以一定有一些实数，作为数轴上的点，我们无法用尺规构造出它们。

这是一个软证明，用到了康托定理。非规矩数的存在，在康托之前就已为人所知，它是代数学中一些深刻结果的推论，这些结果得自伽罗瓦（Évariste Galois）和其他一些人的域扩充思想。这种代数思维方式，提供了关于规矩数之本性的一些高妙复杂的信息。让我试着来解释一下它。这个理论的核心洞见是，每个用尺规新构造的点，都是作为已构造直线或圆的交点出现的，而它们对应着线性或二次方程。因此，每个新构造的数都是某个可用先行构造出的数表达的线性或二次方程的解。因此，每个后造的数相对于先造的数都具有次数 1 或 2。利用有理数域扩充理论，可以推知，每个规矩数相对于有理数域 $\mathbb{Q}$ 都是代数的，不仅如此，$\mathbb{Q}$ 上规矩数的次数必定是 2 的幂，即可表示为 2^n 的形式。特别地，我们无法构造出可充当 3 次或 5 次方程之解的数，因为这样的实数，其次数不会具有 2^n 的形式。

127

倍立方问题

例如，我们无法构造 $\sqrt[3]{2}$，因为它是 $x^3 - 2$ 这个不可归约的多项式的一个根，其次数为 3。这一事实与一个经典谜题，即所谓倍立方问题直接相关。这个问题要求，给定一边长为 AB 的立方体，构造一个边长为 CD 的立方体，且后者的体积须为前者的两倍。如果我们视原边长 AB 为单位边长，则第一个立方体的体积就是 1，而其二倍立方体之体积就是 2，故其边长为 $\sqrt[3]{2}$。

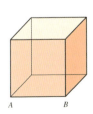
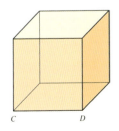

因此，最终看来，倍立方问题正是 $\sqrt[3]{2}$ 这个数的构造问题。根据前面提到的域-扩充次数分析，这是不可能的，因此结论是，用尺规构造法去二倍一个立方体是不可能的。

三等分角问题

另一个曾长期未解的经典问题是三等分角问题。问题要求将一个给定的角切分为三个角，使得每个角恰为原角的三分之一大小。当然，在某些情况下，我们可以很容易地实现这种三分。例如，当原角是平角时，其三等分角是一个 $60°$ 的角，它在等边三角形中会出现，而后者我们可以轻易构造；类似地，直角的三等分角为 $30°$，我们可以通过等分一个 $60°$ 的角得到它。

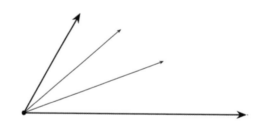

然而，考虑一个 $60°$ 的角，其三等分角是 $20°$。如果你能构造一个这样的角，你就能从它出发构造一个斜边长为单位长度的直角三角形，而该角的邻边长度则为 $\cos 20°$。相关三角学公式告诉我们，$\cos \theta = 4\cos(\theta/3)^3 - 3\cos(\theta/3)$，因此 $4\cos 20°^3 - 3\cos 20° = \cos 60° = \frac{1}{2}$。所以，如果 $x = \cos 20°$，那么 $4x^3 - 3x = \frac{1}{2}$。此方程没有有理解，由是可知，x 在有理数上的代数次数为 3，不是 2 的幂，所以 x 不是可构造的。因此，不可能只用尺规构造一个 $20°$ 的角，从而也就不可能等分一个 $60°$ 的角。

化圆为方问题

另一个经典的构造问题是化圆为方问题，即构造一个正方形，使其面积与一个给定的、半径为 AB 的圆等同。由于单位圆的面积为 π，这相当于构造数 $\sqrt{\pi}$，它是所求正方形的边长。但费迪南德·冯·林德曼（Ferdinand von Lindemann）1882 年证明，π 是超越数，所以 $\sqrt{\pi}$ 也不是代数数，不能以尺规构造法构造。因此，仅用尺规化圆为方是不可能的。

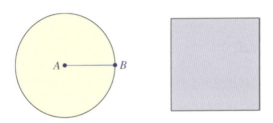

π 的超越性还意味着，逆问题化方为圆，即构造一个圆使其面积与一个给定的正方形等同，也不能用尺规办到，因为单位正方形面积为 1，同面积的圆半径将为 $1/\sqrt{\pi}$，后者不是代数数，因为 π 是超越的。

冥顽不灵者

倍立方、三等分角和化圆为方问题，自古典时期就是待解问题，但直到 19 世纪才获解决，这显示了代数域扩充理论中抽象发展的巨大力量。

然而，由于在每种情况下都是在证明不可能而不是可能，并且证明对于几何学家不是直接可及，而是依赖于代数域扩充理论，有些冥顽不灵的人便拒绝接受这些不可能性证明，坚持继续寻求肯定解。数学家和逻辑学家查尔斯·道格森（Charles Dodgson）——他更多地以刘易斯·卡罗尔的作家身份为人所知——曾谈到过他试图说服这些"冥顽不灵者"时所遭受的挫折；而逻辑学家德·摩根也在其作品《悖论集》（*A Budget of Paradoxes*，De Morgan，1872）中嘲弄了这些人。

第三节 其他可选工具集

经典的尺规工具集自古就被用于几何构造。但除此以外，还有其他一些可选的工具集。它们在效力上与经典尺规工具集一样吗？

129　仅用圆规的构造

在习用尺规作图两千余年后，人们才认识到，原来任何可用尺规构造的点也可以仅用圆规来构造，这在当时一定是一个令人惊讶的发现。不需要直尺。这是莫尔-莫谢罗尼定理的内容，该定理由乔治·莫尔（Georg Mohr）于1672年证明，并于1797年被洛伦佐·莫谢罗尼（Lorenzo Moscheroni）重新发现。此定理可以这样来证明：给出一些仅用到圆规的构造程序，它们能够模拟直尺所有可能的使用。当然，这些构造一般比尺规构造更复杂，但它们确实只用到圆规。

例如，给定两条不平行的线段 AB 和 CD，我们想找出它们所对应的直线的交点。我们可以只用圆规做成这件事，过程涉及几十个圆，其中第一步是选择不在那两条线上的任意一点为圆心作一个圆。类似地，我们必须证明，给定一条线段和一个圆，我们能够只用圆规找到对应直线和该圆的交点（假定它们确实相交）。这同样可以办到，根据该直线是否经过该圆的圆心，用不同的方法。

仅用直尺的构造

上述结果的对偶结果是要求仅用直尺的构造，但有个前提，我们一开始就被给定了一个圆和它的圆心。庞赛莱-施泰纳定理——由让-维克托·庞塞莱（Jean Victor Poncelet）于 1822 年猜想、雅克布·施泰纳（Jakob Steiner）于 1833 年证明——断言，任何可用尺规构造的点，也可以只用直尺构造，只要已经有一个初始的圆。

证明此定理的基本思想，是把圆规的一切望期应用映射到那个初始的圆上，在该圆上进行所需的构造，然后将结果映回到想要的应用上。注意，初始圆在大小上可能十分不同于所期望应用，距离也可能很遥远。这个定理与 16 世纪洛多维科·费拉里（Lodovico Ferrari）和杰罗拉莫·卡尔达诺（Gerolamo Cardano）关于"生锈"圆规之威力的系列结果相似，是后者的严格推广，"生锈"的圆规半径不可改变，费拉里和卡尔达诺的结果表明，这样的圆规其实在构造力上与普通圆规等价。实际上，生锈圆规定理是庞赛莱-施泰纳定理的一个推论，因为我们可以用那个生锈的圆规画出初始的圆，然后只用直尺继续后面的构造。另一方面，生锈圆规定理的证明更简单一些，因为每当想用一个圆，我们都可以先用生锈圆规构造它的一个同心圆，然后利用相似三角形把想要的应用映射到那个同心圆上，再把所得的结果映射回去，从而省掉其他圆。

使用带标记直尺进行的构造

现在，让我们考虑一下为经典工具集增加一些额外的构造工具。我们很自然地希望，借此能够构造一些无法仅用尺规构造的图形。例如，考虑带标记的直尺，它仅仅是在直尺基础上加了两处标记或凹口。

我们可以这样来使用它：将尺子放置在一个给定的点上，通过滑动和旋转，使尺子的两个凹口与另外两个图形对齐。

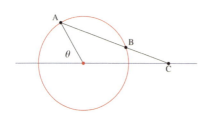

例如左图中，给定了蓝线、红圆和点 A，我们可以将带标记的尺子置于点 A，然后通过滑动和旋转，找到点 B 和点 C，使它们恰好对准尺子的两个凹口。这里的重点是，如果我们向下转动尺子，相应的点就会离得太近，如果向上转动，相应的点又会分开太远。因此，使用带标记的尺子，我们能找到两点 B 和 C，它们与 A 在同一条直线上，且与尺子上的两个标记精准对齐，即相距一个单位距离。这一点的重要性在于，如果那个圆的半径也是单位距离长，那么就可以推出（古人已知之），C 点的角恰为图中所示角 θ 的三等分角。因此，借助带标记的尺子，我们能够三等分任意给定的角。所以，带标记的尺子和圆规构成的作图工具集，在威力上严格强于经典尺规工具集。

折纸构造

另一种几何构造方法源于美妙的日本折纸艺术。在这种艺术中，手艺高超者可以将单张方形的纸连续折叠，制成令人惊叹的精美作品。除艺术方面外，折纸的折叠过程本质上是几何的，我们可以将其视作一种可选的几何构造方法。它与经典的欧几里得尺规构造法相比威力如何呢？

折纸过程中允许的每一次折叠，都是在一条由已知信息决定的特定直线 ℓ 上进行，因此，构造出的不只是那条直线，还有已构造图形相对于那条直线的映像。做完一次折叠，我们可以观察到哪些已有的点或图形被本次折叠传送，转移到其映像上。

例如，沿着由任意两个给定的点决定的一条直线进行折叠，这在折纸实践中是允许的。这一折纸构造可用尺规来模拟，因为利用直尺，我们可以构造那条直线本身，而利用圆规，我们可以构造任何别的点相对于该直线的映像点，只需作两个圆即可。折纸艺术中允许的另一种折法，是将两个给定的点折到一起。这相当于沿着这两点之间线段的垂直平分线进行折叠，同样可用尺规模拟。

罗伯特·格雷茨赫拉格（Robert Geretschlager，1995）阐明了尺规作图与一个由七种基本折法构成的折纸公理集之间的等价性，方法是在两个方向上做归约。但是，他同时还证明，某些更复杂的折纸折法严格超出了欧几里得构造的范围。例如，有一种折法可描述如下：允许沿着两个抛物线的共同切线进行折叠，其中抛物线由给定的焦点和准线确定（人们可以用纸实际实现这一点）。结果表明，加上这种折叠构造后，人们能解任意的三次有理方程，构造 $\sqrt[3]{2}$ 和其他立方根，而它们并非都是尺规可构造的，此点前已论及。使用这些折纸构造，人们还可以三等分任意给定的角。因此，折纸构造最终获得了超越欧几里得工具集的数学力量。

万花尺构造

另一种比较奇特的构造方法是所谓万花尺构造。某个年龄段的读者可能童年时比较熟悉这种绘图玩具，它由一些环状和盘状的齿轮组成，齿轮上有可供彩笔笔尖插入的小孔。把小齿轮放到环状大齿轮内部，用彩笔带着小齿轮紧贴大齿轮内齿壁转动，即可生成各种复杂动人的曲线图案。现在，让我们把万花尺看作一种几何构造方法。所有齿轮都具有大小相同的齿，因此可以彼此啮合，在最一般情况下，我

131

们假定齿轮的齿数可以是我们想要的任意数量。盘状齿轮上的小孔使彩笔离圆心的距离呈整数比分布。允许把齿轮放到任何先前构造的点上来画曲线花纹。

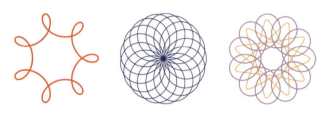

万花尺构造法的威力如何？凡万花尺可构造的点，用尺规也可以构造吗？一个有趣的观察是，我们能够用万花尺画直线，只需使里面小齿轮之直径恰好为外面环形齿轮之直径的一半，且下笔点在里面齿轮的圆周上。

132   结果表明，像折纸构造一样，万花尺构造也严格超出了尺规构造的范围。看到这一点的一种方式是，注意到我们可以用万花尺轻松构造任意边数的正多边形；实际上，每个曲线花纹模式本质上都展示了 n 重旋转对称，其中 n 可由两个齿轮的齿数确定。例如，上图中红色曲线花纹包含七重旋转对称，其自相交点构成一个正七边形。根据高斯-万策尔定理（Gauss-Wantzel theorem），我们能够用尺规作图法构造一个正 n 边形，当且仅当 n 是 2 的幂与任意多不同费马质数的乘积，其中费马质数是形如 $2^{2^{k}}+1$ 的数；而 7 不符合此条件。所以，万花尺构造法在威力上超过尺规构造法。

第四节　几何学的本体论

　　几何构造方面的考虑引出一个问题，即我们通过几何构造实现了什么？当我们在纸上进行几何构造时，或以古风的方式在沙子上刻画时，我们是在做什么？毫无疑问，我们实际构造出的图形仅仅是一些不完美的表征，意在表征那些我们想要考察的完美的、理想化的对象，如点、直线和圆。在这种情况下，反对使用那些被禁止的圆规用法进行构造，似乎是愚蠢的，只要我们也可以只用那些允许的用法作出此构造。使用刚性而非弹性的圆规，与我们在我们不完美的构造过程中采取的其他便利措施并无不同：我们需要小心翼翼将直尺对齐，注意在作图时不使其滑动，等等。

　　如果几何学的目的是研究理想化的、完美的几何图形——点、直线和圆——的本性和特征，那么似乎就没有理由反对为我们的构造工具集添加一些新工具。例如，反对按我们所描述的那种方式使用带标记尺子的理由能是什么呢？有人或许会说，事实上可能不存在如196页图中的点 B 和 C，它们与 A 共线且相距单位距离。确实，我们无法在欧几里得公理的基础上证明存在这样的点 B 和 C，正是因为（对某些角来说）这些点不能用直尺和圆规来构造，而全体可构造点的聚合构成一个满足所有欧几里得公理的几何宇宙。但是，当代的更强的希尔伯特-塔斯基公理系统，借助戴德金的连续性公理，蕴涵着那些古典不可解问题实际是有解的。存在三等分角、倍立方体和化圆而成的方；这些点存在于空间中，尽管我们无法用尺规作图法将它们构造出来。

　　这样，不可能性证明显示了我们的几何学理论的缺陷；我们忽略了这样一些公理，它们断言那些非标准构造允许我们构造的点实际存在。对经典尺规构造的执着，或可被批评为数学中的一种独断保守主

133

义。持有此立场的几何学家是否在想：既然经典尺规工具足够欧几里得证明其全部定理，我们为何还要妄想别的工具呢？几何学的研究对象就是我们能从欧几里得的公理证得的定理吗？还是说，几何学关乎一个永恒的几何实在，而我们可能认识更多关于它的几何真理？如果是后者，我们就可以寻求更强的工具。但实际相反，不可能性证明让人们想到的是构建非经典的几何，这种想法后来随着非欧几何的发现一下子爆发了。

第五节 图示和图形的作用

我们稍微仔细考虑一下图示和图形在几何证明中的作用。从欧几里得的时代到今天，几乎每一个几何证明都伴有一个或多个证明图示。我们要把这些图示当作其所属证明的一部分吗？还是说，图示只是证明的补充性的、非必要的辅助物？

一个问题是，图示本质上比证明之假设所允许导出的东西要更具体。在一个图示中，每条线段都有特定的长度，每个角都是一个特定的角，即使我们在证明中并没有对那些长度和角做任何特定假设。由于这种过度的具体性，图示可能会表现出偶然的几何关系，比如一个点在一个圆的内部而不是外部，它不是假设的必然结果，而仅仅依初始图形的细节而定。人们的担忧是，这可能会导致几何演绎错误。

康德

康德在其《纯粹理性批判》（Kant, 1781）一书中强调，几何推理可以生成先天综合判断——使用康德自己的命题分类术语。对康德来说，在分析/综合的二分法中，数学结论可以落入综合的一边，因为数学结论中的概念经常严格超出假设中的概念——数学从先在的概念综合出新的概念。相反，分析的结论则是那种包含在假设之意义中的结论。但康德同时认为，数学推理是先天的而非后天的，因为它是基于纯粹理性，而不是基于经验。

欧几里得的文本在很大程度上可以被视为一部综合之作，而不是分析之作，因为他专注于他的构造工具和构造新几何图形的方法。他的公理，甚至他的命题陈述，直接关乎表现其构造方法的威力，关乎我们能用那些工具构造或构建什么，而不是关乎基本的几何真理。他的命题常常是陈述构造目标，而不是陈述数学事实，以现在的标准看这很奇怪。例如，他的第十个命题叙述如下：

命题 10　平分一条给定的线段。

这是综合，因为它专注于用我们的几何构造工具构建新的几何图形的过程。相比之下，几何分析关心的是几何事实，例如，每个线段有一个中点，而不是我们构造它们的能力。我们会期望一个几何分析从纯粹的几何存在性公理开始——这些公理断定某些点和几何图形存在，无论我们是否能构造它们——然后研究有什么其他的几何真理是那些公理的必然结果。

康德进而确认了直观在数学中的关键作用，指出直观是我们借以达到几何知识的途径：

> 几何学是一门综合而先天地确定空间之性质的科学。那么，我们对空间的表征必须是怎样的，才能使这样的知识得以可能？它在起源上必定是直观。(Kant, 1781, B40)

对康德来说，基于这种直观，一个初始构造的三角形尽管是具体的，却可以包含对所有三角形的有效性，因为有关的推理和辅助构造可以施于任何给定的三角形：

> 我们画的单个图形（一个三角形）是经验的，但它表达了这
> 个概念而无损于其普遍性。因为在这个经验直观中，我们只
> 考虑我们构造这个概念的行为，而抽离于许多细节决定（比
> 如边和角的长短大小）之外，这些决定无关紧要，不会改变
> "三角形"这个概念。（Kant，1781, B741-742）

康德还在数学的其他领域发现了先天综合判断，包括算术。

休谟论算术与几何

关于几何知觉作为一种知识来源的可错性，休谟（Hume，1739）
写道：

> 我已经观察到，几何学，或者说我们用来确定图形比例的那
> 种艺术，尽管在普遍性和准确性上远胜于感官和想象的松散
> 判断，却从未达到过完美的精确性。它的第一原理仍然得自
> 对象的一般外观，而当我们考察自然所容许的那种巨大的精
> 细性时，这种外观永远不能给我们安全感。我们的观念似乎
> 提供了一种完美的保证，没有两条真正的直线会有共同线段，
> 但当我们思考这些观念，我们会发现，它们总是假设两条直
> 线间有一个明显的倾角，而当它们形成的这个角极其小时，
> 我们没有一个关于真正的直线的足够精确的标准，向我们保
> 证这个命题为真。数学的大部分基本决定都是如此。（Hume,
> 1739, I.III.I）

135　　　根据休谟的说法，我们的几何洞见——例如，两条不同的直线没
有共同线段——并不是基于我们可能画出或想象的任何图形，因为任

何这样的图形都会有一定的倾角，而别的直线可能有更小的倾角。对比之下，代数和算术导向一种比几何更确定的知识：

> 因此，只剩下代数和算术两门科学，在那里我们可以进行任意复杂的推理，而依然保持完美的精确性和确定性。我们有一个精确的标准，可以用来判断数与数之间的相等和比例；根据它们是否符合那个标准，我们确定它们间的关系，而没有出错的可能。当两个数被如此联结起来，使得对于其中一个数的每个单元，都有另一个数的某个单元与之相配，我们就说这两个数相等；而正是由于缺乏这样一种外延相等的标准，几何学很少被认为是一门完美无误的科学。(Hume, 1739, I.III.I，强调为本书作者所加)

强调部分就是休谟对康托-休谟原则的表述，第一章有提到。

曼德斯论图示证明

关于图示在欧几里得几何学亦即历史上实际的数学实践中的作用，肯·曼德斯（Ken Manders, 2008a, 2008b）作过一些影响广泛的论述。曼德斯最终认为，欧几里得几何实践中的证明有两个部分，即图示部分和语句部分，它们分别追踪相关几何情境的不同假设和信息。图示被用来显示一般的空间信息，特别是拓扑信息，如在内部或相交（或居于……之间，正如 20 世纪几何理论所突出强调的），而精确的度量概念如全等，则总是在证明文本中被明确地陈述。人们实际用图示观察这样一些几何信息，它们在图示参数的微小偏差下保持不变，而关于长度和垂直关系，在文本中则有精确的断言。

当代工具

数学家们一般将几何图形想象为不定、浮动、可拉伸和可坍缩的，甚至可以到共线或退化为一点的极端情况，以便在心灵中观察他们的假设的效果，从而判断他们的构造是通用的，还是依赖于一些偶然的特征。现代技术使我们能将这种动态过程显式地呈现，比如使用交互式计算机几何软件 GeoGebra，它允许人们改变一个构造的输入点，同时实时地呈现所构造的线和圆。这种视觉化处理，无论是仅仅在心灵中，还是在计算机屏幕上，能够帮我们可靠地揭示那些偶然的几何关系。

136 如何用图形说谎

在几何证明中，图示很少能画得完美。而几何图示哪怕只差之毫厘，几何结论有时也会谬以千里。让我用一个例子来说明这如何可能，这个例子错误地"证明"，每个三角形都是等腰三角形。（等腰三角形，如果你还记得的话，是有两条边边长相等的三角形。）我们当然知道，这个结论不是真的，因为我们可以轻易地画出不等腰的三角形；但尽管如此，这个证明却看起来很有说服力。你能看出它错在哪里吗？

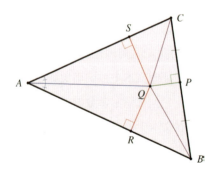

　　我们的论题是，每个三角形都是等腰三角形。要"证明"这一点，考虑一个任意的三角形 $\triangle ABC$。构造 $\angle A$ 的角平分线（蓝色）和线段 BC 在中点 P 处的垂直平分线（绿色），令 Q 为它们的交点。过 Q 点分别作 AB 和 AC 的垂线，交点分别为 R 和 S。由于 P 是 BC 的中点，且 PQ 垂直于它，我们根据毕达哥拉斯定理推得，$BQ \cong CQ$。由于 AQ 是 $\angle A$ 的角平分线，所以三角形 AQR 和 AQS 是相似三角形，又由于它们共用一条斜边，所以它们全等。这意味着 $AR \cong AS$，以及 $QR \cong QS$。因此，根据斜边-直角边定理，$\triangle BQR$ 与 $\triangle CQS$ 全等。所以，$RB \cong SC$。因此我们有，$AB \cong AR + RB \cong AS + SC \cong AC$，所以该三角形是等腰三角形，这正是我们想要证的。此结论的一个简单"推论"是，每个三角形都是等边三角形，这是因为在该证明中，我们是从 $\triangle ABC$ 的一个任意的顶点 A 开始的，所以它实际表明每对邻边都全等。

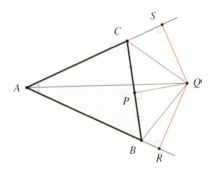

　　可能有人会这样批评我们给出的上述证明：我们并不能确定 A 处的角平分线与 BC 的垂直平分线相交于该三角形的内部。交点有可能在三角形外部，正如上图所显示的。然而，对于这种情况，我们的"证明"同样有效。我们仍然令 Q 为 $\angle A$ 的角平分线与 BC 在中点 P 处的垂直平分线的交点，并从 Q 分别作到 R 和 S 的垂线。根据毕达哥拉斯定理，利用 $\triangle BPQ \cong \triangle CPQ$，我们能再次得到 $BQ \cong CQ$。同样能再次得到 $\triangle ARQ \cong \triangle ASQ$，因为它们是同斜边的相似三角形。而根据斜边-直角边定理，我们再次得到 $\triangle BQR \cong \triangle CQS$。于是我们再次推出 $AB \cong AR - BR \cong AS - CS \cong AC$，因此该三角形是等腰三角形。读者可在章末思考题中找出上述证明的问题。

几何构造中的误差和近似

我们来更仔细地分析一下几何构造中误差的可能性。毫无疑问，在进行构造时，即使我们小心翼翼，也难免会造成一些小误差，很可能只是因为圆规或直尺稍微放错了点位置。因此，我们并不期望以无限的精度准确实施一个构造，我们实际构造出的图形，仅仅是我们想象的那个完美的、理想的几何对象的一种近似。

不仅如此，随着这些误差在构造过程中不断扩散，它们还会逐步积累放大。那么，常见的经典构造对于尺规使用中的这种小误差究竟有多敏感呢？我们能在准确性上对彼此竞争的构造进行比较吗？

让我们从这个角度重新考虑一下阿波罗尼乌斯对一条线段 AB 之垂直平分线的构造。给定点 A 和点 B，我们试图构造它们的中点和垂直平分线。我们首先将圆规针尖置于点 A，绘图笔尖置于点 B，然后构造以 A 为圆心、AB 为半径的圆。但在这样做时，我们不是完全准确地把圆规针尖放到了点 A 上——我们可能实际把它放到了 A 的一个小邻域（蓝色）内的某点上。类似地，我们也没有把绘图笔尖完全准确地放到点 B 上，而是放到了 B 的一个小邻域（橙色）内的某点上。然后我们画出一条圆弧，其圆心在 A 附近，且它包含一个 B 附近的点，如上图中间部分所示。所有可能出现的、符合上述误差区间的

圆弧所构成的空间，我们用边界模糊的橙色弧形带来表示，它是通过
用电脑画许多这样的圆弧生成的。

让我们用类似的方式构造以 B 为圆心且包含 A 的圆；它同样涉
及圆规的放置问题，有它自己类似但独立的误差，并可生成下图所示
的橙色可能性空间：

138

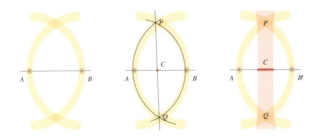

两个可能性空间相交于上方和下方的深橙色区域，要点在于，在
误差区间内的任何一次圆规放置，都会导向这些重叠区域内的 P 和 Q
值。我们可以这么认为，这些重叠区域分别代表了 P 和 Q 的可能位置
的空间。

请注意，在那个特殊的示例（上图中间，黑色）中，所得的直线
PQ 明显不垂直于 AB，所得的点 C 也明显不是中点。粉色阴影区（上
图右边）表示所有可能出现的、符合我们关于 A 和 B 的误差范围规定

的平分线所构成的空间，而 C 的可能性空间则以红色表示。（稍复杂的一点是，P 和 Q 从那些重叠区域的选择实际不是独立的。）

考虑到 A 和 B 原来的误差区间很小，人们可能会感到惊讶，连这样一个简单普通的构造——构造一个线段的垂直平分线和中点——竟似乎也能造成大幅度的误差扩散：红色阴影区 C 很大，包含许多我们不会认为可能是中点的点。在这个意义上，阿波罗尼乌斯垂直平分线构造，对于圆规放置误差看来是敏感的。

有更好的构造方法吗？例如，为了提高 PQ 对 AB 的准确性，使用一个更大的圆似乎有帮助，它可以降低所得之"直角"的偏差。但这种预期之所以会显得合理，很可能只是因为我们迄今为止都假定，圆规误差仅产生于圆规尖的放置过程，而不会产生于实际画圆弧的过程。我们可以想象，例如，圆规在使用中还会因为屈伸变形造成误差，对于一个很大的圆规来说尤其如此，这使圆规圆性降低或偏离标准，我们有理由相信，这会持续增大圆弧在长度和曲率方面的误差，等等，而越大的圆可能误差也越大。在实际的几何构造中，似乎有许多不同的误差来源。

构造主义数学家安德烈·鲍尔（Andrej Bauer）曾向我提到，在他上学的时候，教室里有一个略显笨重的大圆规，用来在黑板上进行作图教学演示。安德烈注意到，我们可以用如下方法可靠地得到更准确的中点结果：用圆规从线段两端标出靠近中心的等长线段，然后直接猜出所余小线段的中点。

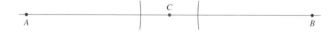

尽管安德烈给出的结果优质可靠，他的老师还是拒绝了他的提议。原则上，我们可以分析任何常规几何构造的准确性，探究它们对

各种误差的敏感度，而实际上，有一部作品正是这么做的。这部作品的某些分析，用到了一个略复杂的误差估计模型，它把误差看作一种概率分布，分析该分布在一个构造过程中是如何传播的。例如，在点 A 和 B 的邻域中聚敛的一个分布，会通过阿波罗尼乌斯构造导向一个靠近中点的、比较发散的分布。

　　同时，有人可能想通过简单地多次重复一个构造来提高其准确性，指望这样的重复可以收敛到一个较准确的答案。例如，在平分线构造程序中，我们可以执行阿波罗尼乌斯构造两次，得到两个候选中点 C_0 和 C_1，然后我们继续找出 C_0C_1 的中点，作为原线段的更准确的候选中点。或者，我们还可以以别的方式进行重复构造，以此向着真正的中点逼近。例如，我们可以构造许多候选中点，然后取其中值点作为最终答案。在关于输入的概率分布的合理假设下，这个方法能够在一种重要的意义上趋近实际的中点。

　　依我看，误差传播问题能直接导向关于几何构造在数学中的作用的一种坦率的哲学讨论。在几何学中，我们可以从几何对象的角度考虑柏拉图主义，那些对象是理想化的点、线和圆，我们的图形只能不完美地表征它们，但也可以有关于构造本身的柏拉图主义，即把构造本身当作一种数学对象，作为算法或程序，它们接受数学的分析，就像我们在复杂度理论中分析算法那样。我们可以想象一个在柏拉图世界中的理想的几何学家吗？比如一个理想化的阿波罗尼乌斯，他穿着飘逸的长袍，作出一个完美的平分线构造。看到他该多好啊！我们可以先假设一个算法或几何构造被绝对完美地执行，分析其性质；然后我们脱离柏拉图的世界，分析它在被不完美地执行时表现如何，就像我们在上面所做的那样。

140　**构造一个透视棋盘**

　　我想用一个有趣的例子来进一步说明工具受限的构造概念；让我来教你如何构造一个两点透视棋盘，只用直尺，不需要任何测量或计算。我从两个方面看待这一活动。一方面，它展示了用有限的工具——在此例中仅仅是一把直尺——我们可以达到多么惊人的结果。另一方面，它是一个任何人都能亲身体验的趣味活动。它是那种你能立刻实操的东西；你所需要的全部，不过是一张纸、一支笔和一把直尺。可以用尺子，或筷子，或笔记本的边缘——任何直的东西都行。我就在这儿等着你把材料准备好。

　　这个构造遵循标准的两点透视法。首先，在纸的上方画一条地平线，它带两个端点（橙色），我们称之为无穷远点，并画一个任意的点（蓝色），作为棋盘前角顶点。将前角点与两边的无穷远点以直线相连，并画两条直线形成棋盘的前角方格。这将决定整个棋盘网格的布局。

接下来，作前角方格的对角线，并将其延伸至与地平线相交，得到无穷远的对角点（棕色），如上图右边所示。然后，将前角方格的右角顶点与对角无穷远点相连，这会为第二个方格确定一个角顶点，如下图左边所示：

将该点与左边的无穷远点相连，我们得到第二个方格，如上图右边所示。

该连线反过来在右侧边线上产生一个新的点，将其与对角无穷远点相连，连线与右侧边线的下一条线相交又得到一个点，如下图左边所示。如此继续下去，我们能产生出我们想要的任意多的第一排方格。而且，过程中出现的那些直线会产生许多额外的交点，它们形成一个三角形的阵列：

141

射影几何中经常讨论的德萨格定理（Desargue's theorem）告诉我们，这些点是共线的。将它们一排排连起来并延伸至右侧无穷远点，就能得到棋盘的剩余网格。于是，我们构造出了一整张棋盘：

　　增加一个下方无穷远点（直接在对角无穷远点下方适当距离取一点即可），我们能把棋盘前缘向下延伸，从而赋予棋盘立体感，然后按通常的风格给棋盘着色即可。

　　使用这种方法，我们可以制造各种透视角度下包含任意数量方块的任意大小的棋盘。在文艺复兴时期的绘画中，我们能找到无数这种方法的迷人实例，它们往往表现以完美透视退向远方的铺砖地板、广场或台阶。许多关于透视的数学思想起源于艺术。我希望你通过练习能学会用有限的时间画出无限的棋盘。

142

第六节 非欧几何

　　接下来，让我们考虑几何学中最有趣、最深刻的发展之一——非欧几何的发现。引发争议的是著名的平行公设，即欧几里得《原本》中的第五公设，它断言，如果一条直线与两条直线相交，所形成的角之和小于两直角之和，那么这两条直线可以被延长至相交：

约翰·普莱费尔（John Playfair）这样表述该公理，对任意的直线 ℓ 和不在 ℓ 上的任意的点 P，至多存在一条直线经过 P 且平行于 ℓ，给定其他一些几何假设，该表述与原公理等价。普莱费尔公理的一个加强版本断言，恰好存在一条直线经过 P 平行于 ℓ：

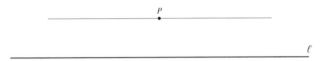

欧几里得在《原本》中有意推迟了对该公理的使用，直到第二十九个命题才第一次使用它，这时他的几何学理论已经发展了相当一部分。自古典时代以来，数学家们就已经注意到了该公设与众不同的特征，与常被视为基本几何真理的其他公理相比，它在技术上更详细和特殊。你有没有觉得平行公设更像是一条定理，而非公理？很自然地，人们可能会期望用其他公理来证明这个公设。

实际上，自欧几里得时代以降的两千多年里，几何学家们梦寐以求的就是做成此事。在漫长的历史时期里，出现了许多证明平行公设的尝试，包括托勒密（Ptolemy）、普罗克洛斯（Proclus）、萨凯里（Giovanni Girolamo Saccheri）、兰伯特（Johann Heinrich Lambert）、勒让德（Adrien-Marie Legendre）和其他一些人在平行线理论方面的卓越工作。早期的工作倾向于把欧氏几何当作唯一真实的几何，力图用其他公理来证明平行公设。

终于，人们的视角开始发生转变。贾诺思·波尔约（János Bolyai）

的初衷是用反证法来证明平行公设。他因此假定平行公设的否定成立，并由之进行几何推演。但他没有找到想要的矛盾，反倒是发现自己发展出了一种优美的新几何理论——这个理论将他引向一些新奇的几何学结论，其中许多与经典几何学矛盾，但理论自身展现出一种内在的融贯性和几何意义，使得它看起来是一致而无矛盾的。他在 1823 年写道："我无意间创造了一个奇怪的新宇宙。"（Greenberg, 1992, p.163）

高斯几十年来也一直在私下研究自己的非欧几何理论，但他打算死后再发表，据说是因为害怕"笨蛋的怒吼"（Greenberg, 1993, p.182），考虑到高斯在数学界的崇高地位，这种害怕略显奇怪。高斯发现，某些非欧几何拥有内在、绝对的尺度概念，使得我们能以绝对词项定义单位长度，而非总是相对于一个固定的单位长度。高斯推测，如果物理宇宙是非欧几何的，我们就有望发现这个单位尺度，并用它作为测量的绝对标准。

公开发表的关于非欧几何的说明，最早是由罗巴切夫斯基（Nikolai Lobachevsky）于 1829 年给出的，而且据说，早在 1826 年，他就作过这方面的公开讲座。由此便诞生了一门引人入胜的新数学学科。非欧几何的这些早期发展是在公理系统上进行的，通过从公理证明定理来发展理论。所得的理论看起来是融贯一致的，但我们如何知道事实果真如此呢？一致性问题最终于 1868 年获得解决，当时欧亨尼奥·贝尔特拉米（Eugenio Beltrami）在经典的欧氏理论中为非欧几何找到了语义解释，从而证明非欧几何像欧氏几何一样一致。他重新解释了点、直线、圆和角等基本的几何概念，使它们能够满足非欧几何的公理，从而为非欧几何理论提供了一个模型。

球面几何

例如，在球面几何中，我们漫步在一个大的球体的表面上，就好像漫步在完美抛光后的月球表面上，它是一个独立自足的非欧几何宇宙。我们可以用彩色粉笔，直接在那个球面上进行我们的几何构造。这个新几何世界中的点，就是球面上的点，而"直线"则是所谓测地线，即两点间的最短路径，在球体上它们就是大圆，即穿过球心的平面与球面相交得到的圆；它们也是飞机在远程航行时优先选择的路径。当然，从球体所嵌入的欧氏空间的角度看，这些圆并不是直线，但从球面几何宇宙的内部看，它们算得上是"直"线，那个宇宙只知道那个球面，对其所嵌入的空间则一无所知。生活在球面上，我们可以构造三角形、直线和圆，就像欧几里得一样，而当我们的图形相对于球体的尺寸很小时，球面几何接近欧氏几何；我们甚至可能注意不到其间的差别。

144

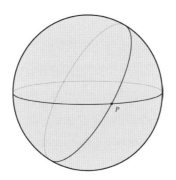

但在较大的尺度上，球面几何的非欧性质就会变得很明显。例如，在球面几何中，三角形的内角之和可以大于 $180°$。要看到这一点，你可以从北极点（ N ）出发，沿着本初子午线向南行至赤道上的 A 点，然后右转沿赤道走过其四分之一的长度到达 P 点，再右转向北走回到北极点。这样，你就得到了一个三角形 $\triangle NAP$，它有三个直角。实际上，在球面几何中，所有三角形的内角之和都大于 $180°$，但具体大多少，则取决于三角形本身的大小。正因为如此，球面几何承认一个该几何固有的、绝对的尺度单位——这个特性为欧氏几何所无，后者在缩放下保持不变。在球面几何中，我们不需要把一根标准米长的铁棒保存在巴黎的一个博物馆展柜里，因为我们可以将基本的距离单位定义为空间本身固有的特征。

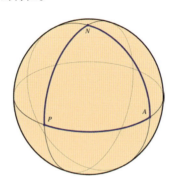

让我们思考一下，在一个作为物理空间之模型的球面几何世界中，光会如何传播。如果光是从一个点光源向四面八方发出，局域地看，它们会像在欧氏空间中一样向外传播。但奇怪的是，最终它们会在球体的另一面、原点的对偶点那里重新聚拢到一起。在一个充满水的世界里，波纹也会类似地重新聚拢：如果你在某点跳进水里，产生的环形波纹会向外扩散，并在世界另一面的对偶点重新聚到一起。下一步，我们需要想象这种空间的高维相似物。一个太空旅行者沿着同一方向旅行足够远，最终会回到他的起点。

145　　　在球面几何中，所有直线都相交，因为任何两个大圆都有两个对踵的交点。在球面上，你可以构造你认为平行的、共有一条垂线的两条直线，尽管局域地看，它们可能显得永不会相交，但如果你将它们延长到世界的一半，你就会发现它们会碰到一起。因此，强版普莱费尔公理在球面几何中不成立。虽然球面几何让人想到非欧几何，但欧氏几何的其他公理却并非都在我所描述的那种球面几何中成立。例如，南北极点是不同的点，但它们却处在许多不同的"直线"上，这与欧几里得的第一公设相反。

椭圆几何

克莱因球，作为椭圆几何的一个模型，通过重新定义点为一对对的对踵点来处理这个问题。这样，在此几何中，南北极点一起算作一个单一的点，类似地，任何一对对踵点都算作一个点。对于任何两对对踵点，存在唯一的大圆包含它们，因此满足椭圆几何的第一公设。但与此同时，任何两条直线在椭圆几何中都相交，因此平行公设不成立。

双曲几何

接下来，我们考虑双曲几何，以庞加莱盘这个特殊的模型为例。这个几何宇宙中的点是一个固定的欧几里得圆盘的内点，"直线"是圆盘内与圆盘边界正交的圆弧。它有大量的平行线。给定任意直线 AB 和不在该直线上的一点 C，存在无穷多的直线经过 C 且不与 AB 相交（下图中以彩线表示）。在这种几何中，所有三角形内角和都严格小于 $180°$，如 $\triangle ABC$ 所示。庞加莱模型中的距离概念有点微妙，全等关系概念亦然，因为我们必须明白，当接近边界时，圆盘内的欧氏距离会被极大地放大（以一种非常精确的方式）。网上可以找到大量的精彩视频，展示在双曲空间中行走是什么样子，以这样的虚拟经验为基础，我们能够获得关于双曲几何之性质的强劲直觉。

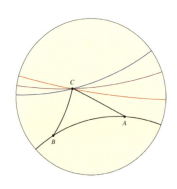

146   一致性证明是通过在欧氏几何中为非欧几何提供解释办到的，后者使我们能从欧氏空间的角度看非欧几何可以是什么样子。我们的结论是，如果欧氏几何是一致的，非欧几何也是一致的。

　　但我们不应该仅仅把非欧几何当作欧氏几何中的一种模拟来想象，因为这样会让我们错失一个重要的观点：把非欧几何当作自身稳健独立的几何概念来看；非欧几何有其自身的几何本质，有它自己的几何特征，它们在许多重要的方面根本不同于经典的欧几里得几何。我们应该想象自己生活在双曲空间本身之中，而不仅仅是它在欧氏空间内的模拟。

　　反过来，我们也可以在非欧几何中找到欧氏几何的模拟物。想象有一种外星人，他们把双曲空间当作基本的；他们在双曲空间中构造欧氏空间的模拟物。这样的解释，在两个方向上都存在。

空间弯曲

　　我们进一步探究一下非欧几何的独特特征。例如，球面几何的一个特征是正曲率，这意味着，当我们选择球面上的一点为圆心并以递增的半径画圆的时候,那些圆的周长不会像在欧氏平面上增长那么快。那些圆微微向内弯曲,因为它们在球面上。周长公式因此也不再是 $2\pi r$,而是小一些。球面几何中圆的周长小于欧氏空间中圆的周长;在球面几何中,离你一定距离内的位置就是比欧氏空间中要少。

抬起你的手臂,考虑距你一臂距离的那些位置。在欧氏空间中,这是一定数量的位置,与一个圆的周长有关,或者在高维空间中,与相应空间区域大小有关。但在球面几何中,一臂远处的这些位置的数量,要比在欧氏空间中有些少。

在双曲空间中,情况则正好相反;一臂远处的位置要比在欧氏空间中多,而且当空间以负曲率强烈地弯曲时,这些位置要多很多。双曲空间是负曲率弯曲的,所以圆的周长随半径增长的速度要比在欧氏空间中更快。

假如你住在双曲空间中的城市里,在你公寓的几个街区内,商铺和饭店的数量将十分巨大,因为离你那么远的位置是那么多。如果这个空间以极高的负曲率弯曲,甚至有可能存在完全未知的文明,就离你咫尺之遥,因为高负曲率就意味着有大量邻近之地。罪犯在双曲空间中很容易逃逸,只需走开不远的距离便可;远距离追踪他们非常困难,因为在每个时刻,都有许多新的追踪方向需要甄别抉择。出于同样的原因,你或你所爱的人,在双曲空间中一不小心就会迷路,因为找到准确的来时路很难;所以要小心,看紧他们。

让我再强调一遍,椭圆几何和双曲几何在非常小的尺度内,会迅速欧几里得化。生活在一个广袤的几何宇宙中的人,基于他在较小尺度下的经验,可能会认为整个宇宙是欧氏的。

147

第七节 欧几里得的错误？

欧几里得的《原本》经常被奉为演绎数学的杰出典范。但它在数学上究竟有多完美？欧几里得有错误吗？他的数学发展有任何数学或逻辑的缺陷吗？尽管并非尽善尽美，《原本》却是惊人严密的，而且，我们需要区分不同类型的错误。我们没有《原本》的原始版本，对其所知来自几个世纪后的抄本和译本。欧几里得的一种错误可以描述为：通过隐含的假设遗漏某些公理。在证明中，欧几里得经常隐含地假定他的构造有某些特征，这些特征完全合理甚至是"显然的"，但今天的数学家不认为它们是他的公理的严格后承。比如，有一些书呆子气的东西，可视为微不足道的省略：欧几里得没有明确断定存在点和直线，每条直线上至少有两点，并非所有点都共线，等等。我们给他添加上这些关联性公理，然后继续。

隐含的连续性假设

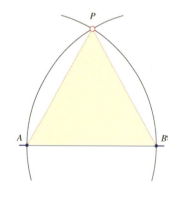

欧几里得隐含地假定了所有几何图形都是连续的，而没有明述这一点。例如，在他的第一个命题中，它给出了构造一线段上等边三角形的方法（非常类似于阿波罗尼乌斯的平分线构造），在这样做时，他构造了两个以线段 AB 为半径的圆，一个以 A 为圆心，一个以 B 为圆心。然后，他令 P 为这两个圆的交点，并证明 $\triangle APB$ 是等边的。但我们如何知道这两个圆确实相交？为什么存在这样的一个点

P？你也许觉得它们相交是显然的。但我们在这里声称的是从公理证明定理，而不是基于未明言的、额外的"显然"事实，而我们似乎没有一条公理蕴涵同一线段上的两个圆必相交。我们可不可以想象两个圆彼此穿错而过，没有确切的交点？或许每一个都从另一个的空隙中穿过。

为了明了这种可能性，让我们考虑有理平面——它是笛卡尔实平面上坐标 x 和 y 为有理数的点（x,y）的集合。我们姑且把有理平面当作整个几何宇宙，或者说一个几何学模型，在这个世界中我们可以形成线和圆；但它们上的点只能是有理点。在这个有理世界中，假如我们有点 A 和 B，则它们是有理的，而由于该三角形的高是底边一半的 $\sqrt{3}$ 倍，相应的点 P 就不会是有理的。所以，在有理平面上，不存在这样的点 P；那两个圆在此世界中不相交。

实际上，在有理平面这个几何世界中，根本没有等边三角形。也没有正五边形，或正六边形，或任何其他的、正方形以外的正多边形（Hamkins, 2020c, chapter 9）。因此，同线段上的两个圆必相交的假设，是一个额外假设，它是一个隐蔽的连续性假设，在 19 世纪戴德金、柯西和魏尔斯特拉斯等人的连续性和极限思想那里得到阐明，如我们在第二章中所讨论的。戴德金为几何学提出了一个明确的连续性公理，与他的实数完备性思想有关，这被纳入了希尔伯特的形式几何系统。

缺失的概念——"居于……之间"

欧几里得的另一个疏忽是，他未给出关于"居于……之间"这个概念的一个恰当理论，在欧几里得的许多构造和证明中，该概念都是作为一个未定义且未公理化的概念出现的。在许多例子中，欧几里得构造了共线的三个点 A、B 和 C，并观察到 B 居于 A 和 C 之间，因

此 AB 短于 AC，AC 是 AB 与 BC 之和，等等。类似地，他假定 $\angle Q$ 的角平分线（如右图所示）会与线段 PR 相交于 P 和 R 之间的一点。

但"居于……之间"的概念可能要比预期更微妙复杂，恰当的公理化应阐明其基本性质和假设。为了体会其微妙处，请注意，例如，在球面和椭圆几何中，"居于……之间"的概念会出问题，因为在一种意义上可以说，三个共线的点 A、B

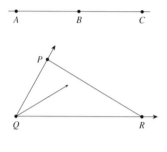

和 C 中的任何一个，都可以被视为居于另两个之间，只需沿反方向绕行球面即可。纽约、布拉格和悉尼，这三者中哪一个居于另两个之间？这里部分地涉及一种关于线段的歧义，因为球面上的两点 P 和 R 决定了两条线段：要沿大圆从旧金山飞到伦敦，你既可以选择向东飞过大西洋（短程路线），也可以选择向西飞过太平洋和亚洲（长程路线）。在球面几何中，不加解释地谈论那个线段 PR 是没有意义的。

希尔伯特几何

希尔伯特提出过一个具体的新几何公理系统，对欧几里得的系统进行了修正和完善，它设法解决了我在本章中提到或未提到的欧氏几何的所有缺陷。他的系统包括了数条关于"居于……之间"的公理，比如：如果一个点 B 居于 A 和 C 之间，则它也居于 C 和 A 之间；给定任意三个共线的点，恰有一个居于另外两个之间（这就排除了球面几何和椭圆几何）。

一个关于"居于……之间"的更实质的点存在性公理断言：

任给两点 B 和 D，存在点 A、C 和 E，使得 B 在 A 和 C 之

间，C 在 B 和 D 之间，D 在 C 和 E 之间。

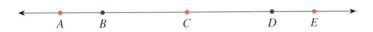

根据这一解释，一条线段 AB 是由 A 和 B 之间的点组成，而两个点 A 和 B 被定义为在一条直线 ℓ 的"同一侧"，如果没有 ℓ 上的点在 A 和 B 之间。希尔伯特随后增加了几条公理，它们决定了每条直线将空间恰好划分为两侧，即希尔伯特几何正是我们想要的二维平面几何。希尔伯特系统还明确列出了用来阐明"一个点在一条直线上"这个概念的公理，用来阐明合同概念的公理，以及关于平行线的公理。马文·杰伊·格林伯格（Marvin Jay Greenberg, 1993, chapter 4）将去掉平行公设的希尔伯特理论，即仅含关联公理、次序公理、合同公理和连续公理的希尔伯特理论，称为中性几何。它是欧氏几何和双曲几何的共有部分，而椭圆几何则已被希尔伯特的其他公理排除在外。

塔斯基几何

塔斯基发展了另一种公理化几何，称为几何基本理论，它仅基于点，其他几何概念均通过点来表达，具体做法是对"居于……之间"这个未定义的三元关系概念和定义在点对的对（pairs of pairs of points）上的等长关系概念进行公理化，另外还包括了一个一阶连续公理模式。

第八节 几何学与物理空间

几何学是对物理空间之性质的数学研究吗？历史上的几何学家和自然哲学家确实是这么认为的。根据这种观点，我们将点、直线和圆理解为物理空间特征的数学理想化。

在解释非欧几何的哲学传统时，琼·理查兹（Joan Richards, 1988）说，是黎曼（Bernhard Riemann）和亥姆霍兹（Hermann von Helmholtz）引发了关于几何真的性质的哲学讨论。他们都分析了基本的空间概念，试图揭示哪些几何概念是逻辑上必然的，哪些取决于偶然的经验，并最终断言，我们是依靠经验来对欧氏几何和非欧几何进行取舍抉择。她写道："这样，他们的分析提出了欧几里得几何是必然为真，还是仅仅偶然为真的问题。"（Richards，1988，p.64）

鉴于非欧几何是可能的，我们可以把欧几里得的空间理论当作一个科学假设，需要科学地予以检验。我们如何通过实验确定这个物理宇宙是否是欧几里得的？一种方法是构造一个很大的三角形，测量其内角和是否为180°。据说高斯就是这么做的，他用三座相距遥远的山峰作三角形；而测量的结果在误差范围内与欧几里得几何一致。罗巴契夫斯基呼吁在天文尺度的三角形上进行这类实验。

格林伯格（Greenberg, 1993）强调指出，由于实验误差，物理实验永远无法结论性地证明空间是欧几里得的——它只能证明空间是非欧几里得的。测量总是有误差区间，如果180°被排除在该区间外，则说明空间是非欧几里得的；但如果180°在区间内，则其他足够接近但不等于180°的度数和也在区间内。因此，任何相容于欧几里得空间的实验结果也相容于非欧几里得（但近乎欧几里得）的空间。

假设物理宇宙被证明不是欧几里得的——这会对欧氏几何理论的某个方面构成反驳吗？对于欧氏几何所关于的那种几何来说，所有定理和构造不都是仍然正确吗？如果是这样的话，则这一反事实设想不是已经反驳了认为几何学是对物理空间的数学研究的想法吗？欧几里得几何是关于这样的数学对象域，里面的对象——点、线和圆——满足欧氏几何的公理，无论物理宇宙是否如此。

我们现有的最好的物理理论，实际已经与如下观点产生冲突：各种经典的几何理论，包括欧氏几何、双曲几何、椭圆几何，是关于物理空间的几何学。根据现行的理论，空间（或如物理学家所称的，空时）的性质受其中出现的质量的影响，后者会扭曲其附近的空间。光在引力作用下会弯曲，这一点为相对论所预言，并为实验观察所证实，其中包括对中等质量物体附近的遥远光源的引力透镜现象的观察。物理空间在几何上远比任何我们谈到过的几何理论要复杂。

把几何当作对物理空间的研究，还有其他一些问题。也许最终会证明——如未来某种改良版的量子力学所解释的——空间（像能量一样）可量子化为离散的、不可分的单元；它可能是有穷的。另外，考虑空间的同质性问题，即物理空间的局部性质是否处处相同的问题。也许未来改良版的物理学会揭示，空间可以局部地撕裂或退化，而不再是同质的。

第九节 庞加莱论几何的性质

我们最终被引向这样的几何观——几何学关心的是纯粹的数学问题，与物理空间没有必然联系。庞加莱在回应上述问题以及康德哲学时说：

> 然而，还有一个无法克服的难题。如果几何学是一门实验科学，它就不再是一门精确科学，而是服从于持续的修正。不，实际上，它自今以后肯定都是不正确的，因为我们知道不存在完美的刚体。
>
> 几何公理因此既不是先天综合判断，也不是实验事实。
>
> 它们是约定。我们在各种可能的约定间进行选择时，虽然接

受经验事实的指引，但仍然是自由的，仅受限于避免矛盾的需要。这样，公设依旧可以严格地为真，即便那些引导我们采纳这些公设的实验定律仅仅是近似的。换言之，几何公理（我没有说算术公理）只是伪装的定义。

此时，我们该如何理解这个问题：欧几里得几何学是真的吗？这个问题根本没意义。我们同样也可以问，米制和旧的测量单位孰真孰假；笛卡尔坐标系和极坐标系孰真孰假。一种几何不能比另一种几何更真，它只能更有用。(Poincré, 2018, p.42，强调为原文所加)

对庞加莱而言，存在多种几何意味着，关于物理空间的几何真理无法被先天地认识。各种几何学框架都可以被数学地研究，作为物理世界的模型被提出时，它们只是一些约定。公理本身定义了它们的主题。

第十节 塔斯基论几何的可判定性

作为本章之结束，让我们回到塔斯基的几何基本理论，以及他所证明的关于该理论的一个结果，在我看来，这个结果对于经典几何这项数学活动的主题有着深刻的蕴意。塔斯基所证明的是，他的几何基本理论是完全的和可判定的。也就是说，他的几何公理系统逻辑地确定了初等几何语言中可以提出的每一个问题的解，而且他提供了一个可计算的程序，来判定每个这样的命题的真值。多么神奇啊！经过两千年的数学斗争，我们终于把几何归结为一个机械的程序。

152　　　塔斯基的几何判定程序，得自他关于实闭域的一个深刻定理，在那里他为有序实数域结构 $\langle \mathbb{R}, +, \times, 0, 1, < \rangle$ 确定了一个完备的公理集。塔斯基证明，有序域语言中的每个断言，在他的实闭域公理下都等价于

一个不使用任何量词的断言，因此其真假是容易判定的。例如，$\exists x a x^2 + bx + c = 0$ 这个存在性断言，在实数上等价于其判别式是非负的，即 $b^2 - 4ac \geq 0$，而后者不带量词。塔斯基令人惊讶地证明，有序实数域语言中的断言，都类似地等价于一个无量词断言。这对几何学有影响，因为完整的有序域语言是十分丰富的——丰富到足以指称所有经典的几何对象（点、线、平面、圆、抛物线、圆锥截面、双曲面、角，等等），方法是指称描述这些对象的代数方程。因此，在这个形式语言中，我们可以做关于全体三角形、圆或圆锥的一般性断言，要求具有某些性质——只要它们是代数可表达的——的几何对象存在。这样，应用塔斯基的判定程序，我们可以判定任何这样的几何断言是否为真。

从乐观主义的角度看，塔斯基判定程序可谓是几何学学科的一种理论完成，这个始于两千余年前的宏图伟业，如今终于借助一个将几何推理过程自动化的判定程序完成了，该程序能机械地确定笛卡尔实数解析几何模型中任意维度下任何几何命题的真假。我们造出了一台几何真理鉴别机。

当然，对于这种浮夸看法的一个反驳是，塔斯基的判定程序只具有理论的用处，因为尽管我们有关于该程序的具体说明，但它执行起来要花费太长时间，实践中没什么用。塔斯基原始算法的时间复杂度是如此之高，增长是如此之快，以至于它无法被任何初等递归函数限制。改进后的版本将时间复杂度降到了双指数的水平，这是巨大的进步，但仍不适于任何实践的目的。对于像塔斯基程序这样的基于量词消去的程序来说，在某些意义上，双指数增长已经被证明是最优。

另一个严重的反驳是，塔斯基的算法不能容纳其所应用的形式陈述中对整数或自然数的指称，而古典几何包含了这样的指称。根据哥德尔的定理（参见第七章），不存在初等算术理论的判定程序，因此不可能改进塔斯基的判定程序以包含算术。特别地，我们无法用塔斯基的程序判定如下形式的问题："这个具体的构造程序在有穷步内能达到某个特定的布局形状吗？""是否存在具有如此这般具体性质的构造程序？"在这个意义上，这种更丰富的几何概念是塔斯基判定程序所未能完成的。

153

思考题

4.1 在我们所给出的圆规等价定理的证明中，我们既用到了直尺，也用到了圆规。而且，由于证明依赖于长方形，它实际还用到了平行公设。但尽管如此，这个定理却存在只用圆规且不用平行公设的证明。找出一个这样的证明（比如在《几何原本》中或通过网上搜索），并自己实操一下其构造。解释一下为什么这种证明方式会更好一些。

4.2 证明任意两个规矩数的和与积也是规矩数。

4.3 以给定的一条线段为一条边，用尺规作一个正六边形。你还能轻松构造其他哪些正多边形？（查阅一下高斯-万策尔定理。）

4.4 讨论一下古典数轴上非规矩数的本体论地位。如果我们无法构造它们，这些点还存在吗？

4.5 我们在文中描述了，如何从两个点 A、B 开始，原则上穷尽地构造出平面上所有可构造的点，并且过程中在每个阶段都用所得的点形成了所有可能的直线和圆，找出它们的交点后才进行下一步。这个过程依赖于你从哪两个特殊的点 A、B 开始吗？如果是，在什么意义上我们定义了"可构造的点"？对于"规矩数"的定义是否可类似地反驳?

4.6 几何构造在什么意义上具有缩放不变性? 如果我能用尺规构造一个图形, 对于任意的 x, 我都能构造出该图形缩放 x 倍后的图形吗?

4.7 讨论圆规等价定理在何种意义上是某种情形的正面实例, 对于一些非欧几里得的构造工具, 如带标记的尺子、折纸法和万花尺, 这种情形以负面形式出现。

4.8 物理的直尺总是有一个有限的长度, 物理的圆规也只能张开到某个最大的半径。这些物理的局限是否会造成理论上的局限, 它们原则上可承担任意的尺规构造吗? 先考虑仅圆规或仅直尺受限的情况, 然后考虑两者都受限的情况。参见 Hamkins (2020a) 和 Goucher (2020)。

4.9 可构造平面与实平面 $\mathbb{R}^2$ 满足相同的几何真理吗? 换言之, 相对于几何语言中可表达的语句来说, 可构造平面是实平面的初等子结构吗?【提示: 实平面上有作为三等分角和倍立方问题之解的点。它们在那里可验证吗?】

4.10 我们无法用尺规作出倍立方体, 但你能作出倍正方形吗? 给定一个正方形, 构造一个面积恰好两倍于它的正方形。

4.11 考虑其他一些经典构造, 例如二等分角, 分析圆规或直尺放置方面的误差传播情况。

4.12 数轴上的每个点都可通过尺规构造吗? 你是怎么知道的?

154

4.13 康托关于非规矩数存在的证明是构造性的吗? 它证明了某个特定的非规矩数存在吗?

4.14 考虑另一个经典构造，例如二等分角的构造，在 GeoGebra 系统中实现它。

4.15 证明任何可通过尺规及文中提到的两个基本折纸折法完成的构造也可以仅用尺规实现。

4.16 评价一下每个三角形都是等腰三角形的证明。它有缺陷吗？

4.17 几何学是对物理空间的数学研究吗？如果不是，那几何学的研究对象是什么？

4.18 讨论这个问题：我们能用实验方法确定物理空间是否是欧几里得的吗？一次测量可以证明空间是或不是欧几里得的吗？

4.19 普莱费尔版的平行公设在球面几何中是否为真？如果不是，为什么这种几何被认为是非欧几里得的？

4.20 我们对欧氏几何真理的直觉在多大程度上也支持非欧几何，尤其当曲率接近零时？

4.21 塔斯基几何公理系统的完全性与一个可计算的判定程序的存在有什么关系？你能证明每个具有计算可枚举公理集的完全的理论都是计算可判定的吗？（我们会在第六章进一步探讨这个问题。）

4.22 讨论一下塔斯基判定算法对于作为一种数学实践的几何学的意义；该算法的不可行性扮演什么角色？

扩展阅读

- Marvin Jay Greenberg（1993）：关于几何学这门学科的一个精彩说明，包含丰富的数学、历史和哲学内容；强烈推荐。

- John Stillwell （2005）：对几何学学科的一个坚实可靠的数学发展。

- Dave Richeson （2018）：一个实现透视棋盘构造的有趣的 GeoGebra 实例，让人们可以看到初始数据设置的变化如何影响棋盘透视结果。

- Robert Geretschlager （1995）：对折纸艺术所含几何的一个引人入胜的说明，包括一个对折纸艺术作为一种几何构造方法的分析。

- Viktor Blåsjö （2013）：贯彻了亥姆霍兹的设想，即考虑作为一个生活在双曲空间中的生物会是什么样子，着重比较视觉经验和幻觉与欧几里得空间中的差别。

155

致谢与出处

感谢 Deborah Franzblau 和 Ilya Kofman 的评论和建议。关于每个三角形都是等腰三角形的错误证明归功于 W.W. Rouse Ball 的 *Mathematical Recreations and Essays*, 1892 （Ball, 1905, p. 38），此处的讨论改编自我的书《证明与数学的艺术》，即 Hamkins （2020c）。仅用直尺构造棋盘，在 Stillwell （2005, pp. 88-94）中有描述，该书还讨论了它与艺术史的关系。倍立方和三等分角的不可能性首先由万策尔于 1837 年证明。本书中关于非欧几何的历史材料，以及对波尔约和高斯的讨论，均改编自 Greenberg （1993）。理查兹的评论摘自 Richards （1988）。塔斯基对初等几何构造理论的说明出现于 Tarski （1959）。他为实闭域确立的判定程序出现于 Tarski （1951）。

第五章

证明

摘要：什么是证明？证明与真之间的关系是什么？每一个数学真理都各自有使其为真的理由吗？在澄清了句法与语义之间的区分，并讨论关于证明之本性的诸观点——包括视证明为对话的观点——之后，我们将思考形式证明的性质。我们将强调可靠性、完全性和可验证性对于形式证明系统的重要性，并概述完全性定理证明的核心思想。紧致性定理把证明的有穷特征提炼为一个独立的、纯语义的结果。借助计算机进行验证的证明越来越重要，四色定理的历史很好地说明了这一点。通过弱化形式系统中的某些逻辑规则，各种非经典逻辑，如直觉主义逻辑，很自然地产生了。

证明一个数学命题，是什么意思？据说，在美国刑事司法系统的陪审员选举中，数学家候选人有时会遭到检察官的拒绝，因为他们对证明某事"在合理怀疑范围之外"——陪审员所遵循的定罪证据标准——常常缺乏常识的理解；数学家们的证明标准定得太高。让我们严格地区分真和证明。一个陈述是真的，只要它所表达的思想是事实。（当然，关于真的确切本质，存在激烈的哲学争论，哲学家们试图详细解释，具有一个真谓词或作出一个真断言意味着什么。）而证明一个陈述，则需要给出一个该陈述缘何为真的理由，一个能让我们相信该陈述的理由，或者说，一个确保该陈述符合事实的辩护。有一个同样丰富的证明论，我们将在本章讨论。或许你会想，一个陈述可以是真的，不管我们能为它提供什么样的理由。每一个数学真理都基于某个理由，比如一个证明，而为真吗？有偶然的数学真理吗？

第一节 句法-语义之分

证明与真，分居句法-语义之分的两端，因为从根本上讲，证明是一个论证，它是一组以某种句法的方式组织起来的断言，而一个断言的真假，则涉及与事物本身有关的深层语义问题。

158　　在语义的一侧，我们关心的是意义、真、存在和有效性。设 M 是一个数学结构，φ 是相应语言中的一个断言，它可能带有 M 中的参数，我们定义满足关系 $M \models \varphi$，读作"M 满足 φ"，表示 φ 在 M 中为真。这个关系在所有一阶语言以及一阶语言的许多扩张中都有定义，定义通过在 φ 的复杂度上做归纳进行，即以所谓组合的方式把复合断言的真假归结为其子断言的真假。一个理论 T 指语言中的一个句子集，它是可满足的，如果存在一个模型满足此句子集中的所有句子。仍旧是在语义一侧，我们还有一个逻辑后承的概念，$T \models \varphi$，它表示 φ 在理论 T 的每个模型中都为真。考虑理论为空集的情况，我们就得到有效式的概念，$\models \varphi$，它表示 φ 在每个模型中都为真。

相反，证明则毫无疑问属于句法一边，因为理想情况下，我们可以将一个证明当作纯句法对象加以检验和分析，而无需意义的概念或用任何模型来解释其语言。对于任意一个理论 T，我们用 $T \vdash \varphi$ 表示存在一个从 T 到 φ 的证明。类似地，$\vdash \varphi$ 表示 φ 由空集可证，即无需形式系统本身具有的逻辑公理之外的任何公理。

句法	语义
语言	意义
数字	数
公式 φ	模型 M
变元/常元符号	元素 $a \in M$
关系符号	M 上的实际关系
函数符号	M 上的实际函数
理论 T	真 $M \models \varphi$
证明 $T \vdash \varphi$	有效性 $T \models \varphi$
T 的一致性	T 的可满足性
"雪是白的"	雪是白的
提到	使用
声称存在	现实存在
形式主义	柏拉图主义
"pants"当"trousers"用	pants 当 trousers 用

这样，我们按照句法-语义之分，把我们的逻辑概念划作两边，而数理逻辑中许多深刻的结果，都涉及这两边概念之间的互动。

使用/提到

语义和句法之间的区分，也被称为使用/提到之分（use/mention），亦即使用一个语词和仅仅提到一个语词之间的区分。在牛津最近的一次高桌聚会上（学院教研人员定期举行的正餐聚会），我的同事亚历克斯·莫兰（Alex Moran）在谈到北英格兰的"风俗习惯"时说：我一般把 pants 当 trousers 用。或者，他说的其实是：我一般把"pants"当

"trousers"用。对于美国读者，请允许我说明，"pants"在通常的英式英语中，与美式英语中的"underwear""underpants"或"panties"同义。我当时留心瞟了一眼桌子底下，可以声明，他当时并没有把 pants 当 trousers 用。由于引号通常是不发音的，而莫兰也没有以勾勾两根手指的身体语言来表示它，我无法确定他说的究竟是哪句话。但鉴于我们是在讨论语言的地区差异，很可能他只是在提到"pants"和"trousers"两个词，而不是在使用它们。

我女儿希帕提娅曾问我：Does everything rhyme with itself? 我回答不，因为我错以为（或许是故意的）她问的是：Does "everything" rhyme with "itself"? 但话说回来，她说的也有可能是：Does "everything" rhyme with itself? 又或者是：Does everything rhyme with "itself"?

第二节 什么是证明？

传统上，一个初出茅庐的数学家走向成熟的一个标志是，他终于能可靠地判断，什么时候他得到了一个证明，什么时候没有，并在这一点上对自己诚实。不太成熟的学生，时常会在写证明时胡言乱语，甚至自己都意识不到这一点——"甚至都不能说是错"——而真正的数学家，则一般要么写出了一个正确的证明，要么什么都不写，或修改所要证明的命题。数学家一般严格地区分证明和单纯的证明思路。

但究竟什么是证明呢？在高中几何课上，学生们经常会学到一种标准的两栏式证明，其中第一栏可以写入某些类型的陈述，只要有某种辩护理由被相应地写入了第二栏。这种形式的证明书写格式，突出了证明的一个非常重要的特征，即证明必须给出一个推理链条，它从前提逻辑地确立结论，同时也强调了这样一个想法：每个数学断言都需要证明。在当代的数学研究中，死板的两栏证明格式让位于一种更开放、更灵活的格式。大部分当代的数学证明，都是以散文的形式写就，但保持了证明的决定性特征，即证明必须逻辑地确立其结论为真。

当被要求给出一个精确的定义时，许多数学家可能会感到难以准确说出什么是证明。在数学实践中，证明就是一个充分详细的、有说服力的论证，它从一些前提逻辑地确立其结论为一个定理。成功地证明一个新的定理，往往是通过引入新的数学思想或方法办到的，而人们从这个证明学到的，不只是该定理为真，还有崭新的数学洞见。我们珍视这样的证明，因为我们有可能用这些新的方法，解决其他一些吸引我们的问题。通过引入新方法证明一个定理，往往比用已知的技术证明一个定理更有价值。

证明作为一种对话

数学证明经常出现于特定的社交语境，而一个论证究竟算不算是一个证明，有可能依赖于其所预期的听众。对于某些听众，细节可能需要多一点，而对于另一些听众，寥寥数语即可。面对一个证明，怀疑者可以要求证明提出者就困难部分给出更多阐释和细节，从而探究这个证明，而如果证明提出者能快速给出令人满意的清晰解释，那当然算是证明本身可靠的一个积极证据。反之，如果证明提出者无法对其证明的某个部分作出更彻底的解释或辩护，那就是个坏消息了。可能证明有漏洞；可能怀疑者的反对意见已经把该证明推翻。以这样的方式，我们可以把证明理解为一种对话活动。

卡塔琳娜·杜蒂尔·诺瓦斯（Catarina Dutilh Novaes，2020）强调了证明的这种对话性质，并阐释了这一视角是如何与证明在数学实践中扮演的几种相互关联的角色相吻合的，其中包括证明的传统角色，即

（1）证明作为证实手段，发挥逻辑的保真功能，确立定理的有效性。诺瓦斯将之与（2）作为认证的证明相区分，后者表示，数学共同体承认一个证明有效，这可以通过审稿和共同体评审达成：

> 使用证明提出者-怀疑者语言，我们可以说，一个证明获得了认证，如果它经受住了足够多合适的怀疑者的检查，无人发现它有错。当然，怎样才算"足够多"和"合适的怀疑者"，这在一定程度上是一个语境相关的问题。意料之中的是，著名数学家作出的重量级结果，会得到怀疑者更多的注意，因此，如果它们没有被找出错误，它们就会比那些发表于无名期刊的平庸结果得到更高程度的认证。当然，这里的风险也是更高的，因为更多的人会在他们自己的工作中依靠这些"著名"结果。因此，可以说认证是一个程度问题（可能类似于经验研究中的稳健性和可复现性）：一个证明被越多有能力的专家检查，并且未被发现不可忽略的错误，就会得到越高程度的认证。(pp. 222-223)

诺瓦斯还区分出了（3）作为交流和说服手段的证明，（4）作为解释——不仅指出某事为真，还告诉我们它为何为真——的证明；以及（5）作为革新的证明，这里革新是指证明承载了新的思想和新的视角。在几个突出的历史案例中，一些证明虽有缺陷，但仍被认为是十分重要的，就因为它们包含了新的数学思想。最后，诺瓦斯还区分出了（6）证明的系统化功能，即证明把一些在数学中尚未联系起来的思想统一到一起。

161

维特根斯坦

维特根斯坦（1956, III.§46）强调，我们具有准确复制证明的能力，而这与准确复制一块颜色或一处笔迹的困难，形成了鲜明对比：

> 必须很容易就能再次准确写出这个证明。这是文字证明相对
> 于图画的优点所在。后者的构成要素经常引起误解。一个欧
> 几里得证明，其用图可能不准确，比如直线不够直，圆不够
> 圆，等等，但作为证明，它仍可以是准确的。

维特根斯坦还强调，证明必须是可理解的；糟糕的记法，或晦涩难懂的形式化，有可能意味着证明的丢失：

> 我想说：如果你有一个无法被理解的证明-模式，然后你通过
> 记法上的一些改造，把它变成了可理解的，那么你就创制了
> 一个证明，而之前它并不存在。

例如，流畅易读的算术记法会催生出一些新的洞见，而在繁杂冗长的记法下，这是不可能的：

> 如果一个人发明了十进制计算——那就是作出了一个新的数
> 学发明！——哪怕他早已掌握了罗素的《数学原理》。

即使已经建立了一个形式基础系统，人们仍然可以在其外部表达有洞见的数学思想。因此，维特根斯坦把数学描述为"证明技术的大杂烩"。

比尔·瑟斯顿

几何学家比尔·瑟斯顿（William P. Thurston[1], 1994）描绘了一种把数学"理解"当作主要目的的数学观，而且他认为，定义-定理-证明模

1　昵称 Bill Thurston。——译者注

型未必是实现该目的的最佳模型。作为例子，他轻松枚举出了理解导函数意义的七种不同方式——都是人们熟知的，用到了无穷小量、切线斜率、$\epsilon - \delta$ 语言、线性逼近等概念手段——并进而想象，这个列表会继续下去；"没有理由让它停下来。"他想象了该列表的第 37 项：一个实函数在一个论域上的导数，是特定余切丛的拉格朗日截面。

> 这是思考或设想导数的不同方式的一个列表，而不是导数的不同逻辑定义的一个列表。除非付出巨大的努力，保留各种人类原初洞见的风味和色调，心理概念一旦被翻译为精确的、形式化的显定义，其特色就会消失。

162　　在瑟斯顿笔下，形式化和数学理解之间的张力，直达数学的核心部位；形式化可能会抹杀数学意义：

> 让计算机程序工作的正确性和完善性标准，比数学共同体关于有效证明的标准高出几个数量级。然而，大型计算机程序，即使经过非常仔细的编写和测试，似乎也总还是有漏洞……编写一个哪怕只是接近一篇优质数学论文智力水平的计算机程序，是何等困难啊，要付出多少时间和精力，才能使其"近乎"形式上正确！当我们考虑到这些，就会发现，声称我们所实践的数学接近于形式上正确，是很荒谬的。

但瑟斯顿并不觉得数学不可靠。毋宁说，他认为数学的可靠性不是来自形式证明，而是来自数学理解：

> 数学家可以，也确实会填补漏洞、纠正错误，当他们被要求这么做，或有其他适当动机时，他们的确会做更细致、更仔细的研究。我们的系统，十分善于生产可靠的定理，它们能

够获得坚实的支持。只不过，可靠性的主要来源，不是数学家对形式证明进行形式的检验，而是数学家对数学思想进行仔细的、批判性的思考。

形式化和数学错误

另一方面，由于许多发表了的证明的确有错误，许多发表了的定理实际是不对的，人们不禁好奇，数学为什么没有崩溃。与瑟斯顿很像，迈克·舒尔曼（Mike Shulman, 2019）也捍卫了这样的想法："数学的基本内容是思想和理解"，而不是证明；即使是不正确的数学证明，也仍然可以是在数学上稳健而有价值的。他讲了一个例子：

> 在最近的一个研究项目中，我从已发表和即将发表的文献中，找到了不少于九个错误的定理陈述（不只是证明有误，定理本身也不正确），其中几个还是由知名专家给出的（实际我自己就有两个）。然而，在所有九个案例中，都不难通过强化假设或弱化结论来让定理成立，而且是以一种足以满足我所知的所有应用的方式。我认为，这是因为那些错误的陈述是基于正确的思想，错误只是在使那些思想变精确的过程中发生的。

舒尔曼解释了一个稳健的数学家共同体如何有效地回应错误，甚至尚未完全搞清楚错误的确切来源时也可以，比如当定理的证明和它的反例都同样复杂的时候。数学家们依靠他们的思想带领他们打破僵局，这些思想已得到充分的理解和检验。

> 这里的要点是，共同发展思想的一群人，很可能已达成一些正确的直觉，这些直觉能识别出"可疑的"结果，并导向对

它们的更多审查。

舒尔曼观点的一部分是，形式数学陈述很可能无法真正捕捉其所意图表达的数学洞见，因此，数学家们对形式陈述的真/假和证明/否证状态不太感兴趣，他们优先考虑的是他们不借助形式化就可达到的那些数学洞见和理解。

163 形式化作为数学思想的一种严格化

但这是否会为错误大开方便之门？让我用例子来说明一下形式化在日常数学实践中是如何起作用的。假设我们有一个实数上的实函数，我们有理由相信它是非常"起伏不定"（wriggly）的，并且是以一种我们认为对某个进一步的结果比较重要的方式。我们思索道：这个函数在什么精确的意义上是起伏不定的？它对于我们想要的结论充分吗？该函数可能是在导数无穷多次改变正负号的意义上起伏不定。这样，它经常上上下下，哪怕幅度很小。或者，该函数也可能仅仅是在有无穷多拐点的意义上起伏不定？或者，该函数虽然可微，但在每个区间上其导数都会改变正负号？或者，该函数不可微，但它在任何区间上都非单调，并在此意义上是起伏不定的？或者，该函数有正负斜率任意陡峭的割线？或者，该函数处处不可微，而这本身是一种形式的起伏不定？或者，还有另外一种起伏不定的概念，它适用于我们的函数并能满足我们想要的应用？

我的观点是，形式化过程一般并不只是把完整的数学思想翻译成干巴巴的形式语言，把标点符号及括号的成对匹配当作主要关注对象。毋宁说，形式化一般是这样一个过程，它将我们的思想严格化，使最初模糊的概念和证明思想获得实质内容和更多意义；它位于数学活动的核心：搞清楚自己想要表达的意思，并将其精确地说出来。关于函数起伏不定的原始想法，允许多种多样的精确刻画，它们以稍微不同的方式表达那个模糊的概念，尽管有一些可能是等价的，但并非全都等价。我们可以拿这个列表与瑟斯顿的列表对比来看。瑟斯顿列出的是思考同一基本数学特征的一些不同方式，它们在形式化后等价，而我们列出的则是关于同一非形式思想的一些不等价的形式刻画。将这个思想形式化，就是采纳这些刻画中的一个，也就是搞清楚我们的意思，并精确地表达出来。这样，形式化常常能为我们的思想和直觉赋予更多深度和意义，而不是相反。

数学不是在形式语言中进行的

有些哲学家认为，数学活动就是由公理证明定理。这些公理和定理被表述在某种数学的语言中，它可能是一个形式的或半形式的语言，因此，从这样的观点看，数学活动总是涉及一个数学语言。特别地，根据这种观点，数学活动并不是发生于数学结构中，无论这样的结构是否真实存在，而是发生于数学理论和语言中，在那里，我们就数学结构提出主张和断言。

另一方面，数学家们有时会为这样一种观点辩护，即数学思想并不总是、甚至也不常常是经由一个形式语言为中介进行的，实际上它可能根本不通过任何语言。一个几何学家可能会想象一个几何形状，在心灵中操控它，从而"看见"某些数学特征显现出来。这个过程似乎并不直接涉及任何形式语言，但它涉及的思想和分析显然是数学的。在这些情形中，数学思想不是自然地以语词或符号表达，而是用了其他一些概念，这些概念具有视觉或空间特征，或者是抽象的，但不必是语言化或符号化的。狗也会思考，但应该不是以一般理解的语言或符号的方式进行思考。这些另类的数学概念可能更难与他人交流，但

164

于那个数学家自己而言，却是同样强烈可信的。并且，这个现象并不仅限于几何学或数学的视觉性部分；分属各种迥异的数学专业的数学家都有报告，他们内心中对许多数学思想的理解，与语词或形式语言中所表达的不同。许多数学家报告说，他们对某些数学概念，包括关于某些类型的数学结构的非常抽象的概念，都有着特殊的理解：

> 在数学中，你的实际所思与你对人所言之间差距有多大？⋯⋯我为这个问题所涉及的那种现象着迷了很长时间。我们拥有亿万年演化而来的复杂心灵，许多模块同时工作着。有太多我们不习惯用语言表达的东西，其中一些，要想诉诸语词或其他任何媒介来进行交流，是十分困难的。基于此，以及其他一些原因，我感到数学家们常常有一些未说出的思想过程，在指引着他们的工作，它们可能是很难解释的，或者，他们觉得尝试去解释它们很麻烦。一个典型的例子是：有一个数学对象，它（对你而言）在某个变换下显然保持不变。例如，一个线性映射可能出于一个"显然的"理由而保持体积不变。但你没有合适的语言去解释你的理由——因此你不做解释，当然也有可能是，在尝试解释但失败之后，你回到计算上来。你转动手柄，毫不费力地证明对象确实是不变的。(Thurston, 2016)

这样，瑟斯顿区分了"思想"和"解释"。我们可以自己看见或思想一个数学事实，用自己私有的概念，但这些东西很难或不可能向别人解释，为了解释，我们必须找到另一种语言。关于这一现象，瑟斯顿（Thurston, 2016）给出了更多迷人案例，它们取自一些著名数学家如陶哲轩、蒂莫西·高尔斯（Timothy Gowers）等人的自述。

郑乐隽（Eugenia Cheng, 2004, p.20）这样描述该现象：

答案是，道德理由比证明更难交流。

证明的核心特征不在于不可错，也不在于信服力，而在于其可交流性。证明是向 X 传达我观点的最佳媒介，它不会有歧义、误解或失败的危险。证明是从一人到另一人的核心支点，但两边都需要某种翻译过程。

所以，当我读一篇文章时，我总是希望作者给出了一个理由，而不只是一个证明，说不定不用费力读懂那个复杂繁琐的证明，我就能说服自己相信该文章的结论。这事一旦发生，好处是很大的。

佩内洛普·麦蒂（Penelope Maddy, 2017）认为数学基础所扮演的角色之一是所谓共享的标准，并将其确定为一致同意的论证和证明的标准。一个形式证明系统的存在，连同一个共同的公理框架，为裁决数学论断提供了终审法庭。然而，瑟斯顿似乎拒斥这一点，主张数学洞见常常是个人化的，相当于维特根斯坦的私人语言，它不可能或很难被翻译为一个通用框架，而不损失任何数学洞见。约翰·伯吉斯（John P. Burgess, 2015）试图为非形式的证明寻找空间，他想确立一个关于什么可算作证明的充分必要标准，后者能把非形式证明也划作合法的。但是，伯吉斯似乎反对认为一些证明比另一些证明更具"解释性"的看法。

弗拉基米尔·沃沃斯基

关于形式化的意义，弗拉基米尔·沃沃斯基（Vladimir Voevodsky, 2014）最终采取了一种与瑟斯顿相反的观点。他举了一个数学证明出错的例子，这个错误很久才被发现，而且用来修复它的一个更复杂的证明，随后也被发现包含错误：

这件事吓到我了。自 1993 年开始，许多数学家小团体在研讨班上研究过我的论文，并在他们的工作中使用它，但没人注意到那个错误。而且这显然不是偶然的。一个被信赖的数学家，提出了一个很难检查的技术性证明，并且该证明与其他已知正确的证明看起来很相似，它被人们详细检查的可能性是很低的。

这件事促使他寻求更安全的形式基础，并最终将他引向了泛等基础（univalence foundation）和同伦类型论（homotopy type theory），本章后面会再讨论。

无字的证明

让我试着用一种比较初级的方式，解释一下瑟斯顿及其他人所谈到的那种数学理解。瑟斯顿关心的是对高等数学思想的深刻理解，但在我看来，被称为无字证明的一种特殊数学证明类型，已经触碰到了瑟斯顿观点的基本精神和想法，而在数学上，它可以停留在初级水平。在无字的证明中，数学家们试图不用任何语词交流数学证明，即纯以

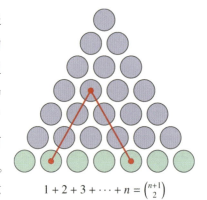

$$1 + 2 + 3 + \cdots + n = \binom{n+1}{2}$$

充满洞察力的图形或图示，来表达证明。这些证明，一般旨在以一种巧妙的方式，引导人们情不自禁地发出"啊，原来如此！"的感叹，人们在领悟了某种思想时，会发出这样的感叹。例如，考虑左边这个图，它是图下方所示等同关系的一个无字证明，其中 $\binom{n+1}{2}$ 表示从一个大

小为 $n+1$ 的集合中选取两个元素的所有可能方式的数量。你能看出该图是如何证明那个等同关系的吗？

我可以对这个证明稍微多说几句吗？蓝色圆圈的三角形阵列，从上往下依次是一个、两个、三个，等等，n 行后共得到 $1+2+\cdots+n$ 个蓝色圆圈。这里关键是要注意到，每个蓝色圆圈都由两个绿色圆圈决定，反之亦然，具体对应方式如红线所示。啊，原来如此！由此即可推得，蓝色圆圈的数量等于选取两个绿色圆圈的可选方式的数量，因而也就确立了我们想要的等同关系。

166

在我看来，几乎每一个所谓无字的证明——尽管其名如此——都能借助精心挑选的语词得到改进。我觉得，给出一个完全没有语言解释的证明，是一种虚假的优点；我知道许多企图给出无字证明的案例，案例中所给出的证明，其实根本没被理解。此种情况下，我宁愿认为，这些所谓的无字证明是一些未充分解释的证明。在证明中使用一些启发性的图形，这当然是好事，但也必须得使用语词。

如何用图形说谎

我们必须对图形的使用保持警惕，因为它们很容易将我们引入歧途。考虑右边这个图，作为等式 $32.5=31.5$ 的证明。图中的两个彩砖拼图，可以通过重新排列互相转化，而且每块砖的形状尺寸，都与其所对应的砖相同。在上方拼图中，彩砖似乎拼出了一个底边为 13、高为 5 的三角形，其面积为 32.5，而

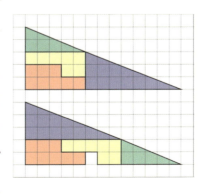

在下方拼图中，缺失了一块方形砖，因此彩色区域面积比上方拼图小一些。这个证明正确吗？读者可以在思考题 5.3 中评价一下它。

硬证明和软证明

硬证明是那种技术上比较困难的证明；它可能涉及辛苦的构造或艰难的计算；也可能需要将不同的细节结合起来，找到正确的组合，才能获得成功；也可能需要证明关于一个相对抽象的构造的各种具体事实，把不同抽象层次的东西关联起来。面对一个硬证明时，我们必须特别注意。相比之下，软证明则是那种只诉诸高度一般的抽象特征的证明，它们几乎完全不需要进行任何构造或计算。后者通常也是我最喜欢的证明。

167　　当一个定理有多个证明时，我们常常可以观察到某种守恒原理，即难度守恒原理。定理的某个证明可能看起来比另一个更难的证明软一些，但经过反思后，我们会发现那个软证明其实用到了某个背景理论或定理，而后者的证明本身很困难，而且常常是同样方式的困难。因此，有这样一个难度守恒的规律；不管是以这样还是那样的方式，我们都得付出同等艰苦的劳作。当然，这个守恒规律只是一个经常被观察到的现象，而不是一个真正的普遍原理。事实上，数学史上有许多这样的例子：一个数学家发现了一个真正意义上更简易的证明，而它随即成为相应定理困难程度的新标准。

从未在数学困难面前退缩过的沙龙·谢拉赫（Saharon Shelah），在那些困难中找到了数学瑰宝之源：

> 还有一些人喜欢哀悼逝去了的"黄金岁月"，那时证明是有思想的，而且技术性不那么强。总的来说，我不太热爱所谓"黄金岁月"，那时拔牙都没有局部麻醉，而"技术性"一词对我

来说就像是一面旗帜，因为很多时候，它不是用于思想的常规执行，而是用于真正难以理解的部分，无论是思想还是其他，并且常常包含主要的创新。

夸张一点说，我的感觉是，美是永恒的，而哲学价值则随时尚而变化。

……关于美，我是指一个结构中定义、定理和证明之间的那种和谐的美；但复杂的证明对我来说并不构成困扰……

厌恶复杂证明的读者可能会大喊："美？你在你那繁杂的证明中能找到一点美的痕迹？"对此，我只能说，我听到了那些球体的音乐，或者说，人各有癖（这两者差别不大）。(Shelah, 1993, Axis A)

道德的数学真理

数学家们有时会说一个数学陈述"道德地"为真，或一个数学证明是"道德上正确的"。例如，我刚刚在 MathOverflow 上搜索了一下这种用法，结果显示，它出现了 431 次。那么，它究竟是指什么意思呢？可以确定的是，它与道德哲学或善的概念毫不相干。当一个数学家说 X 道德地为真时，他的意思大致是这样的："X 是一个重要的、数学解释力很强的、近乎普遍的真理，它仅对一些技术性反例失效，这些反例在一些情有可原的条件下产生，可以被解释掉或吸收掉"；或者，"X 作为一个隐喻为真，虽然字面上它是假的，但它以一种深刻的方式揭示了某种数学洞见。"当 X 道德地为真时，尽管它不必严格字面地为真，但在所有重要的情况下，它（或某种很像它的东西）都为真，并且认识到它对于数学理解至关重要。

作为一个初等的例子，考虑有理数上的 n 次多项式有 n 个根这个

命题。它在实数上并不为真，因为 $x^3 - x + 1$ 只有一个实数根，所以
我们需要在复数上或一个代数封闭域上工作；但即便这时，该命题仍
不是严格为真的，因为 $(x - 1)^3$ 在复数上也只有一个根。但许多数学
家会说，n 次多项式有 n 个根这个命题，是道德上为真的，因为一般
情况下，根是不重复的，而且如果我们引入根的多重性概念，当根在
高次分解式中出现时对其不止计数一次，那么这个命题就会变成真的。
当然，还有许多更复杂的例子。

但为什么用"道德"这个词呢？对此，郑乐隽（Eugenia Cheng, 2004）
是这么解释的：

> 数学理论很少在真假层面上相互竞争。我们不会坐到一起争
> 论，哪个理论是对的，哪个是错的。数学理论在另外一个层
> 面上进行竞争，核心的问题是，理论"应该"是什么样子的，
> 研究它的"正确"方式是什么。我们称之为道德的东西，正是
> 这另一层面的"应该"。那么，究竟什么是道德的呢？什么理
> 由可算作某命题为真的道德理由？除了表示"因不够严格还
> 不能算作证明的论证"的意思外，道德理由还有什么别的含
> 义吗？它在数学中确实扮演着某种有意义的角色吗？……
> 道德关乎我们应该如何行为，而不只是知道何为对，何为错。
> 数学道德关乎数学应该如何行为，而不只是何为对，何为错。
> 数学家们就用"道德"这个词，表达这样的想法。(pp. 7-8)

郑乐隽对道德的数学真理与优雅的证明作了区分：

> 优雅的证明一般包含聪明的技巧，就像一个魔术……，它
> 是那种当你试图精确理解某事时会让你发疯的证明，因为它
> 太过灵巧，以至于什么都没解释。(p. 13)

她还将其与构造性证明、解释性证明以及其他许多类型的证明区分开来。但最终，她也没有对这个词的涵义作出正面的充分说明，虽然有一点她说得很对，这个词被数学家们广泛使用。但它是什么意思呢？

> 我是一个数学道德主义者。我对道德真理比对可证真理更感兴趣。但我同时是一个守规矩的数学家。虽然我已经知道某结果为真，但我还是咬着牙、不大情愿地为其写下一个证明，而写完这个证明后，我也并不会更相信那个结果的真理性。如果我们找到一个数学系统，其中道德真理和可证真理总是等价，那就好了。那样我就不用再证明任何东西。(p. 17-18)

让我试着来说明一下道德语言在数学中的使用。在我看来，一个数学家说一个陈述 X 道德地为真，是指 X 概括了一个重大的真理——对于数学理解和进步很重要的基本真理——即使它可能很难被精确表达；它在边界情形中可能是模糊的。这是许多道德判断共有的一种真理状态。他们并不是要断言，X 为真是一个绝对可证的字面事实，一个导出的普遍真理。陈述 X 可能不那么正规，或者，更准确地说，它不是想要表达那样的意思；X 的精确版本会不可避免地允许一些情有可原的情形，技术上违反 X。声称我们有一个道德上正确的证明时，有一层"应该"的意思在里面——它是那个对的证明，对那个定理应该有效，它使用和表达了一个深刻的数学洞见，可作为指导思想完成证明。对"道德上正确"的这种用法，因而常常被用来表达关于数学推理品质的价值判断。我们可以想象，组合学家会觉得计数证明是道德上正确的，而范畴论学家则会认为，那些确定并使用了一个可图示的普遍属性的证明，是道德上正确的。

169

　　在将道德与数学相联系的另一条研究路线中，贾斯汀·克拉克-多恩（Justin Clarke-Doane, 2020）探索了道德与数学之间惊人的相似性。

在大量哲学前沿研究中，这两个主题都面临着相同的问题和相似的解答与反驳，其中包括实在论、先验辩护、客观性、自然主义和多元主义等。克拉克-多恩探究了哪些是二者真正共有的，哪些不是。

第三节 形式证明和证明论

那么，什么是证明呢？一个真正有力的回答来自形式证明的概念，它由证明论领域的数理逻辑学家提供。让我们在本章余下部分中集中注意力于形式证明。形式证明是严格而精确的，根据严密的规则用形式语言写成，这些规则告诉我们哪些公理和推理规则是允许的。

也就是说，在一个给定的形式证明系统中，从一个理论 T 到一个句子 φ 的一个证明，是该形式语言下的一个句子序列或有序的句子系统，其中每个句子或者是一个逻辑公理，或者是 T 的一个公理，或者可由证明中在先的句子通过系统容许的一个推理规则推得，并且序列中最后一个句子是 φ，即所证明的定理。当存在 φ 的这样一个证明时，我们记作 $T \vdash \varphi$，读作 "T 可以证明 φ"。

欲详细规定这样一个形式证明系统，我们需要指定其形式语言、逻辑公理和推理规则。例如，逻辑公理可以包括所有具有命题重言式形式的句子，以及关于量词和等词的公理。推理规则可以包括所谓分离规则，它告诉我们：从 φ 和 $\varphi \rightarrow \psi$ 可推得 ψ。经常用一条分开前提和结论的横线来表示这样的规则：

$$\frac{\varphi \qquad \varphi \rightarrow \psi}{\psi}$$

另一个可用的规则是所谓选言三段论，它断言：从 $\varphi \vee \psi$ 和 $\neg \varphi$ 可推得 ψ：

$$\frac{\varphi \vee \psi \qquad \neg\varphi}{\psi}$$

有些证明系统公理很多而推理规则很少，另一些系统则公理很少甚至一个都没有，但推理规则很多。

在有些系统中，证明呈线性序列结构，而在另一些系统中，证明 170 则被组织成树形结构，突出证明所用到的特定推理规则。存在各种各样的形式证明系统。在研究证明论时，人们一般会介绍分析一个具体的证明系统。但在本章中，我稍微后退一步，讨论一些一般问题。我想在不引入具体系统的情况下，讨论人们可能希望形式证明系统具备的那些特征。

可靠性

我们当然希望我们的证明概念是保真的，从而可用来确立逻辑后承关系。这就是说，如果我们能从一个理论 T 证明 φ，那么我们希望，每当 T 为真，φ 也为真。换言之，我们希望以下结论成立：

$$T \vdash \varphi \quad \Longrightarrow \quad T \models \varphi。$$

这叫作可靠性。记号 $T \models \varphi$ 读作 "T 逻辑蕴涵 φ"，表示 φ 在满足 T 的每个模型中都为真。一个证明系统是可靠的，如果每当 T 能证明一个断言 φ，φ 都是 T 的一个逻辑后承；即它在 T 的每个模型中都为真。要证明一个证明系统是可靠的，只需验证其逻辑公理都是有效的——在所有模型中都为真——并且其推理规则都是保真的。验证了这些之后，通过对证明长度做归纳，就可以证明整个证明系统是可靠的。

注意，这里我们用到了理论-元理论的区分。在对象理论中，我们是在使用理论 T；我们假定 T 的公理成立，并在 T 所描述的世界中进行推理，在该世界中，T 的断言都为真。而在元理论中，我们只是提到理论 T；我们就 T 中可证或不可证的断言、T 的各种模型的性质，进行一些思考和推理。正是由于有这种理论-元理论的互动，数理逻辑这门学科常被称作元数学。

完全性

反过来，我们还希望我们的证明系统是足够强的，能证明所有有效的推理。这就是说，我们希望我们的系统有这样的性质：如果 φ 在 T 的每个模型中都为真，则事实上一定存在一个从 T 到 φ 的明确证明。具有此性质的证明系统，被称作是完全的。

$$T \models \varphi \quad \Longrightarrow \quad T \vdash \varphi。$$

但这个要求合理吗？毕竟，有效性是一个牵连广泛的普遍性质，它涉及理论的所有模型，包括基数范围广阔至极的不可数模型，以及所有可能的解释，它们构成一个巨大的可能性之域。相比之下，可证性是一个有穷论的句法概念，关注的是形式系统的有穷组合学细节。我们凭什么仅仅因为一个句子在所有模型中为真，就期望能找到它的一个证明，作为其有效性的有穷论保障？这样的要求，似乎有些过分。一个理论的每一个数学后承，都由那个理论可证吗？每一个数学真理，都基于某个理由为真吗？

我们的确能设计出相对简单的、可靠而完全的证明系统，这一点着实令我感到震惊。这些系统为句法与语义、证明与真架起了沟通的桥梁。在这样的系统中，一个句子是可证的，当且仅当它在所有模型中为真：

$$T \vdash \varphi \iff T \models \varphi。$$

因此，对于一个可靠而完全的证明系统而言，不存在偶然的真理；每一个在理论 T 的所有模型中都为真的句子，实际都可从该理论得证；这个领域中的每一个普遍真理，都基于某个理由为真，这个理由就是一个证明——一个我们能够表达的有穷的理由。

紧致性

形式证明系统具有完全性，会导致一个关键的结果，让我来强调一下。确切地说，这个结果是由证明的有穷性造成的。如果一个句子 φ 是一个理论 T 的逻辑后承，那么根据完全性，存在一个从 T 到 φ 的证明。由于证明是有穷的，它只会用到 T 的有穷多公理，又因为它是一个证明，所以这个有穷的理论片段已经足以逻辑地蕴涵 φ。这一有穷性质被称作紧致性定理。

定理 9（紧致性定理） 如果 $T \models \varphi$，则存在 T 中的有穷多句子 $\psi_0, \ldots, \psi_n$，使得 $\psi_0, \ldots, \psi_n \models \varphi$。

这等价于说，一个理论是可满足的当且仅当它的每个有穷子集都是可满足的。

我想强调的是，紧致性定理是一个纯粹语义的结论，它没有提及任何证明系统；它是用属于语义的有效性概念 $\models$ 来表达的，而不是用属于句法的可证性概念 $\vdash$ 来表达的。紧致性定理将证明的有穷性所蕴含的语义学本质，提炼为一个纯粹的模型论性质，在模型论中具有不可估量的重要性，被用于成千上万的证明。尽管哥德尔最初是用我们适才描述的方式证明的紧致性定理，即作为他的完全性定理和证明的有穷性的推论，但对于现在的数理逻辑学家和模型论学家来说，更常见的做法是撇开证明论而直接证明紧致性定理。例如，完全性定理的传统亨金式证明，就可以更容易地被用来直接证明紧致性定理：给定一个有穷可满足的理论，我们将其扩张为一个完全的、有穷可满足的亨金理论，而每一个这样的理论，都有一个可从亨金常项构造出的模型。我们只需将通常的亨金完全性证明中的一致性概念，替换成有穷可满足性概念，后者是前者的语义学对应物。

172 　可验证性

我们希望证明系统具有的另一个重要特征，是可验证性。我们希望，我们面前的东西是不是一个证明，这件事是清晰确定的。对于一个给定的候选证明，它实际是不是一个证明，应该是一个原则上可通过机械的计算程序来检验的问题。也正是由于这一点，证明系统与可计算性概念有了联系，后者将在下一章讨论。

奇怪的是，在对证明论的讨论中，可验证性经常不被提及。人们可能会发现某本著作中有关于可靠性和完全性的广泛讨论，但对于可验证性，它却只字不提。但即使在这样的情况下，读者仍可以确定，必定有这样的隐含要求，即证明系统应该是可验证的。因为毕竟，定义一个证明系统的常规方式，就是明确地列出公理和推理规则，而如果你能识别系统的公理和推理规则的应用实例，你就能通过检查一个证明的每一步，来验证这个证明。出于这个原因，大部分被提出来的证明系统都是可验证的。

然而，我们也可以轻易地想象一些奇怪的系统，它们不是可验证的。例如，系统的公理或推理规则可能只是计算可枚举的，而不是计算可判定的；对于这样的一个系统，我们能计算地验证证明的正面实例，但却不一定能裁定一个候选证明不是证明，因为我们有可能无法确定，某个公理永远不会被接受。另一个例子，是当人们谈论"在二阶逻辑中"证明一个命题时所遇到的情况。二阶逻辑中没有可验证且可靠又完全的证明系统，因为我们能证明，用一个可计算程序枚举算术的二阶有效式，是不可能的。不过，存在可靠、完全但不可验证的二阶逻辑证明系统，它是以语义的方式定义的，下面考虑的几个系统中，有一个就是如此。另外，哲学家们有时还会给出各种可靠、可验证但不完全的二阶逻辑证明系统。

可靠、可验证但不完全

为了强调具备所有这三个性质的重要性，我们来看看，我们可以如何轻松地设计一些证明系统，它们仅具有这三个性质中的两个而非三个。这些系统要么是平凡的，要么没什么用，这有助于强调，我们确实想要全部三个性质。

作为开始，我们首先给出一个平凡的证明系统，它既可靠又可验证，但不完全。实际上，只需考虑空证明系统即可，它没有任何逻辑公理或推理规则。在这个系统中，从一个给定的陈述 φ 出发，你只能推演出 φ 本身。这当然是可靠的，也是可验证的，但显然不是完全的——它显然无法刻画逻辑有效性的完整范围。

完全、可验证但不可靠

接下来，我们给出另一个平凡的证明系统，它是完全的和可验证的，但不是可靠的。考虑这样一个系统，每个陈述都被承认为逻辑公理，从任何前提得到任何结论都被接受为推理规则。这个系统显然是完全

173

数学哲学讲义

的，因为每当 Γ 逻辑地蕴涵 φ，φ 从 Γ 都是可推演的，事实上，每个 φ 都可从空集推演出。这个系统也是可验证的。但它显然不可靠——不可靠到了荒谬的程度——因为每个陈述在该系统中都是可证的，包括非有效的陈述。

可靠、完全但不可验证

下面，我们给出一个可靠、完全但不可验证的一阶证明系统。它可能是这些例子中最有意义的一个了，因为它表明，可靠性和完全性不是证明系统的全部。这个特殊的证明系统，尽管可靠而完全，却是无用的，因为它不可验证。

我们这样来定义这个系统：把所有有效式，即所有在所有模型中为真的陈述，都当作我们的逻辑公理；用分离规则作为唯一的推理规则，即从 φ 和 φ → ψ 可推演出 ψ。这些公理和规则显然是可靠的。同时，它也是完全的。为了看清这一点，我们假定 $T \models \psi$。根据紧致性定理，存在 T 中有穷多的句子 $\varphi_0, \ldots, \varphi_n$ 逻辑蕴涵 ψ。这意味着

$$\varphi_0 \wedge \cdots \wedge \varphi_n \to \psi。$$

是一个逻辑有效式。它逻辑等价于

$$(\varphi_0 \to (\varphi_1 \to (\cdots \to (\varphi_n \to \psi))))。$$

连续应用分离规则于此公理，利用每个 φ_i 都在理论 T 中这个事实，我们就能得到我们想要的 $T \vdash \psi$ 的结论。

阿诺德·米勒（Arnold Miller）在其广受欢迎的逻辑学讲义中介绍了该系统的一个版本，他称之为MM 证明系统（"米老鼠"证明系统）。

258

这个系统有什么问题吗？米勒写道：

> 可怜的 MM 系统找到奥兹国大术师说："我想像其他证明系
> 统那样。"大术师回答："你几乎已经拥有了其他证明系统拥
> 有的一切，甚至更多。完全性定理在你的系统中很容易证明。
> 你的逻辑规则和逻辑公理很少。你只缺一件东西：凡人很难
> 看出你系统中的一个证明是不是真的证明。困难源于你把所
> 有逻辑有效式都当作了逻辑公理。"说完这些，大术师给了
> MM 一个逻辑有效式的子集 Val，它是递归的，并且每个逻辑
> 有效式都可以仅用分离规则由 Val 证明。(Miller, 1995, p.57)

米勒接着在一系列习题中描绘了我们可以如何构造集合 Val，从而使
它成为一个可判定的有效式集合，且所有其他有效式都可以从之证明。
所得的证明系统是一个可靠、完全且可验证的系统。

空结构

    传统的证明系统一般具有如下性质：断言 $\exists x\, x = x$ 在系统中是明
确地形式可证的。但我们认为它有效吗？数学存在能从纯逻辑得到证
明？在空结构中，即论域中没有任何元素的结构中，这一断言当然不
成立。因此，看起来，$\exists x\, x = x$ 的可证性违反了证明系统的可靠性；它
是一个可证但并非在每个结构中都为真的陈述，因为它在空结构中不
为真。传统上，这个问题是通过简单地排除空结构来解决的，即作为
一个定义问题：我们这样定义有效性概念 $T \models \varphi$，它表示 T 的每个非
空模型都是 φ 的模型。这样一来，证明系统就仍然可以被看作是可靠
的。对吧？

    这样的解决方式令人满意吗？不，它无法真正令人满意，至少在

我看来是如此。在数理逻辑发展早期的几十年里，排除空结构，也许还是情有可原的。毕竟，我们从未真正对空结构感到困惑，而限制在非空结构类上，还能带来一些额外便利，比如在处理范式时，以及它使得每个模型都可接受语言的扩张——当较大的语言中有常项符号时，这对空结构会是个问题。但在当代，数学家们普遍认为，精心设计的数学理论应该可以稳健地处理所有边界情形；而当一个理论对一个平凡的边界情形如空结构失效时，一般会认为这表示我们的定义或概念有缺陷。当代形式证明系统不能恰当处理空结构，是"空集病"的一个明显实例，这个疾病我们在第一章中讨论过，它出现于一个传统数学理论拒绝严肃对待空结构时。这个疾病在大部分数学中已经被根除，但仍存在于证明论中。对于今天的许多数学家来说，提议使用一个无法恰当处理空结构的证明系统，是一个充满隐患的、不好的开端。在我看来，以前的证明系统在这件事上的做法是完全错误的，现在是时候解决它们了。

幸运的是，有些当代的证明系统确实能恰当地处理空结构。一个重要的差别，在于证明系统对于语言扩张的反应，特别是对于新的常项符号的反应，因为，尽管每个非空的结构都是扩张后语言的某个结构的简化，空结构却不是。具体地说，由于含常项符号的语言在空结构中得不到解释，相关的有效性关系 $T \models \varphi$ 可能依赖于背景语言，即使 T 和 φ 只用到了语言的一部分。如果背景语言有常项符号，在那个语言下 T 的所有模型就都是非空的，而如果没有，空结构就也有意义。在这个意义上，稳健处理空结构的一个方面，在于承认我们的有效性概念依赖于背景语言。在含常项符号的语言中，$\exists x\, x = x$ 是有效的，而在不含常项符号的语言中，它不是有效的。

形式推演举例

　　给出一些推演的实例，或有助于澄清形式证明的概念。这里我们不详细完整地给出证明系统，仅想象我们是在这样的形式系统中工作，它们接受下面两个形式推演实例中所用到的那些逻辑公理和推演规则。

　　定理　$\exists x \varphi(x), \forall x(\varphi(x) \to \psi(x)) \vdash \exists x \psi(x)$

　　我们先给出一个传统的序列证明。这种证明系统一般有各种量词变换公理和各种重言式公理，且经常以分离规则为唯一的推理规则：

(1)　$\exists x \varphi$,　假设。

(2)　$\exists x \varphi \to \neg\forall x \neg\varphi$,　量词公理。

(3)　$\neg\forall x \neg\varphi$,　分离规则。

(4)　$\forall x(\varphi \to \psi)$,　假设。

(5)　$\forall x((\varphi \to \psi) \to (\neg\psi \to \varphi))$,　逻辑公理（逆否原则）。

(6)　$[\forall x((\varphi \to \psi) \to (\neg\psi \to \neg\varphi))] \to [\forall x(\varphi \to \psi) \to \forall x(\neg\psi \to \neg\varphi)]$,　量词公理。

(7)　$\forall x(\varphi \to \psi) \to \forall x(\neg\psi \to \neg\varphi)$,　分离规则。

(8)　$\forall x(\neg\psi \to \neg\varphi)$,　分离规则。

(9)　$\forall x(\neg\psi \to \neg\varphi) \to (\forall x \neg\psi \to \forall x \neg\varphi)$,　量词公理。

(10)　$\forall x \neg\psi \to \forall x \neg\varphi$,　分离规则。

(11)　$[\forall x \neg\psi \to \forall x \neg\varphi] \to [\neg\forall x \neg\varphi \to \neg\forall x \neg\psi]$,　逻辑公理。

(12)　$\neg\forall x \neg\varphi \to \neg\forall x \neg\psi$,　分离规则。

(13) $\neg\forall x\neg\psi$，　分离规则。

(14) $\neg\forall x\neg\psi \rightarrow \exists x\psi$，　量词公理。

(15) $\exists x\psi$，　分离规则。　证毕

接下来，我们给出同一定理的一个自然演绎证明。在自然演绎证明系统中，逻辑公理通常很少，甚至完全没有，但对于每个逻辑常项，都有相应的推理规则来将其引入或消去：

$$
\cfrac{\exists x\varphi(x) \quad \cfrac{[\varphi(u)] \quad \cfrac{\cfrac{\forall x(\varphi \rightarrow \psi)}{\varphi(u) \rightarrow \psi(u)}(\forall\,\text{消去})}{\cfrac{\psi(u)}{\exists x\psi(x)}(\exists\,\text{引入})}(\rightarrow\,\text{消去})}{\exists x\psi(x)。}(\exists\,\text{消去})}
$$

这个证明在右上方用到了 $\forall$ 消去和 $\rightarrow$ 消去（分离规则），它用到了 $\varphi(u)$ 这个假设，而该假设最终通过 $\exists$ 消去规则被去掉；须注意的是，常项 u 在 φ 和 ψ 中不出现。

176　形式推演的价值

我们该如何看待这样的形式推演？一方面，形式证明是通过可精确验证的、微小原始的推理步骤进行的，从而使得其正确性无可置疑。这种对逻辑严格性的高标准，当然十分令人信服。但另一方面，我们真的是因为这些推演，才相信那个陈述的逻辑有效性吗？不，我们在看到这些推演之前，早就已经相信了；那个陈述的有效性是显然的：如果有一个对象具有某个性质，而这个性质又必然地蕴涵另一个性质，那么就有一个对象具有后面这个性质，它们实际是同一个对象。此陈述

的有效性不需要任何形式阐明，而形式证明显然并不比我刚给出的这个非形式初等解释更具说服力。

这种情况对于形式推演具有普遍性：能实际人工写出的形式推演，一般都是在证明一些平凡、初等的事实。结论一般可以被更简单直接地看出是有效的，而不需要繁琐的形式推演细节。当我在一个新设计的证明系统中工作时，我倾向于把上面给出的这种推演的存在，主要看作该证明系统本身功能正常的证据，而非推演所证明的定理的有效性的证据，后者根本是无疑的。形式推演将我们的注意力引向逻辑推理的细节，比如量词的逻辑运用，它可能伴随着假设的引入和消去，再比如逻辑联结词的分配，等等。相比之下，数学期刊和讲座中出现的证明，则跳过了这些细节，而全神贯注于那些高等的数学概念和思想，它们构成了我们的数学理解的框架。出于这个原因，我们一般无法从形式证明学到关于对象理论的有价值的数学思想。我们一般从形式证明学不到任何数学。假如某个人竟通过写形式推演来开启对一个新数学概念的探究[1]，我会觉得很荒谬。我们学数学是通过把玩、探索数学思想，而不是通过操弄这些思想在形式系统中的形式化表征。

亚历山大·帕索（Alexander Paseau, 2016）指出，用原子化的形式证明替代普通数学证明，会降低证明的可信度，因为无论原来的证明中有什么深刻的思想，在形式证明中，它们都必然会与无数平庸的原子推演步骤相混杂；证明的核心思想会消失在无趣细节的茫茫大海。基于这个理由，以及其他一些理由，他认为，"原子化，就其本身而言，在认知上并不是富有价值的"（p. 204）。

特别地，在当今的普通数学实践中，我们很少用形式推演来说服

---

1 我是指探究对象理论中的概念。证明论学家当然可以从一些形式证明开始来探究证明论问题，但这是根本不同的另一种类型，在那里证明本身是被研究的对象。

177

自己相信一个数学结论为真；几乎从不[1]。毋宁说，证明论是一个理论工具，逻辑学家用它来分析数学中语言与意义之间隐蔽的互动关系。我们抽象地研究证明系统，认识到系统具有某些特征，这些特征使我们能得出一些结论，它们关乎什么可证、什么不可证，以及那些证明的性质。

我发现形式证明与证明论之间的关系，本质上类似于图灵机在可计算性理论中的使用（参见第六章）。我们研究图灵机，不是为了用它们做实际的计算；毋宁说，我们研究图灵机是为了理解计算的本性、分析其固有能力和局限。类似地，我们研究形式证明，也不是真要把我们的数学证明形式化；毋宁说，我们研究形式证明是为了理解证明的本性，分析其固有能力和局限。

第四节 自动化定理证明和证明验证

然而，与上述观点形成强烈对比，且在不远的将来可能完全推翻它的一个趋势是，计算机验证证明能力的日益增长。这有可能成为形式证明领域的规则改写者。我们这一代人，正在见证自动化定理证明和证明助手时代的到来，它似乎注定要改变数学实践。未来的数学家从事数学研究时，可能会普遍使用证明助手和自动化证明验证程序，他们的形式证明数据库会很大，且不断增长。人们想象有一个巨大的形式数学知识库，里面装满了经过验证的证明，它志愿成为人类数学

1　人们或许能找到一些例外。例如，罗素对普遍的概括原则的驳斥很短，可以被看作一个形式推演，因而可以作为我们从形式证明学到重要东西的一个例子。威廉姆森（Williamson, 1998, p. 261）给出了 S5 中巴坎公式的一个半形式推演，然后说，"基于这些推演，人们可能倾向于把它看作一个发现，即发现了 BF 和 BFC 是逻辑真理"。一些怪人有时给我写信称，他们"证明"了实数是可数的，我有时会回复说，如果他们要反驳这样一个公认的数学结果，他们就必须构造一个形式证明，才能被认真对待。我在其他时候不坚持这个标准，这算是一种虚伪吗？

洞见的总和，这些洞见被表达在一个形式系统之中。这样的努力，现在已经认真地开始了。

四色定理

作为例子，考虑一下四色定理的历史。德·摩根的一个学生，弗朗西斯·格思里（Francis, Guthrie）于1852年首先提出了关于四色定理的猜想。它断言，每张地图都可以四色化，意思是说，对于平面上你能画出的任意一张列国疆域地图（国与国之间的接壤关系，遵循一些连通性方面的自然要求），给每个国家染一种颜色，最多只需四种颜色，你就可以使所有彼此接壤的国家有不同的颜色。

178

针对这个定理，先是出现了一些断断续续的错误尝试。然后，阿尔弗雷德·肯普（Alfred Kempe）给出了一个广受好评的证明，十多年后（1879—1890），它才被发现是错的。最后，肯尼斯·阿佩尔（Kenneth Appel）和沃尔夫冈·哈肯（Wolfgang Haken）于1976年最终证明了四色定理，他们的证明部分地用到了计算机，为的是对大量情形进行一种计算分析。应当指出的是，把原来的无穷问题归约为一个有穷问题，这本身就是一项了不起的数学成就。

四色定理的阿佩尔-哈肯证明，关涉到关于数学证明之本性的几个哲学问题。由于它包含大量计算，一个人不可能手动检查它的细节，即使一辈子日夜不休地劳作也不行。但尽管如此，该证明却被数学共同体广泛接受为一个证明。这是否违反了我们关于证明应该可检验的预期？一个证明有什么用，如果我们不能验证或检查它？它如何能令人信服？好吧，我们可以验证那个程序是正确的（正如人们实际做的），从这个意义上说，如果算法完全遵照程序执行，并得到正确的结果，那就意味着该定理是真的。这样的话，我们对定理的信心似乎就依赖于认识到这一点，即计算机确实正确地执行了那个算法，并输出了那样的结果。因为计算机的运行是一个物理过程，受伽马射线和量子涨落等物理因素的影响，这似乎使该定理的证明具有了科学实验的性质。对于一个习惯于把数学证明理解为纯粹先天推演的人来说，这看起来会很奇怪。四色定理的证明是通过经验获得数学知识的一个实例吗？这里，我们似乎遇到了一个后天的数学推理。

令人惊奇的是，四色定理的故事到阿佩尔和哈肯并没有结束，2005年又有了新的进展，乔治·冈蒂耶（Georges Gonthier）给出了四色定理的一个形式证明，可以用自动化证明验证程序验证这个证明是正确的。这是计算机在四色定理证明中的另一个应用，且与之前的截然不同，因为形式证明对象具有逻辑上的稳健性，其合法性可经受详细的审查。现在已经不再能有关于四色定理为真的任何合理怀疑了。冈蒂耶的验证，赋予了四色定理比大部分其他被普遍接受的数学定理更高程度的确定性，因为它们一般都没有得到一个形式系统中的形式证明。

形式系统的选择

当代围绕证明验证问题所做的工作，部分目标在于找到一个适合于证明验证的正确的形式系统。20世纪早期，数学家们认识到，集合论提供了一个稳健而方便的数学基础（参见第八章）；集合论似乎能表达本质上任意的数学结构，在这个意义上，我们可以把一切数学证明看作都发生于集合论中。集合论还拥有极简的语言，仅需一个谓词符号，即集合成员关系符号 $\in$，且策梅洛-弗兰克尔公理（ZFC）是一阶可表达的。因此，许多自动化证明系统都植入了集合论。

另一方面，把数学思想翻译为集合论形式语言，这个想法让有些数学家感到恼火。恰恰由于集合论语言极度简洁，所得到的形式陈述往往笨重不堪，甚至是荒谬的，丢失了数学的生命力，并且这个基础，不能自动适应某些数学家想要的分类赋型方式。想象你要给你的午夜情人写一首诗，但却必须用石头堆出长短线序列，以摩斯码的形式把诗的内容传达给她，你会是什么感受？集合论问题似乎越来越与数学思想无关，因此，有些数学家认为，集合论是一个错误的形式基础。

迈克尔·哈里斯（Michael Harris, 2019）解释了，当形式化努力是在一种陌生的基础上进行时，它会显得多么陌生和束手束脚：

> 像怀尔斯发表的那种证明，不应被视为一个封闭自足的作品。相反，怀尔斯的证明是一系列开放对话的起点，它是如此令人难以捉摸和充满活力，绝不会被外在于该主题的任何基础限制束缚住。

我们想要的是一个我们能在其中自然地表达我们的数学思想的形式系统，一个能将形式基础与我们的数学概念和实践更紧密地联结起来的东西。

作为对这种诉求的一个回应，沃沃斯基提出了泛等基础和同伦类型论，用它作为一个替代性的数学基础，它把促进常规的计算机证明验证，当作自己的一个明确目标。这个理论综合了同伦论、类型论和范畴论的思想，被认为是一个很有希望的形式系统，在某些领域与数学实践更贴近，且易于进行证明的形式化。

> 泛等基础是一个完整的基础系统，在这一点上，它不像范畴论，而更像基于 ZFC 的基础，但它又与 ZFC 十分不同。作为一个比较框架，我假设任何既适于人类推理又适于计算机验证的数学基础，都应包含如下三个成分。第一个成分是一个形式推演系统，即一个语言，以及操作该语言中的句子的纯形

式的规则，这些形式规则的操作记录，可以用计算机来验证。
第二个成分是一个结构，它用人类直观可理解的心智对象，为
该语言中的句子提供意义。第三个成分也是一个结构，它能让
人类用与该语言直接关联的对象编码数学思想。（Voevodsky,
2014, p. 9）

因此，这个新基础的重要目标之一，是提供一个形式系统，它充分接
近数学家的思维方式，又能让形式化实际数学的过程变容易。支持者
们把这种计算易实现性，看作泛等基础吸引人的一个方面。

180　　　　另一方面，批评者们认为，泛等基础被过度吹捧了；许多人觉得，
这个新基础是令人困惑和陌生的，它不易学习，远未达到自然可用的
目的。我怀疑，这个目的对于任何形式系统都是难以达到的，因为证
明验证必然涉及数学上无趣的句法形式操作，这不可避免地会与数学
家所关注的思想有偏差，不管用哪个形式系统。基于这个理由，像瑟
斯顿一样，我很怀疑有任何形式系统能真正贴近数学家实际的思维和
工作方式。我觉得，形式验证因此会继续保持其专业性，也就是说，有
一些专家利用各种形式系统去形式化其他数学家的工作，而不是每个
数学家都把这种形式化当作自己的常规工作，像人们有时设想的那样。

第五节　完全性定理

现在，我们来讨论一下完全性定理的证明中包含的一些思想。我
们的目的是证明一个系统是可靠的、完全的和可验证的：

$$T \vdash \varphi \quad \Leftrightarrow \quad T \vDash \varphi。$$

系统的可靠性，即上式中从左到右的方向，一般很容易证明。只需注意到所有逻辑公理和推理规则确实是有效的，通过对形式证明的长度施归纳，就可证所有形式证明都是可靠的。而系统的可验证性，一般也不难看出来，只要我们所用的公理是可验证的，推理规则在所有应用实例中也都是统一可验证的。唯一困难的部分，是证明系统的完全性。所以，我来谈一谈完全性证明中用到的方法和思想。

经常用到的一个结果，是演绎定理，它断言 $T \vdash \varphi \to \psi$ 当且仅当 $T, \varphi \vdash \psi$。这是一个等价命题，它从左向右的方向，是分离规则的直接推论。在许多自然演绎证明系统中，反过来的方向也是直接可得的。在序列系统中，如果 $T, \varphi \vdash \psi$，则存在一个证明 $\theta_0, \ldots, \theta_n$。然后，对于在该证明中出现的每一个公式 θ_i，我们通过考虑 θ_i 本身是如何在该证明中出现的，来证明 $T \vdash \varphi \to \theta_i$。可以用归纳法来做，假定命题对前面的公式已经成立。例如，如果 θ_i 是通过分离规则得到的，则 $\theta_k \to \theta_i$ 在证明序列中先已出现，根据归纳假设，我们已经有 $T \vdash \varphi \to \theta_k$ 和 $T \vdash \varphi \to (\theta_k \to \theta_i)$。所以，如果我们的证明系统能够让我们从这些重言地得出 $T \vdash \varphi \to \theta_i$，我们就会得到我们想要的结论。这样，关于证明系统必须是什么样这个问题，验证演绎定理能让我们获得一些信息。

另一个我们喜欢的性质是常项定理，它断言，如果 $T \vdash \varphi(c)$，且 c 是一个在 T 中未出现的常项，则 $T \vdash \forall x \varphi(x)$，不仅如此，$c$ 在证明中可以不出现。这仿佛是说，当你证明了一个全新的常项具有某个性质，你实际就证明了这个性质对任意对象普遍成立。数学家惯常使用常项定理，而不加解释，或者，甚至可能都没有意识到自己在用它。为了证明每个群都有某个性质，他们会说，"令 G 是一个群……"，然后证明 G 具有那个性质，进而基于此事实推出，每个群都有那个性质。

181

但让我们明确一下，我们在这里究竟是在做什么。在证明常项定理时，我们不是在给出一个理由，支持上述推理过程是正当的，因为实际上，我们已经知道这是一个有效的推理形式。毋宁说，在证明常项定理时，我们所证明的是，我们的形式证明系统成功反映了这一常见的数学推理形式。在某些证明系统，如自然演绎系统中，很容易通过 $\forall$ 引入规则来证明常项定理。在其他系统中，要证明常项定理，我们可以假设 $T \vdash \varphi(c)$，其中 c 在 T 中不出现，相应的一个证明序列为 $\varphi_0, \cdots, \varphi_n$。然后，我们用归纳法证明 $T \vdash \forall x \varphi_i(x)$，其中 x 是一个在所有 φ_i 中原本不出现的新变元，我们用 x 替换 c 的所有出现。这里的要点是，我们的证明系统包含了充足的量词公理，它们使我们能在量词 $\forall x$ 下模仿原本用常项 c 进行的逻辑推演。

我们称一个理论是一致的，如果它不能证明一个矛盾。否则，就称它是不一致的。因此，一致性是一个纯句法概念，与某种证明的存在与否有关，而不是一个关注特定类型模型存在与否的语义概念。完全性定理等价于说，每个一致的理论都是可满足的，亦即每个一致的理论都在某个模型中为真。要证明从后一命题可以推出完全性，我们假定每个一致的理论都是可满足的，并且假定 $T \models \varphi$。这意味着 $T + \neg\varphi$ 是不可满足的。所以，根据我们的假设，它一定是不一致的。也就是说，$T, \neg\varphi \vdash \bot$。根据演绎定理，$T \vdash \neg\varphi \rightarrow \bot$，进而可得 $T \vdash \varphi$，这正是完全性所要求的。反过来，如果一个理论 T 不是可满足的，则 $T \models \bot$ 以一种空洞的方式为真，然后根据完全性，T 一定能证明此矛盾，因此 T 是不一致的。

因此，我们的目标就转化为，证明每个一致的理论都是可满足的。要做到这一点，我们从一个一致的理论 T 出发，让它在保持一致性的同时，逐步扩张为一个更强的理论。依照所谓的亨金证明，我们为这

个理论添加形如 $\exists x \varphi(x) \to \varphi(c)$ 的句子，即所谓亨金语句，其中 c 是一个专为公式 φ 选择的一个新常项。这个常项 c 被称为亨金常项，实际命名了性质 φ 的一个见证者 x，如果存在这样的见证者的话。利用常项定理，我们能证明这样扩张理论不会导致不一致。然后对于每个句子 σ，我们以系统的方式为这个理论添加上 σ 或 $\neg\sigma$——其中至少有一个是一致的——使理论变成句法完全的。这样，每个理论 T 都可扩张为一个句法完全的、一致的亨金理论 $\overline{T}$。

最后，作为亨金完全性证明的核心，我们证明每个完全的、一致的亨金理论都是可满足的。从某种意义上说，这样的一个理论本身能告诉你该如何去建造它的一个模型，以及什么在该模型中为真。亨金方法的妙处，在于让我们用亨金常项本身去建造模型，这本质上是将名字与其指称，即它们所命名的对象，合为一体。假设一个数学家有一个很大的、可能不可数的集合 A，他或她想发明一个语言，使得 A 的每个元素在其中都有一个名字。那么，创建一个名字集，使得每个对象 $a \in A$ 都有一个独特的名字 $\hat{a}$，最简单的办法是什么？一种做法是，直接把每个对象 $a \in A$ 当作它自己的名字，也就是令 $\hat{a} = a$。这样，我们有意将对象与其名字合为一体。亨金的证明，基本等于是将这个想法倒转过来。我们从一个理论 T 开始，通过增加亨金常项扩充它，这些常项实际是该理论所能证明的存在性断言的见证者的名字。我们需要构造一个使该理论为真的语义解释，而我们在亨金证明中，通过把名字 c 本身当作 c 所命名的对象，来做到这一点。不过，稍复杂的一点是：我们有可能添加了这样的常项符号 c 和 d，它们虽是不同符号，但却最终被该理论证明命名了相同的对象，即 $\overline{T} \vdash c = d$。我们不希望有两个对象对应这两个名字，我们希望只有一个对象对应它们，所以，我们定义名字上的一个等价关系 $c \sim d$，c 和 d 有这个关系，当且仅当

182

我们的理论可证明 $c = d$，然后我们用名字在该等价关系下的等价类来建造模型。至于如何定义名字上的结构，完全而一致的亨金理论 $\overline{T}$ 会告诉我们我们需要知道的一切，因为它是一个句法完全的理论。然后我们证明，φ 在所得的亨金结构中为真，当且仅当 $\overline{T} \vdash \varphi$。特别地，由于 $\overline{T}$ 是原来的理论 T 的扩充，所以 T 在该亨金模型中为真，因此 T 是可满足的，而这正是我们所求的。这样，我们就证明了哥德尔的完全性定理。

定理 10（完全性定理，哥德尔，1929） $T \vdash \varphi$ 当且仅当 $T \models \varphi$。

这就是哥德尔著名的博士学位论文成果，它在句法与语义、证明与真之间建立了极其重要的联系。

第六节 非经典逻辑

当我们精确地给出了一个形式系统的逻辑规则，并开始仔细研究它们时，我们很自然地会想，如果我们对系统的规则做一些改动，会发生什么。如果我们去掉或弱化某个规则，从而弱化这个系统，会怎么样？其逻辑还能正常工作吗？也许，我们可以牺牲掉某些逻辑有效式，比如排中律或双重否定消去律。通过对证明系统做这样的改变，我们能够轻易地创造出各种择代逻辑和非经典证明系统。在某些情况下，这些择代系统与关于数学的各种非经典观点在一些重要的方面相一致，它们有助于澄清那些非经典观点的意义和基本原则。也就是说，在某些情况下，一个择代证明系统有助于明确，人们正在谈的非经典逻辑究竟是什么。

183　　　我们以直觉主义逻辑为例，它也被称作构造性逻辑或构造性数学。

直觉主义是由布劳威尔提出的一种数学哲学，它源于一个根深蒂固的愿望：将数学真理断言与其辩护理由，以及明确的数学构造的想法，更紧密地结合起来。当一个构造主义者说"存在 x"，其意为我们能构造一个这样的 x，而构造性地证明这个命题，意味着要明确给出一个构造。类似地，一个构造主义者有权断言一个析取式 $p \vee q$，仅当他或她已经具体地准备好单独断言 p，或者单独断言 q。基于此，一个构造主义者不一定会断定排中律 $p \vee \neg p$ 的所有实例，因为有可能 p 和 $\neg p$ 都不能被单独断定，在这种情况下，根据构造主义，$p \vee \neg p$ 就不能被断定。类似地，一个构造主义者也不会把 $\neg\neg p$ 看作逻辑上等价于 p，而是把它看作一个更弱的断言，即 $\neg p$ 是不可断定的。因此，经典逻辑以真值条件为可断定性标准；而直觉主义逻辑则实际以证明条件为可断定性标准。布劳威尔的学生海廷，受布劳威尔直觉主义思想的影响，引入了一个形式证明系统来践行该思想，此形式逻辑系统就被称作直觉主义逻辑。这样，海廷的形式系统使我们对直觉主义形式逻辑是什么有了一个精确的理解。

经典有效性和直觉主义有效性

与经典逻辑相比，直觉主义逻辑颠倒了句法和语义之间的某种互动关系。具体说来，在经典逻辑中，我们有一个独立于、甚至可能先于任何证明系统的语义有效性概念；我们定义一个句子是经典有效的，当它在所有模型中为真。而经典逻辑的目的，则是在一个形式推理系统中表达这个有效性概念，并且我们会根据其表达成功与否来评价一个证明系统。当一个证明系统相对于语义有效性既可靠又完全时，我们就说它精确地实现了经典逻辑。

相比之下，直觉主义逻辑则似乎不是从一个清晰的、在先的有效

性概念出发。相反,直觉主义始于关于构造性推理的一般思想;然后
人们设计出一个证明系统,就像海廷所做的那样,来实现和形式化那
些指导思想。结果就是,直觉主义逻辑作为一个形式证明系统被给出。
实际上,这个证明系统本身首先帮助我们澄清和更充分地表达了直觉
主义逻辑是什么。特别地,我们可以用直觉主义证明系统来定义相应
的有效性概念:所谓直觉主义有效,就是指在直觉主义系统中最终是
可证的,亦即根据构造性推理原则是可证的。

关于语义学在逻辑中的作用的争论,有一个令人困惑的方面,就
与上面观察到的这一点有关:在经典逻辑学家看来,大部分直觉主义
语义学都像是证明论。不管怎样,直觉主义逻辑是在逻辑词项的使用
中,亦即支配这些词项的证明论规则中,而不是真值条件中,寻找意
义和语义学。

184　　　　经典逻辑的批评者们指出,经典有效性最初也是类似不清楚的,
经典逻辑也是诞生于它的证明系统和推演规则,那时语义概念还不清
楚,塔斯基还未为一阶逻辑定义满足关系。在塔斯基的形式化阐明之
前,数学家和逻辑学家们确实有关于真和在一个结构中为真的非形式
概念,但这些足以为经典有效性概念——根据它,一个陈述是有效的,
如果它在所有模型中都为真——奠基吗?完全性定理被认为是重要的,
这似乎的确向我们表明,在经典逻辑中,我们可以根据一个证明系统
是否表达了经典有效性来评价那个系统。

面向直觉主义逻辑的各种语义学概念,最终的确出现了,它们使
直觉主义逻辑变得更有深度,容许一种句法/语义的互动存在。比较
著名的一个早期思想是,认为直觉主义逻辑是海廷代数的逻辑,而不
是像经典逻辑那样,是布尔代数的逻辑。海廷代数是具有相对伪补元
$a \to b$ 的有界分配格,可实现直觉主义形式的蕴涵和否定 $\neg a$,后者被

定义为 $a \to \perp$。布尔代数是一种特殊类型的海廷代数，对于每个元素 a，它都有排中律 $a \vee \neg a = 1$ 成立，以及不矛盾律 $a \wedge \neg a = 0$ 成立。在海廷代数中，我们不再要求排中律成立，但不矛盾律仍然成立。比如，我们可以构造集合论的海廷代数值模型，与第八章中讨论的力迫法所隐含的布尔值模型方法类似。对于任意的海廷代数 A，我们定义 A-值集合论宇宙 V^A，在此宇宙中每个对象都有一个名字，而关于那些名字的断言 $\varphi(\grave{a})$ 具有真值 $[[\varphi(\grave{a})]]$，是 A 的元素。我们由此得到 A-值集合论的一套语义，如果 A 不是布尔代数，这套语义将符合直觉主义逻辑，而不符合经典逻辑。这一构造与范畴论中的拓扑斯理论有关，而一个拓扑斯的内在逻辑可以是直觉主义的。

最终结果显示，直觉主义逻辑相对于海廷代数值模型中的真概念是可靠而完全的。这就在两种逻辑以及它们的完全性定理之间建立了一个稳健的类比：直觉主义逻辑相对于海廷代数值真概念是可靠而完全的，经典逻辑相对于布尔代数值真概念——实际就是二值真概念，即在所有模型中的真——是可靠而完全的。

尽管这是两个逻辑之间的一种令人满意的数学对称，我在这里想说的重点却是，这个类比有一个重要的缺陷。那就是，虽然我们通过海廷代数获得了直觉主义逻辑的完全性定理，就像经典逻辑通过所有模型中为真的概念所做到的那样，但直觉主义逻辑并不是奠基于该有效性概念。在直觉主义那里，我们并不是从海廷代数值所提供的有效性概念出发，以形式化该有效性概念为目的，并根据我们的证明系统是否能做到这一点来评价这些系统。毋宁说，直觉主义有效性与海廷代数真概念一致，这是我们的一个数学发现。实际上，在我看来，对于在所有海廷代数值模型中为真，我们没有一个稳健的前反思概念，可以作为激励直觉主义逻辑的一个独立的有效性概念；我们不是为了

185

刻画那个有效性概念而设计出这个逻辑。形式的直觉主义逻辑的设计，是受了关于数学陈述之本性的构造主义观念的指引；这种逻辑遵循并贯彻了构造性证明的思想。然后我们才注意到，这种逻辑恰好与海廷代数有效性若合符契，而这最终也是我们关心海廷代数有效性的原因；假如是另一种不同类型的代数与这种逻辑相符，我们谈论的就会是那种代数。在这个意义上，直觉主义有效性是奠基于直觉主义逻辑，即直觉主义的证明系统，而经典的有效性是奠基于真概念和语义学——有效即在所有模型中为真——我们的经典逻辑证明系统是被设计出来刻画这个概念的。

由于直觉主义更关心的是数学推理问题，而不是数学模型语义学和真，与数理逻辑中的其余部分相比，它倾向于和证明论保持更紧密的联系。

"构造性"一词的非形式用法和形式用法

在第三章（参见第147页），我们讨论了构造性论证和证明的思想，使用了这个术语的常用数学含义，它比布劳威尔构造主义和构造性逻辑中的构造性概念要宽松一些。数学家们一般称一个论证是构造性的，如果存在性论断是通过展示一个实现该性质的特定对象来确立，这与纯存在性证明形成对比，后者证明存在却不给出任何特定实例。构造性这个词在数学中的普通用法，一般并不表示，所涉及的构造符合构造性逻辑的要求。

但这有时会在数学讨论中引起混乱，因为一个经典数学家和一个构造主义数学家对相关术语的理解会有不同。我曾在 MathOverflow 和 Twitter 上几次遇到过这样的情况，一个数学家请教某数学问题的构造性证明，当有人给出了一个显式的构造，他便感到心满意足，但这时一个构造主义的数学家却跳出来反对说，那个显式构造实际并不完全符合构造主义逻辑；可能它在某个地方用到了双重否定消去律或排中律。讨论随后就陷入混乱，直到大家意识到，参与者们对什么算是一个构造性证明有不同的观念。

想象一位青年作家，他兴高采烈地炫耀自己在拍卖会上买到的一张古董实木书桌，却被告知这张书桌实际并不是古董；可能它只有 95 年历史，而古董的商业定义要求一个世纪以上。但即便如此，用这张书桌写作仍然是十分惬意的，而我个人也乐意与该作家及大多数人一道称之为古董。类似地，构造性一词的普通常见意义是一个稳健、有用的数学概念，在数学中被广泛地用来区分构造性较强的证明和纯存在性证明，无论那些证明是否完全符合构造性逻辑的要求。在我看来，摒弃这样的意义，只允许更严格的构造主义意义，会是数学交流的一大损失。

186

但另一方面，我们又可以轻易地批评构造性的这种非形式用法，指出这种用法实际没有任何稳健的意义，无论是在哲学上，还是在数学上。终极地看，如果一个证明根据构造主义逻辑不是构造性的，那么它就会违背用来支持构造主义逻辑的那些构造主义原则。所以，在我们讨论的例子中，尽管可能看起来我们有了一个显式的构造，但实际上我们并没有，因为在该构造中不符合构造性逻辑的地方，我们一定最终诉诸了一种非构造性的方法或过程，比如分类讨论或双重否定消去。构造主义者们的确更理解，拥有一个构造性证明是什么意思。

对本体论的认识论入侵

一些经典逻辑学家拒绝在普通数学中使用直觉主义逻辑，他们认为，这是对数学真理讨论的一种认识论入侵。从经典逻辑的观点看，仅仅因为我们没有准备好独立地断言 p 或 q，就说我们不能断言 $p \lor q$，哪怕它们只是简单的算术陈述，这是混淆了一个断言为真与我们知其为真的理由。在经典逻辑中，我们当然可以知道一个析取命题，而无需知道它的任何一个析取支。经典逻辑学家研究经典结构和模型的一个领域，希望发现关于它们的真理，对他或她来说，直觉主义的反驳似乎是沉陷到认识论问题中去了，后者关乎我们对那些形形色色的结构的知识，以及我们借以达到那些知识的程序的统一性。因此，对经典逻辑学家而言，直觉主义者改变基础逻辑的要求，实际意味着学科主题的变动，即从存在到构造、从定义到可计算性、从真到证明的变动。

对此，直觉主义逻辑学家可能会回答说，经典逻辑学家错误地假设存在一个稳健的经典语义学领域，其中每个命题都与其否定恰好一真一假；此等领域或许只是一个美丽的幻觉。

没有不可逾越的鸿沟

经典逻辑学家当然能够讨论可构造性、可计算性和证明，而无需将这些概念嵌入到基础逻辑之中。经典逻辑学家可以研究拓扑斯或海廷值模型的性质，就像研究其他类型的数学结构一样，因而可以与直觉主义逻辑学家进行富有成效的互动。基于这个理由，我认为经典逻辑和直觉主义逻辑之间最终并不存在不可逾越的鸿沟。两边的逻辑学家和数学家可以彼此理解和交流，只要它们承认命题在另一边具有一种不同于自己这边的意义。

逻辑多元论

根据一种被称为逻辑多元论（logical pluralism）的哲学立场，比如参见杰弗里·比尔和格雷格·雷斯托尔（Jeffrey Beall & Greg Restall, 2000, 2006），不止存在一种正确的逻辑后承概念。这种观点认为有许多而不是只有一个正确的逻辑。非经典逻辑的谱系异常广阔，包括直觉主义逻辑、相干逻辑、线性逻辑、模糊逻辑、各种多值逻辑和各种模态逻辑，甚至还有弗协调逻辑，后者的倡导者有格雷姆·普里斯特（Graham Priest）和其他一些人（参见 Priest, Tanaka, Weber, 2018），在这种逻辑中，有些命题可以被看作既真又假。

在围绕逻辑多元论的争论中，有一个突出的问题是，逻辑联结词的意义是否在不同逻辑之间保持不变，或者说，不同的逻辑后承概念是否要求语言的基本逻辑成分具有不同的意义。蒯因（Quine, 1986）在讨论异常逻辑时提出过一个著名的论点：逻辑的改变等于意义的改变，亦即主题的改变。例如，我们在直觉主义逻辑中不能证明 $p \vee \neg p$，或者 $\neg\neg p$ 并不必然逻辑等值于 p，这些事实是否意味着，直觉主义逻辑赋予了析取或否定一种不同的意义？弗协调逻辑接受 $p \wedge \neg p$ 的某些实例，这一事实是否意味着，弗协调逻辑采用了不同意义的合取或否定？还是说，联结词的意义在不同的逻辑中是一样的，但这些逻辑具有不同的逻辑后承概念？

有些非经典逻辑，十分明确地引入了不同且不相容的蕴涵、析取和否定概念，它们具有不同的意义和内涵。因为这些逻辑经常是通过规定一个形式证明系统中可接受的推演规则来定义，逻辑多元论者经常在证明论，而非模型论中，为他们的逻辑联结词寻找意义。这是自然的，如果我们认为意义是由用法决定的话，因为正是形式证明系统的规则看起来在支配着联结词的使用，联结词的意义因而要到那些推演规则中去寻找。我觉得注意到这一点是有趣的，即这会把联结词的意义置于传统所认为的句法-语义二分的句法一端，而经典逻辑的意义解释则依靠真值条件和满足定义，位属语义一端。由于逻辑多元论在证明系统的推演规则中寻求意义，它倾向于模糊甚至破坏句法-语义的二分。

经典领域和直觉主义领域

有些哲学家提出，数学和数学基础的不同部分具有如此不同的性质，以至于它们需要不同的逻辑。例如，尼克·韦弗（Nik Weaver, 2005）认为，经典逻辑适用于算术领域，该领域中的数学命题具有清晰明确的本性；但在更模糊的、关于数的集合或数的集合的集合的集合论领域中——他认为该领域的本性不那么明确——我们应该使用直觉主义逻辑。

或许可用来支持这一提法的一个事实是，大多数直觉主义逻辑学家（但不是全部），在元理论中使用经典逻辑分析他们的直觉主义理论。例如，有人可能会说，一个给定的命题或者是直觉主义可推演的，或者不是，而这是元理论中排中律的一个实例。如果我们认为元理论问题是更明确的，比如认为它们本质上是有穷的或属于算术的，那么这就可以被看作是支持韦弗的提议的一个例子，即在更明确的领域中使用经典逻辑。

188

第七节 结论

证明论和数理逻辑的研究，与数学哲学形成了一种良性的循环互动，证明、真和数学推理的本性如何，这些本质上是哲学问题，它们激励人们对相应的形式证明概念进行了一种本质上数学的分析，其所产生的结果和洞见，则又反哺了哲学的探究。让我感到震惊的是，我们有这样一些形式系统，语义有效性这样一个跨越所有可能语义情况的宽泛概念，竟然与这些形式系统中的可证性概念吻合得天衣无缝。普遍真理由此被归约为一个有穷的推理过程——每个普遍真理都基于某个有穷的理由为真——而这无疑会滋养更深入的哲学问题和分析。

思考题

5.1 你能回答希帕提娅关于是否每个词都与自身押韵的四个问题吗？押韵关系是等价关系吗？有些人觉得一个词与自身押韵是成问题的，但如果我们这么认为，押韵关系就会既非自反也不传递了。让一个词与它自己押韵，比如用 headache 而非 heartbreak 来押 headache，当然不算好诗人。但 headache 与自己究竟押不押韵呢？

5.2 大卫·马道（David Madore, 2020）提出，有必要将使用/提到的二分法扩充为使用/提到/标题的三分法。他说，"指环王"只有三个字长；《指环王》有好几百页长；但指环王是索伦。概言之，指环王是《指环王》中的一个角色，而《指环王》的标题是"指环王"。讨论一下这个提法。

5.3 评价一下本章中给出的 $32.5 = 31.5$ 的图示证明。这个证明说：图中上方的三角形底长 13，高为 5，面积为 32.5。着色的小块可以按图中所示重新排列成下方的三角形，它具有同样的面积，但却缺失了一个小方块。因此，32.5 = 31.5。

5.4 一个数学思想的形式化会让它变得贫乏还是丰富？

5.5 每一个数学证明原则上都可形式化吗？

5.6 讨论一下不同的数学思想能否具有相同的形式化，以及相同的数学思想能否具有不同的形式化。

5.7 那些称一个不完全符合构造性逻辑规则的数学证明为"构造性"证明的数学家，是犯了一个错误吗？

5.8 假设我们有两个证明系统 $\vdash_1$ 和 $\vdash_2$，第一个系统的公理和推理规则全部包含在了第二个系统的公理和推理规则之中。证明其中一个系统（哪一个？）的完全性蕴涵着另一个系统的完全性；以及类似地，其中一个（哪一个？）的可靠性蕴涵着另一个的可靠性。

5.9 固定一个特定的可靠而完全的证明系统。证明：一个理论 T 是不一致的当且仅当 $T \vdash \psi$ 对所有 ψ 成立。这被称为经典逻辑的爆炸原则——矛盾可以证明一切。

5.10 证明：每个形式证明系统都等价于一个没有逻辑公理的系统。

5.11 利用有效性不是计算可判定的这个事实（参见第七章中对判定问题的讨论），证明每个可靠、完全且可验证的证明系统都会有某种"加速"现象。这个现象是说，对于任何可靠、完全且可验证的证明系统 $\vdash_1$，存在另一个可靠、完全且可验证的系统 $\vdash_2$，使得每个 $\vdash_1$ 证明也是一个 $\vdash_2$ 证明，并且至少对于一个有效式 σ，存在 σ 的一个 $\vdash_2$ 证明严格地短于它的 $\vdash_1$ 证明。

5.12 证明：任何没有逻辑公理且所有推理规则都带假设的形式证明系统，一定是不完全的。[提示：考虑从空理论出发的证明。]

5.13 采用分离规则作为一个推理规则，与采用重言式 $\varphi \to ((\varphi \to \psi) \to \psi)$ 作为一条逻辑公理，有什么不同？

5.14 证明：只有逻辑公理而无推理规则的可靠的形式证明系统都是不完全的。

5.15 讨论：虽然存在许多有着不同逻辑公理和推理规则的形式证明系统，但它们要想是可靠且完全的，就必须在什么范围内是一致的？

5.16 假设我们有两个证明系统 $\vdash_1$ 和 $\vdash_2$，它们都是可靠且完全的。如果其中一个是可验证的，这意味着另一个也是可验证的吗？

5.17 证明第259页考虑的那个可靠、完全但不完全可验证的证明系统对于正面的例子是可验证的，意思就是说，存在一个可计算的程序能够正确地列出这个系统的所有证明（虽然他对非证明不作判断）。如果我们能正确列出和接受全部真实的证明，能不能识别并拒斥非证明，对于一个证明系统而言还重要吗？（这个问题本质上与计算可判定和半可判定或计算可枚举之间的区分有关，第六章会讨论。）

5.18 考虑这个命题：每个数学真理都基于某个理由而为真。讨论一下。你的回答会随主题而变吗，比如算术和几何？你的回答依赖于我们谈论的是在一个特定的模型中为真还是在一个理论中为真吗？

5.19 使用关于证明系统特征的一些微小假设，证明：一个证明系统是可靠而完全的，当且仅当它的每个理论的一致性和可满足性都保持一致。

190

5.20 证明紧致性定理——作为完全性定理的一个推论。讨论一下反方向是否成立，即是否能从紧致性定理证明完全性定理。

5.21 说一个证明系统可被另一个系统模拟，是什么意思？

5.22 相对于语义有效性，直觉主义逻辑是可靠的吗？它是完全的吗？

5.23 讨论一下直觉主义逻辑在什么意义上是或不是可靠的和完全的。

5.24 讨论如下论断："在经典逻辑中，语义学是第一位的，而在直觉主义逻辑中，语义学是第二位的。"

5.25 直觉主义逻辑中的逻辑联结词具有不同于经典逻辑中的意义吗？

5.26 逻辑多元论要求人们在多大程度上拒斥或模糊句法和语义的区分？

扩展阅读

- Catarina Dutilh Novaes（2020）：一部强调证明和推演的对话特征的重磅新著，突出了证明提出者和怀疑者之间对话的对抗性。她批评了视证明为单纯保真推演的简单化观点，丰富了关于证明的对话观。

- William P. Thurston（1994）：瑟斯顿阐述自己的数学理解观的一篇经典论文。25 年后，他在 MathOverflow 上讨论思考与解释时，重新审视了文中论及的某些方面，参见 Thurston（2016）。

- Alexander Paseau（2015, 2016）：一些有趣的文章，讨论数学家在没有证明时如何可能获得知识，以及完全的严格化能增加什么认知价值，如果有的话。

- Timothy Williamson（2018）：他质疑了非经典逻辑倡导者们的如下论断，即异常逻辑与经典逻辑在纯数学中的使用一致，特别是考虑了纯数学在自然科学和社会科学中的可应用性所带来的一些问题。

- Vladimir Voevodsky（2014）：作者解释了，在自己已发表的数学著作中发现错误后，他如何试图确立可形式验证的证明系统在数学中的常规使用，并发展泛等基础来促进这一点。

- Michael Harris（2019）：*Quanta Magazine* 上讨论证明之本性的一篇专栏文章，特别与怀尔斯的费马大定理证明有关。文章指出，一个像怀尔斯费马大定理证明那样的好证明，是数学探究的一个起点而非终点。

- Gisele Dalva Secco and Luiz Carlos Pereira（2017）：关于四色定理的一个说明，尤其顺带讨论了维特根斯坦对证明和实验的区分。

- Univalent Foundations Program（2013）：对作为一种数学基础的同伦类型论和泛等基础的最重要的介绍。

致谢与出处

　　关于数学家与陪审员职责有冲突的说法，可能只是谣传。本章部分内容改编自我的书《证明与数学的艺术》，以及尚未付梓的另一本书 *Topics in Logic*。三角形选择的那个无字证明归功于 Larson（1985）；还可参见 Suárez-Álvarez（2009）。关于 31.5 = 32.5 的"证明"是纽约业余魔术师保罗·嘉理（Paul Curry）于 1953 年给出的；参见 O'Connor（2010）。韦弗关于在算术中使用经典逻辑、在集合论中使用直觉主义逻辑的观点，也得到了所罗门·费弗曼（Solomon Feferman）的辩护。

第六章

可计算性

摘要：什么是可计算性？哥德尔定义了一个稳健的可计算函数类，即原始递归函数类，但却同时给出了一些理由，认为我们难以真正令人满意地回答该问题。然而，图灵提出的机器可计算性概念——它是通过对人类计算活动的本质进行仔细的哲学分析得到的——最终却被证明是稳健的，并为当今这个计算机的时代奠定了基础；被广泛接受的丘奇-图灵论题断言，图灵的概念是正确的。计算可判定与计算可枚举之间的区分——它突出地表现在停机问题的不可判定性上——表明，不是所有数学问题都可由机器解决，一个广阔的层谱赫然出现于图灵度理论中，构成了一种无穷信息论。计算复杂度理论则重新聚焦于可行计算的领域，其中今天仍未解决的 P/NP 问题，是理论计算机科学中几乎所有重大问题的共同背景。

说一个函数是可计算的，是什么意思？有没有一个算力的层次结构或层谱？是不是每个数学问题原则上都可通过计算解决？我们对可计算性似乎有一种直观把握——计算是某种有穷、机械、程式化的过程，其中每一步操作，都是根据一些预先制定的、清楚的指令进行——而一个可计算的函数，不过就是一个可以通过这样的过程来计算的函数。但究竟怎样算一个这样的过程？哪些步骤是允许的？哪些指令是可接受的？我们能给出一个与我们关于可计算性概念的前反思直觉相符的精确模型，从而将可计算性概念具体化吗？我们的目标是一个理想化的可计算性概念——或可称之为"原则可计算性"——它表示我们在不受资源、时间、空间、纸笔和记忆等限制的条件下所能计算的东西。我们想知道，说一个自然数上的函数原则上可计算是什么意思，从而解释清楚，什么时候一个数学问题可通过计算原则上解决，这里我们假定资源是充足的，不考虑效率或时空限制等问题。关于这种理想化意义上的可计算性，我们有没有一个严格的数学概念？本章，我想概述一下回答此问题的几种可能进路。

194

第一节 原始递归

哥德尔最初试图自下而上地回答这个问题，方法是列出一些直观上保持可计算性的函数运算。假如我们是从一些初始的函数开始，我们根据我们关于"可计算"的前反思概念知道它们是可计算的，那么通过系统地应用那些保持可计算性的函数运算，我们就能生成新的可计算函数，以这样的方式，也许可以生成一大类可计算函数，哪怕不是全部。这里，我们谈的都是自然数上的函数。而结果显示，要得到哥德尔的函数类，我们只需从一组惊人简单的初始函数开始：

零函数，$z(n) = 0$。

后继函数，$s(n) = n + 1$。

投射函数，$p(x_1, \ldots, x_n) = x_i$。

从这些初始函数出发，通过不断地复合或递归，我们能定义出许多新的函数。所谓原始递归函数，就是指能以这样的方式生成的函数。

复合。如果 g 和 h 都是一元原始递归函数，那么如下定义的复合函数

f 也是一元原始递归函数：

$$f(x) = h(g(x))。$$

更一般地，对于多元函数，如果 h 和 $g_1, \ldots, g_n$ 都是原始递归函数，那么如下定义的复合函数 f 也是原始递归函数：

$$f(x_1, \ldots, x_k) = h(g_1(x_1, \ldots, x_k), g_n(x_1, \ldots, x_k))。$$

我们预期可计算函数类对复合封闭，因为如果你能计算函数 g 和 h，就能按如下方式看出如何来计算复合函数 $h(g(x))$：当输入 x 时，首先计算 $g(x)$ 的值，然后将该值输入给 h，计算出 $h(g(x))$。递归。如果 g 和 h 是原始递归的，则如下递归定义的函数 f 也是原始递归的：

$$f(x_1, \ldots, x_k, 0) = h(x_1, \ldots, x_k)$$

$$f(x_1, \ldots, x_k, n+1) = g(x_1, \ldots, x_k, n, f(x_1, \ldots, x_k, n))。$$

看出递归是如何发挥作用的了吗？不考虑辅助参数 $x_1, \ldots, x_k$，函数 f 的下一个值 $f(n+1)$ 总是由其前面的值 $f(n)$ 决定，而 $f(n)$ 本身又由它前面的值决定，如此下去，直到初始值 $f(0)$ 停止。因此，递归似乎本质上是一个可计算的过程。为了计算 f 在任意某个 n 处的值，我们只需先计算该函数在 0 处的值，然后计算它在 1 处的值，然后 2 处的值，以此类推，直至到达 n。如果基函数 h 和递归步骤的函数 g 都是可计算的，通过这一递归过程，目标函数 f 也会是可计算的。哥德尔因此将递归确定为一个基本的可计算运算，考虑到递归在当代计

195

289

算机编程中广泛而强有力的使用，哥德尔的这一洞见很有前瞻性。

让我们举例说明一下复合和递归如何能为原始递归函数类增加新的有用的函数。我们的类中最初没有直接包含加法函数 $m+n$，但有后继函数 $s(n)=n+1$，我们可以将加法看成重复地加 1：

$$m+0=m$$

$$m+(n+1)=(m+n)+1。$$

这里的要点是，我们可以将上述等式理解为加法的一个定义，一个递归的定义。第一行是初始情形，规定 $m+0$ 为 m；第二行是后继情形，用前面的值 $m+n$ 定义 $m+(n+1)$。这样，我们就通过递归从（一元的）后继函数得到了加法函数（二元，两个主目），并且因此可知，加法本身也是一个原始递归函数。类似地，乘法可以递归地定义为重复相加，如下：

$$m \cdot 0=0$$

$$m \cdot (n+1)=(m \cdot n)+m。$$

我们还可以继续下去：幂函数递归定义为重复相乘，超-4 运算 $\left. 2^{2^{\cdot^{\cdot^{\cdot^{2}}}}} \right\} n$ 定义为幂函数的递归，如此等等。

递归是数学归纳法的相似物或伴生物。归纳是一种证明方法，用来证明算术事实，而递归是一种定义方法，用来定义算术函数。每种方法下，我们对命题的真值或函数在某个数上的值的知识，都取决于对之前的数的知识。皮亚诺算术系统证明的几乎每一个非平凡的定理，都从根本上依赖于归纳法，而限制皮亚诺算术的归纳公理模式，会导致严格弱于皮亚诺算术的系统。至于递归，同样威力巨大。我们不应该只把递归与明显递归的函数如阶乘函数联系起来，而应该把它视为一个影响广泛的基本工具，它赋予了原始递归函数类巨大的力量。

用原始递归函数表示逻辑

为了帮助理解这一点，我们可以尝试用原始递归函数来实现一些逻辑观念。我们关心的是自然数上的函数，所以，让我们用数 0 来表示假这个真值，而所有正整数都表示真。对于任意的原始递归函数 r，我们考虑使 $r(x) > 0$ 的输入值 x 的集合，可以把它看作是定义了一个原始递归关系 $R(x)$。对于一个给定的输入值 x，函数 r 告诉我们关系 $R(x)$ 是否成立：如果 $r(x) > 0$，则 $R(x)$ 成立；如果 $r(x) = 0$，则 $R(x)$ 不成立。结果表明，关于这些真值的初等逻辑是可计算的。例如，乘法 $n \cdot m$ 是一个与运算，因为 196

$$n \cdot m > 0 \quad \Leftrightarrow \quad n > 0 \quad \text{且} \quad m > 0 。$$

因此，$n \cdot m$ 为真当且仅当 n 为真且 m 为真。类似地，加法 $n + m$ 是一个或运算，因为对于自然数来说，

$$n + m > 0 \quad \Leftrightarrow \quad n > 0 \quad \text{或} \quad m > 0 。$$

我们还可以递归地定义否定运算：$\neg 0 = 1$ 且 $\neg(n+1) = 0$，它将真映为假，假映为真。由 $\text{Bool}(0) = 0$ 和 $\text{Bool}(n+1) = 1$ 所定义的函数（以逻辑学家布尔命名，他强调逻辑的计算方面）将所有真值标准化为 0 和 1。我们也可以等价地定义 $\text{Bool}(n) = \neg\neg n$。使用这种计算逻辑，我们可以很容易证明，原始递归关系对交、并、补运算封闭。因此，我

们有了一种原始递归的逻辑表达。

推广这一点，我们可以看到，原始递归函数类允许分情况定义，它是"if-then-else"编程逻辑的一个例子，后者被广泛运用于当代编程实践中。也就是说，如果我们有了原始递归函数 g、h 和 r，我们就可以定义如下函数：

$$f(n) = \begin{cases} g(n), & \text{如果} r(n) > 0 \\ h(n), & \text{否则。} \end{cases}$$

所以，$f(n)$ 的值为 $g(n)$，如果是 $r(n) > 0$ 的情况；否则，其值为缺省值 $h(n)$。这个函数是原始递归的，因为它可以按如下方式定义：

$$f(n) = g(n) \cdot \text{Bool}(r(n)) + h(n) \cdot \text{Bool}(\neg r(n))。$$

这里的要点在于，如果条件 $r(n) > 0$ 成立，则 $\neg r(n) = 0$，它会使第二项归零，我们得到 $f(n) = g(n) \cdot 1 + 0$，也就是 $g(n)$；而如果 $r(n) = 0$，则我们得到 $f(n) = 0 + h(n) \cdot 1$，也就是 $h(n)$，不管哪种情况，都符合我们的要求。

类似地，原始递归函数类对有界搜索也是封闭的，它与编程逻辑中的"for $i = 1$ to n"相似。也就是说，对于任意的原始递归函数 r，我们考虑如下定义的函数 f：

$$f(x, z) = \mu y < z[r(x, y) = 0]。$$

这里的有界 μ-算子的作用是返回满足 $r(x, y) = 0$ 的最小的 $y < z$，假如它存在的话，而如果没有这样的 $y < z$，则返回值 $y = z$。这可

以递归定义如下：$f(x,0) = 0$，$f(x, n+1) = f(x, n)$，如果它小于 n；$f(x, n+1) = n$，如果第一种情况不满足并且 $r(x, n) = 0$；否则，$f(x, n+1) = n+1$。

凭借这些方法，可以证明，仅用原始递归函数，我们就能计算只 **197** 含有界量词的算术语言所能表达的任意性质，这包括数学中出现的绝大多数有穷组合性质（虽然数理逻辑中有些研究专门关注不能如此刻画的关系）。例如，如果你有有穷有向图的一个易检验的性质，或某种有穷的概率计算，或者关于有穷群的一个易检验的问题，它们在仅含有界量词的算术语言中都是可表达的，所以对应的函数和关系都是原始递归的。这样，我们看到，原始递归函数类确实很大，包括了大部分我们愿称之为可计算函数的东西。

原始递归函数类的对角化逸出

哥德尔的策略成功了吗？原始递归函数类是否包含了每一个可计算的函数？答案是否定的。根据一些极为一般化的理由，哥德尔自己已经认识到，一定有可计算的函数在原始递归函数类之外。他认识到，我们能够能行地枚举原始递归函数类，而由于这一点，我们就能能行地产生一个该函数类之外的可计算函数。

让我来解释一下。每一个原始递归函数都允许一个描述，它是一个构造样板——一组有穷的指令，详细、精确地告诉我们该函数如何可以通过复合和递归由初始函数生成。这些指令同时也精确地告诉我们如何计算这个函数。不仅如此，我们还可以系统地生成所有这样的指令样板，并将它们能行地枚举出来：$e_0, e_1, e_2, \ldots$。因此，我们也就能生成原始递归函数类的一个能行枚举：$f_0, f_1, f_2, \ldots$，其中 f_n 是第 n 个构造样板 e_n 所描述的函数。此枚举会有一些重复，因为正如前面提过的，不同的构造样板可以产生相同的函数。

关键在于，每当我们有一个像这样的能行的函数枚举，我们都可以像康托那样针对它作一个对角化，定义一个对角线函数如下：

$$d(n) = f_n(n) + 1。$$

这个函数，根据其设计，不同于每个特别的函数 f_n，因为通过加 1，我们专门确保了 $d(n) \neq f_n(n)$，即两个函数在输入值为 n 时有差异。但尽管如此，函数 d 却在直观上是可计算的，因为当输入 n 时，我们总可以从构造样板的能行枚举中找出第 n 个模板 e_n，然后执行 e_n 中的指令来计算 $f_n(n)$，之后再加上 1。所以 d 是可计算的，但却不是原始递归的。

不仅如此，同样的论证可以应用于任何这样的可计算性概念，只要在此概念下我们能能行枚举自然数上的所有可计算的全函数，因为这种情况下，对角线函数总是可计算的，但却不在枚举列表里。基于此，我们似乎无望给出一个严格的可计算性理论。看起来，任何精确的"可计算"概念，都涉及一个算法或计算指令的概念，而对于任何这样的精确算法概念，无论它到底是什么，我们都能能行地枚举所有算法 $e_0, e_1, e_2, \ldots$，从而给出此概念下的所有可计算函数的一个能行枚举：$f_0, f_1, \ldots$。然后我们就可以像之前那样定义对角线函数 $d(n) = f_{e_n}(n) + 1$，它直观上是可计算的，但却不在枚举列表上。是这样吗？

答案是否定的。我们在本章后面会看到，图灵的思想如何克服了这一障碍。另外，这里的对角线函数是可计算且非原始递归的，但除此之外，我们没有别的任何信息；不仅如此，它的确切性质，高度依赖于我们枚举构造样板时的具体偶然细节。

阿克曼函数

威尔海姆·阿克曼（Wilhelm Ackermann）提出了一个增长速度极快的有趣函数，它直观上是原则可计算的，但却被证明不属于原始递归函数类。阿克曼函数 $A(n,m)$ 是自然数上的二元函数，由如下嵌套递归定义[1]：

$$A(0,m) = \quad m+1$$

$$A(n,0) = \quad 1,\text{除了}A(1,0)=2\text{且}A(2,0)=0$$

$$A(n+1,m+1) = \quad A(n,A(n+1,m))。$$

我们看看这个定义是如何工作的。前两行定义了基础值 $A(n,0)$ 和 $A(0,m)$，是其中一个参数为 0 时的情况；最后一行定义了 $A(n+1,m+1)$ 的值，这时两个参数都是正整数。

且慢——这个定义不是循环的吗？你可能注意到了，第三行用 A 本身定义 $A(n+1,m+1)$。这种循环的性质如何？这个定义合法吗？是的，它是合法的；它使用了一种良基的嵌套递归，完全没有问题。为了看清这一点，我们思考一下这个函数的各个层级，它们中的每一个都会相继得到定义。第一行定义 0-层函数为

$$A(0,m) = m+1。$$

接下来两行以递归的方式，用先前的层级定义第 $n+1$ 层函数 $A(n+1,\cdot)$。因此各层级递归地得到定义。

1　阿克曼原来的版本稍有不同，但具有同样的关键递归和快速增长现象；我选用这个版本，因为它在每一层都有更吸引人的函数。

199 让我们看看结果如何。我们能为 $A(1,m)$ 找到一个封闭的解吗？我们从 $A(1,0) = 2$ 开始，然后我们必须遵守 $A(1,m+1) = A(0, A(1,m)) = A(1,m)+1$。这样，我们从 2 开始，每当 m 加 1，我们也给答案加 1。所以，所求的函数一定是

$$A(1,m) = m+2。$$

下一层函数 $A(2,m)$ 呢？它始于 $A(2,0) = 0$，然后每向前一步，我们都有 $A(2, m+1) = A(1, A(2,m)) = A(2,m)+2$。所以，随着输入值递增，我们每一步都加上 2。因此有

$$A(2,m) = 2m。$$

$A(3,m)$ 呢？它始于 $A(3,0) = 1$，然后每向前一步，都有 $A(3, m+1) = A(2, A(3,m)) = 2 \cdot A(3,m)$。所以，我们是从 1 开始，然后每步乘以 2，结果就是

$$A(3,m) = 2^m。$$

阿克曼函数的本质在于，每一层都被定义为上一层函数的迭代。幂函数的迭代是什么样子？第四层从 $A(4,0) = 1$ 开始，每前进一步，它都取幂 $A(4, m+1) = 2^{A(4,m)}$，因而形成如下迭代幂塔：

$$A(4,m) = \left. 2^{2^{\cdot^{\cdot^{\cdot^{2}}}}} \right\} m。$$

高德纳（Donald Knuth）引入了记号 $2 \uparrow\uparrow m$ 来表示这个函数，称之为超-4 运算。因此，阿克曼函数的增长速度会随着层级上升而极其迅速地加快，达到令人难以想象的地步。你能试着描述一下 $A(5,5)$ 这

个数吗？请在思考题 6.5 中做这件事。它们确实是一些威力巨大的函数。

阿克曼函数的每一层级都是一个原始递归函数，通过我们刚刚对前面几个层级所做的分析，可以证明这一点。但尽管如此，A 本身却不是原始递归的。要表明这一点，我们可以这样做：证明每个原始递归函数 f 最终都以阿克曼函数的某个层级 n 为上界；这就是说，对于所有足够大的 m，都有 $f(m) \leq A(n,m)$。由此就可推得，对角线阿克曼函数 $A(n) = A(n,n)$ 不是原始递归的，因为任何层级都不能构成它的上界。但阿克曼函数直观上是可计算的，因为无论输入什么值，我们都只需应用递归规则就可以计算它。阿克曼函数的例子表明，尽管原始递归能产生强大的函数，它却仍弱于阿克曼的嵌套双重递归，后者产生了增长速度更快的函数，而根据我们对可计算性的直观理解，它们仍然是"可计算的"。

第二节 图灵论可计算性

我们现在转向图灵的思想，他在 1936 年，还是剑桥一名学生的时候，写出了一篇石破天惊的论文，克服了哥德尔的对角化障碍，给出了一个关于可计算性的经久耐用的基础概念，同时回答了希尔伯特和阿克曼所提出的基本问题。他的思想最终导致了当今这个计算机的时代。你难道不想写出一篇这样的文章吗？为了得到他的可计算性概念，图灵对一个人在做计算时究竟做了什么进行了哲学的反思；他从中提炼出了计算的本质。

在图灵的时代，"computer"这个词不是指机器，而是指人——或者更确切地说，指一种职业。有些公司会有挤满计算师（computer）的房间，即"计算室"，里面全是被雇来担任计算师的人，他们的任务就是从事各种计算，常常是金融或工程方面的计算。在一些老照片里，你可以看到这样的计算师——多数是女性——坐在大木桌旁，手边有铅笔和用不完的纸。他们通过在纸上写写画画进行计算，当然，要遵从各种明确的计算程序。其中有些程序可能是你熟悉的，比如对一长串数字进行初等算术运算，但另一些可能就比较陌生。他们可能在用牛顿方法进行一种迭代计算，目的是在一定精度范围内找出某个函数的零点；或者也可能是在求解某个微分方程的数值解。在执行这样的一个程序时，他们会根据规则在纸上写下许多记号（字母或数字等）；有时候，计算程序会要求查看一下之前已经写在纸上的记号，甚至查看前一页或后一页，并利用所得的信息改变或添补记号。在某个时刻，程序可能会终止，并产生一个计算结果。

图灵的目标是为这种计算过程的理想化版本构建一个模型。他观察到，我们可以对该过程做一些简化的假设，而不改变其基本特征或力量。例如，我们可以假设，记号都是写在纸上的一个规格统一的网格中。而且由于格子的二维化布局并不重要，我们可以设想那些格子排成一维的形状——即一条长纸带，上面划分为一个个方格。我们还可以假定所用的记号都来自一个固定的有穷字母表；在这种情况下，我们不妨假设只用 0 和 1 两个符号，因为其他任何字母或符号都可以看作这些基本字符的有穷组合或它们所组成的词。在任意时刻，人类计算者都处于某种计算状态或心灵状态，而他们的计算任务的下一步具体操作，依赖于这个状态以及眼前纸上所出现的特定记号。由于记号可以改变心灵状态，计算者实际能对不太多的字符产生短期记忆，因此我们可以假定，计算指令只依赖于计算者当前的心灵状态和他们正前方的单个符号。一个人类计算者，哪怕是理想化的，也只有有穷多个这样的心灵状态。这样，通过思考一个理想化的人类计算者在执行计算任务时的活动，图灵逐渐达到了他那著名的机器概念。

图灵机

让我来解释一下，图灵机是如何工作的。一个图灵机有一条无限长的线状纸带，上面划分为一个个方格。每个方格可以写入符号 0 或 1，它们可以被修改，而最初的纸带填满了 0。或者，我们也可以把 1 设想为一个计算记号，0 则表示空白方格，即没有计算记号出现的情况。

图灵原始构想的机器实际有三个符号，即 0、1 和空白；这使得他可以用二元记法替代这里的一元记法来表示输入和输出。但最终可以表明，所有这些变种给出的是同一个可计算性概念，所以我在这里使用了稍微更原始些的概念。

图灵机的读写头可以沿纸带从一个方格移动到它相邻的方格，并读写方格中的符号。或者，也可以设想读写头是静止的，但纸带可以移动并经过读写头。在任意时刻，读写头都处于有穷多状态 q 中的一个，而机器根据一个有穷的指令集操作，其中指令具有如下形式：

$$(q, a) \mapsto (r, b, d)。$$

它的意思是：当机器处于状态 q 并读到符号 a 时，就将自身状态改为 r，写下符号 b，并沿方向 d 移动一个方格。而一个图灵机程序，就是有穷多这样的指令构成的一个序列。

为了用这样的一个机器进行计算，我们指定一个状态为开始状态，另一个状态为停机状态。计算开始时，我们把机器设置为输入格局，其中处于开始状态的读写头位于最左边那个方格，且前 n 个方格都写有 1，作为输入值 n 的代表，其他方格都写着 0：

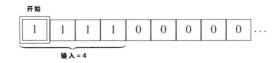

然后计算根据程序的指令往下进行。

如果最终达到了停机状态，那么计算的输出值就是在首个 0 出现前写着 1 的方格的数目：

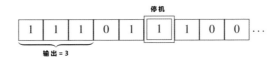

一个部分函数 $f : \mathbb{N} \to \mathbb{N}$ 是图灵可计算的，如果存在一个能根据我们所描述的过程计算该函数的图灵机程序。我们可以用写有 0 的方格隔开多个输入值，以此处理二元和多元函数 $f : \mathbb{N}^k \to \mathbb{N}$。

部分性是可计算性所固有的

图灵所给出的可计算性概念面向自然数上的部分函数而非全函数，因为一个可计算的函数有可能不是在所有输入值上都有定义。对于某些输入，一个计算程序可能会一直运行下去，而永不结束。因为这一点，部分性是可计算性所固有的。我们写下 $f(n)\!\downarrow$ 并称该计算在此点收敛，表示函数 f 在输入值 n 上有定义；否则我们就写下 $f(n)\uparrow$，并称该计算在此点发散。

正是这个部分性特征，使得图灵能避开哥德尔的对角化难题。尽管我们能够能行枚举图灵机程序，从而给出所有图灵可计算函数的列表 $\varphi_0, \varphi_1, \varphi_2, \ldots$，但当我们定义对角线函数 $d(n) = \varphi_n(n) + 1$ 时，并不会产生矛盾，因为情况可能是，对于某个 $\varphi_n(n)$ 无定义的 n，$d = \varphi_n$。这种情况下，d 定义中的加 1 部分实际不发生，因为 $\varphi_n(n)$ 未能输出一个结果。这样，我们就避免了矛盾。对角线论证本质上表明，部分性是任何成功的可计算性概念的必要特征。

图灵机程序举例

让我们用几个简单的程序实例来说明一下图灵机的概念。例如，下面这个图灵机程序就计算了后继函数 $s(n) = n + 1$：

$$(\text{开始}, 1) \mapsto (\text{开始}, 1, R)$$

$$(\text{开始}, 0) \mapsto (\text{停机}, 1, R).$$

我们用 R 表示向右移动一格。不难看出，这个程序是在计算后继函数：只需想一想，当我们在一个当前为输入格局的机器上执行那些指令时，会发生什么。程序会向右一个一个地移动过输入值方格，保持开始状态并扫描纸带上的方格，直到发现第一个 0，然后把这个 0 改成 1，并且停机。因此，它能让输入值方格增加一格，也就计算了函数 $s(n) = n + 1$。

现在，我们来计算加法函数 $n + m$。对于二元函数，输入格局是把两个输入值用一个 0 隔开写到纸带上：

203

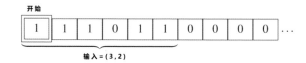

我们的算法是，先找到中间那个 0，将其改写成 1，然后找到输入值末端的 0，后退一格去掉最后那个 1，这样就得到 $n+m$ 多个 1 的串，也就是所求的值：

$$(\text{开始}, 1) \mapsto (\text{开始}, 1, R)$$

$$(\text{开始}, 0) \mapsto (q, 1, R)$$

$$(q, 1) \mapsto (q, 1, R)$$

$$(q, 0) \mapsto (e, 0, L)$$

$$(e, 1) \mapsto (\text{停机}, 0, R)。$$

不难举出更多例子，章末思考题会要求你这么做。虽然这里给出的几个函数都很平凡，但有更多经验后，人们会发现，本质上任何有穷的计算过程都可以在图灵机上实现。

可判定性与可枚举性

判定问题是一种特殊的计算问题，它要求计算地判定一个给定的输入 x 是否是某现象的实例。比如，给定一个有穷有向图，它是否可用 3 种颜色着色？它是连通的吗？给定一个加权网络，它有没有一个总成本小于某给定值的汉密尔顿环路？给定一个有限群表示，它是无扭群吗？一般地，判定问题是对一个集合 A——它被编码为一个自然数的集合——判定一个给定的输入 x 是否有 $x \in A$。这样的一个判定问题是计算可判定的，如果确实存在一个图灵机能执行此任务；比较方便的做法是让判定问题有两种停机状态，分别称为接受和拒绝，使得判定结果反映在停机状态上而非纸带上。

一个判定问题 A 是计算可枚举的，如果存在一个可计算的算法能恰好枚举 A 的所有元素。例如，我们可以构造一个图灵机程序，运行它会在纸带上生成且只生成所有质数；因此质数集是计算可枚举的。如果一个问题是计算可判定的，则它也是计算可枚举的，因为我们可以系统地依次检测每个可能的输入，把那些得到肯定回答的枚举出来。

反之则不成立。如果我们能枚举一个判定问题，则我们可以正确计算所有关于它的肯定回答：对于一个给定的输入，我们只需等它出现在枚举列表里，并在它出现时说"是"即可。但我们似乎没有办法说"不是"，实际上，我们稍后会看到，有些问题是计算可枚举的，但却不是可判定的。计算可枚举的问题正是这样一些问题，对于它们，我们有一个可计算的算法正确回答"是"，但却不要求能对反例说出"不是"，甚至都不要求程序会终止。

考虑下面这个例子，它凸显了可计算性论断的一个微妙之处。定义函数 $f(n) = 1$，如果在 π 的十进制展开中有连续 n 个 7 出现；否则，定义 $f(n) = 0$。f 这个函数是可计算的吗？尝试计算 f 的一种朴素办法是，输入 n 时，遍查 π 的各位数字。π 是一个可计算的数，所以我们有可计算的程序去生成它的各位数字并遍查之。如果我们找到 n 个连续的 7，则立即可以输出 1。但假如我们搜了很长时间，仍未找到足够长的一串 7，我们何时输出 0 呢？或许，这个函数不是可计算的？

并非如此。让我们来思考 f 的外延本质而不是其定义的内涵意向。考虑如下可能性：π 的展开中要么有数字 7 的任意长的串，要么没有。

204

如果有，则函数 f 的值总是 1，而这是一个可计算的函数。如果没有，则存在数字 7 的一个最长的串，它具有某个长度 N。这时，$f(n) = 1$，如果 $n < N$；否则，$f(n) = 0$。但不管 N 的值究竟是多少，所有这样的阶梯函数都是可计算的。这样，我们就给出了一组可计算的函数，并证明 f 是其中之一。因此 f 是一个可计算的函数，尽管我们不知道哪个程序能计算它。这是关于 f 的可计算性的一个纯存在性证明。

通用计算机

第一批被制造的计算装置，每一个都是被设计来执行单一、具体的计算任务；程序实际被工程化或硬件化到了机器内部。改变程序意味着拆卸旧电路和机械组件，重新予以连接和组装。但图灵认识到，他的图灵机概念允许构建一个通用的计算机——一个原则上可运行其他任何程序的计算机，这不是通过重新布线或改造硬件，而是通过把新程序当作一个合适的输入给到这个计算机。事实上，在他的原始论文中，图灵概述了一个通用图灵机的设计。这是一个巨大的概念进步——视程序为与其他输入类似的东西——对现实计算机的发展意义重大。它已经被如此广泛地践行，以至于现在当我们加载程序到我们的笔记本电脑和手机时，会觉得它不过是稀松平常之事；我们的口袋里就装着通用计算机。

通用图灵机是这样的图灵机，它接受另一个图灵机程序 e 及其输入 n 作为自己的输入，并能计算出那个程序在那个输入下的运行结果 $\varphi_e(n)$。例如，通用图灵机可能会察看程序 e 并模拟 e 对输入 n 的操作。

通用图灵机的存在表明，不必具有任意大的心智容量——由状态数度量——就可以承担任意的计算任务。通用计算机只具有固定、有穷数量的状态（而且这个数量不必很大），就足以使它在原则上执行任何计算程序，只要我们在纸带上写好该程序的指令。图灵设想机器状态与人类心智状态类似，在这个意义上，通用机器的存在表明，一个十分有限的心灵——只有有穷多心智状态（且不必很多）——也可以承担和较大的心灵一样的计算任务，只要给它适当的指令和足够多的记笔记空间。我们人类原则上可以承担任何计算任务，只要有足够多的纸和笔就行了。

"更强大的"图灵机

显示图灵机力量的一种方法是，证明它们可以模拟其他看似更强大的机器，从而验证图灵在对理想化的人类计算者进行概念分析时所作出的那个论点。例如，只有 0 和 1 两个字符的图灵机，可以模拟具有更大但有穷的字母表的图灵机，方法是用 0 和 1 组成固定长度的词，代表字母表上的那些符号，就像 ASCII 编码。类似地，只有一张纸带的图灵机可以模拟有多张纸带的图灵机，或者有着两个方向都无限延伸的纸带的图灵机，或者有着一次可读取多个方格的大读写头的图灵机，或者有着好几个独立的、根据共同的协同指令移动的读写头的图灵机。这样，我们通过一步步强化设备，逐渐表明原初机器的力量。

字母表更大的图灵机可以使用二进制（或十进制）进行算术计算，而不是用本章前面给出的那种一元的记法，而这在某些方面是更令人满意的。如果只有 0 和 1 两个符号，则我们无法用二进制来表示输入和输出，因为我们无法识别输入的结尾：最终纸带上全是 0，而输入有可能在某个 1 之前有很长的一串 0，机器必须能区分这两者才行。

对于每次特殊的改进，新机器都变得更易操作和编程，但它们并没有从根本上变得更有力量，即它们并不能计算更原始的机器所不能计算的新函数。原因是，在每次改进中，原始机器都能模拟更先进的机器，所以你能用新机器执行的每个计算过程，都可以（原则上）用原始的机器来执行。

有人可能很自然地想要加强图灵机模型，让这些机器以某种方式变得"更好"——比如在某种目的下更易操作或更快；学生们就经常会提出各种改良的建议。但我们应该注意别误解图灵机的目的。我们并不实际使用图灵机进行计算。从没有图灵机为了计算的目的被造出来，虽然它们常被造来说明图灵机的概念。毋宁说，图灵机概念的目的是在思想实验中被使用，澄清说一个函数是可计算的是什么意思，或者说提供一个足够精确而能对其进行数学分析的可计算性概念。图灵机概念给了我们通过图灵机可计算这个概念，而为了这个目的，使用最简单、概念上最干净的模型常常是更有益的。我们想要的是这样的一个模型，它能凝炼我们关于人类计算者原则上可做什么的直观思想。这样的凝炼，越是把可计算性概念还原为更原始而非更强的计算能力，越显得更成功和更令人惊讶。

但是，简单模型与看起来强得多的模型之间的等价性仍然是重要的，因为可计算性理论的真正深刻的结果是不可判定性结果，这些结果告诉我们，某些函数不是可计算的，或者某些判定问题不是计算可判定的。在这种情况下，不仅这些问题由原始图灵机不可解，它们在增强后的机器上也不是计算可解的，这正是因为这些机器最终具有相同的力量。

其他可计算性模型

大约在图灵写作其论文的同时以及之后，其他几位逻辑学家提出了另外一些可计算性模型。我在这里略提几个。阿隆佐·丘奇提出了

λ− 演算，埃米尔·波斯特（Emil Post）提出了组合过程，都是在 1936 年，与图灵的论文是同一年。同样是在 1936 年，斯蒂芬·克林尼（Stephen Kleene）对原始递归函数类进行了扩充，他认识到所缺失的是无界搜索的概念。扩充的结果是所谓递归函数类，扩充手段则是令原来的函数类也对以下构造封闭：如果 g 是递归的，则函数

$$f(x_1,\ldots,x_k) = \mu n[g(n,x_1,\ldots,x_k) = 0 \wedge \forall m < ng(m,x_1,\ldots,x_k)\downarrow]$$

也是递归的，其中等号右边表示这样的 n，它满足 $g(n,x_1,\ldots,x_k) = 0$，且对所有 $m < n$，都有 $g(m,x_1,\ldots,x_k)\downarrow$；如果这样的 n 不存在，则函数在该点无定义。这样，部分性就进入了递归函数类。

实际计算机发展的早期，也就是稍晚些时候，在英国和美国的研究团队之间，存在着关于计算机架构的观念之争；从某种意义上说，这场争论是发生在图灵和冯·诺依曼之间，其中冯·诺依曼团队的思想是基于注册机（register machine）的概念。注册机是可计算性的另一个机器模型，与实际建造的机器更接近一点（并且远比图灵机更接近当今的计算机架构）。这种机器有有穷多的注册簿，每个注册簿存有一个数，其中特定的注册簿代表输入和输出。其程序是一些简单形式的指令构成的序列：可以复制一个注册簿的值到另一个；可以让一个注册簿的值加 1；可以将一个注册簿的值重置为 0；可以比较两个注册簿的值，并根据孰大孰小转向不同的程序指令；还可以停机。机器停机时的输出，就是代表输出的那个注册簿上的值。

207

如今，还出现了许多其他的可计算性模型，包括图灵机的各种变种，如允许多个纸带、双向无穷纸带、更大的字母表、更大的读写头、额外的指令等；注册机；流程图机；理想化计算机语言，如 Pascal、C++、Fortran、Python、Java 等；以及递归函数。逻辑学家还在许多奇怪的语

境中找到了图灵等价过程，比如在约翰·康威的生命游戏中。

第三节 算力：层谱观和阈值观

面对这些五花八门的可计算性模型，一个根本的问题是，它们中是否有任何一个抓住了我们直观的可计算性概念。下面，让我介绍两种截然不同的关于可计算性的观点。

算力层谱观

根据这种观点，存在一个算力的层谱，亦即可计算性概念的层谱，这些概念都是直观上可计算的，但层谱越往上，机器的计算能力和复杂度也随之递增。使用更强的机器，我们将会有更强的算力；我们将能计算更多的函数，计算地判定更多的判定问题。

算力阈值观

根据这种观点，存在许多不同种类的可计算性模型，但只要它们足够强，它们就在如下意义上是计算等价的，即它们所给出的是完全相同的可计算函数类。任何可计算性概念，只要达到某个特定的最小能力阈值，就与其他所有同样达到此阈值的概念完全等价。

哪种算力观是正确的？

算力层谱观可能看起来更有吸引力，因为它似乎更符合我们对实际计算机的经验，多年来，实际的计算机似乎一直在变强。但这是一种迷惑人的概念混淆，它混淆了理论计算能力和计算-速度能力这两个

截然不同的概念。在研究原则上的可计算性时，我们关心的不是计算
速度或内存、空间等意义上的效率，而是原则可计算与不可计算之间
的界限。如果我们使用这样的算力概念，那么结果是，我们的证据一
边倒地支持算力阈值观，而不是算力层谱观。对于已提出的各种严肃
的可计算性模型（包括图灵机、注册机、流程图机、理想化计算机语
言、递归函数及其他许多模型）来说，一个基本的事实是，它们是计
算等价的。在每种情况下，模型所决定的可计算函数类，在外延意义
上都等同于图灵可计算函数类。

　　我们可以通过证明每对可计算性模型都能相互模拟来证明这一
点，可相互模拟意味着，任何一个函数，只要在一个模型下可计算，
在其他所有模型下就都可计算。图灵在其原始论文的附录中已经对当
时已有的可计算性概念做了这件事。只需建立一个模拟的圆圈即可，
在这个圆圈中，图灵机可以被流程图机模拟，流程图机可以被注册机
模拟，注册机可以被递归函数模拟，递归函数可以被理想化 C++ 程序
模拟，理想化 C++ 程序可以被理想化 Java 程序模拟，理想化 Java 程
序可以被图灵机模拟。所以，所有模型是等价的。我们称一个可计算
性模型是图灵完全的，如果它可以模拟图灵机的运算且反过来也成立，
这也就是说，它所决定的可计算函数类与图灵可计算函数类等同。

　　我们对实际计算机的经验，即这些年来它们设计得越来越好、越
来越快、算力不断增强，并不是由于我们在理想化可计算性方面有了
任何根本进步，而是由于我们在机器的内存资源和速度方面有了提升。
因此，它并不能构成关于理想化可计算性的层谱观的证据，尽管它对
于我们实际的计算机使用非常重要。

第四节 丘奇-图灵论题

所谓丘奇-图灵论题是指这样的观点：我们所有等价的可计算性模型，都正确地刻画了我们关于可计算函数的直观概念。因此，该论题断言我们已经得到了正确的可计算性模型。这不是一个数学论题，而是一个哲学论题。支持此论题的一个重要证据是，所有具体化可计算性概念的尝试最终都被证明是彼此等价的。

杰克·科普兰德（Jack Copeland）着重区分了两个版本的丘奇-图灵论题：其一可称为强丘奇-图灵论题，它断言，原则上可用机械程序计算的函数的类，正是图灵可计算函数类；其二为弱丘奇-图灵论题，它仅仅断言，按照这样的理想化图景，即一个人坐在桌子前、纸笔用量不限、遵循机械的程序，原则上可计算的函数的类，正好就是图灵可计算的函数类。

除了这两个哲学观点，还有一个所谓实践的丘奇-图灵论题，它断言，为了确定一个算法过程可由图灵机执行，我们只需解释清楚它是一个可计算的过程。在写过一些图灵机程序之后，什么样的过程图灵机可实现会变得很清楚，而对于具有此经验的人来说，详细地实际写出图灵机程序并不总是必要的，如果我们只是想知道确实存在这样的程序。

这与证明论中的情况有点类似，在那里，数学家们很少写出他们的定理的形式证明，而是在一种更高的解释层次上给出他们的论证。我们一般认为，成功的证明总能被翻译为形式证明，即使可能要付出许多努力和代价。在每个情况中，我们都是有一个形式的概念，即证明或计算，作为一个一般概念，它很重要和富有启发性，但具体例子则是乏味无趣的。我们从一个实际的形式证明中得到的数学洞见，与从一个实际的图灵机计算中得到的一样少；毋宁说，数学洞见来自在更高抽象层次上对一个数学证明或计算算法的理解。

很明显，瑟斯顿关于形式化的观点在可计算性领域可找到一个类似物。即，正如瑟斯顿指出的，数学思想和洞见在形式化中不一定能保存下来（参见第五章，第239页），类似地，一个在人类可理解的高层次语言中被描述的可计算算法，其所蕴含的思想和洞见，在其低层的形式编程语言如图灵机程序的实现中，可能不会保存下来。用机器代码写的程序可能看起来是不可理解的，即使它实际只是在实现一个众所周知的算法，如快速排序算法。

物理宇宙中的计算

我们拥有的支持丘奇-图灵论题的证据，一般仅支持弱丘奇-图灵论题。图灵关于计算之本质的哲学分析——这导向了他的机器概念——明确只关注弱丘奇-图灵论题。而相比之下，我们生活在一个量子-力学和相对论的物理宇宙中，它包含了许多我们仅仅刚开始理解的奇特现象。我们或许会希望利用某些奇特的物理效应的计算优势。也许，物理宇宙是如此设计的，以至于它允许我们通过某种物理过程来计算一个非图灵可计算的函数。

为了让读者对此可能性的范围有一点了解，让我提一下如下事实：已经有研究者提出了这样的计算算法，它们涉及这样的过程，即让机器落入一个黑洞，利用相对论时间胀缩效应，使机器的某些部分经历无穷的时间史，但仍保持在机器的另一部分的光锥中，且该部分仅经历有穷的时间。这样，这个机器作为一个整体，似乎就能模拟无穷无界的搜索，从而在有穷的时间中为图灵机无法回答的问题提供答案。

我们应该把这种算法看作对丘奇-图灵论题的反驳吗？我同意它是

一个疯狂的想法，但我们真的有充分理由排除桌面机器应用此种方法
——可能机器自身中包含有低质量微观黑洞———的可能性吗？想象
一下自身带有黑洞的芯片——即将上市！无论如何，要确立强丘奇-图
灵论题的正确性，我们不仅需要排除这个特殊的疯狂想法，还得排除
所有其他可能的疯狂想法，论证原则上不存在任何物理方法，能帮我
们执行图灵机所不能执行的计算任务。而我们现有最好的物理理论，
在完备性和确定性方面，都还不足以支撑这样一个普遍的论断。

有时人们基于一些实际的物理考量，如能源限制等，反对那些被
提出来的各种各样的超图灵物理过程。但很明显，这样的反驳也可以
用来反对图灵机模型本身。随着规模扩大，图灵机会使用非常非常长
的纸带，最终超出地球表面可承载的范围。我们要把纸带放到绕地轨
道上、漂浮在太空中吗？纸当然会被撕裂；如果纸带是以某种方式卷
起来，比如像 DNA 那样，那么当它足够大时，它会因自身引力而坍
缩，可能形成一个小太阳；宇宙中有足够多的原子来构成一个足够大
的纸带写下 $A(5,5)$ 吗？我们会认为这种反驳撼动了理想化的原则可
计算性概念吗？如果不，我们对黑洞计算和其他奇思妙想的物理计算
方法态度一样吗？

第五节 不可判定性

现在，我们转向关于不可计算性结果的讨论。我们能确定某些具
体的判定问题是任何图灵可计算程序都无法解决的，这是一个惊人的
事实。

停机问题

考虑如下判定问题：一个给定的图灵机程序 p，在给定输入 n 时，是否会停机？这就是所谓的停机问题。停机问题是计算可判定的吗？换言之，有没有一个可计算的程序，使得输入 (p, n) 时，该程序会根据程序 p 在输入 n 时是否停机来输出是或否的回答？答案是否定的，不存在这样的可计算程序；关于图灵机的停机问题，不是一个计算可判定的问题。图灵用一个高度一般化的证明证明了这一点，其思想格外统一，不仅适用于图灵的机器概念，也普遍适用于几乎一切足够稳健的可计算性概念。下面，我们来介绍一下这个证明。

我们要证的论断是，图灵机停机问题不能由任何图灵机计算地判定。反设该论断不成立，我们试着导出一个矛盾。我们考虑以下这个有点怪的算法。对于输入 p——它是一个程序——我们的算法询问，p 在输入 p 本身时是否会停机；根据我们的假设，停机问题是可判定的，因此这是一个我们能在有穷时间内计算其答案的问题，我们可以这么做。如果算出的答案为"是"，p 在输入 p 时会停机，则在我们正在描述的这个怪算法中，我们让程序立即转入无限循环，从而永远不停机。而如果算出的答案为"否"，p 在输入 p 时不会停机，则在新算法中我们立即停机。现在，令 q 为执行我们刚描述的这个算法的一个程序，并考虑如下问题：q 在输入 q 本身时，是否会停机？检查该算法你会发现，q 在输入 p 时停机，当且仅当 p 在输入 p 时不停机。因此，q 在输入 q 时停机，当且仅当 q 在输入 q 时不停机。这是一个矛盾，因此我们关于停机问题可判定的假设是假的。换言之，停机问题是不可判定的。这个证明非常灵活，它本质上表明，没有任何可计算性模型可以解决自己的停机问题。

211

其他不可判定问题

停机问题的不可判定性，可用来表明许多其他数学问题的不可判定性。比如，任意给定的丢番图方程（整数上的多项式）是否有整数解，这是不可判定的；群论中的字问题是不可判定的；在塔斯基所定义的"高中代数"形式语言中，两个给定的初等代数表达式是否等同，是不可判定的。3×3 矩阵的死亡率问题（给定一个矩阵的有穷集，判定这些矩阵的一个有穷积——允许重复——是否为 0）是不可判定的。有成千上万有趣的不可判定问题，而证明一个问题不可判定的一种典型方式，是将停机问题归约为它[1]。

铺砖问题

我个人喜爱的一个例子是铺砖问题：给定有穷多种多边形瓷砖，它们能铺满一个平面吗？例如，右图所示的两种砖，可以铺满一个平面吗？一般情况下，这个问题是不可判定的，且其证明

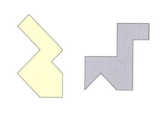

异常巧妙。对于任意一个图灵机，我们构造一组瓷砖，使得该图灵机恰好在这些砖无法继续铺下去时停机。我们小心地设计这些砖，使它们能模拟图灵机的计算——只要计算没有停止，铺砖就能继续下去——而停机格局出现则会引发铺砖障碍。这样，停机问题就被归约为了铺砖问题。

1　关于可归约性的逻辑，有一个微妙的错误：我们有时会听人这样说，"这个问题是不可判定的，因为它可被归约为停机问题。"但这里的逻辑应该是反过来，因为，一个问题被证明是一个难问题，不是由于它可被归约为一个难问题，而是由于一个难问题可归约为它。

计算可判定性与计算可枚举性

虽然停机问题是不可判定的，但它却是计算可枚举的，我们因此要区分这两个概念。停机问题是计算可枚举的，因为我们可以系统地模拟所有可能的程序，枚举其中会停机的那些。我们首先模拟第一个程序一步，然后模拟前两个程序分别两步，然后模拟前三个程序分别三步，如此等等。每当我们发现一个程序停机了，我们就把它枚举到纸带上。任何会停机的程序，最终都会在此算法下被枚举出来，所以停机问题是计算可枚举的。

第六节　可计算的数

图灵 1936 年的经典论文《论可计算的数，以及对判定问题的一个应用》，可以说基本创建了可计算性理论这门学科。在这篇文章中，图灵达成了以下几项成就：他定义并阐明了图灵机的概念；描述了一个通用的图灵机；证明我们无法计算地判定任何足够丰富的形式证明系统的定理；证明停机问题不是计算可判定的；指出他的机器概念刻画了我们直观的可计算性概念；发展了可计算实数的理论。

其中最后一项正是论文标题聚焦之点，而在论文的第一句话中，图灵就对可计算的实数进行了定义，说它们是可通过一个有穷的程序枚举其小数展开的实数，这里所谈的有穷程序，就是我们现在说的图灵机，稍后他详细阐明和确证了这个定义。他接着发展了可计算实数上的可计算函数理论。在这个理论中，函数不是直接作用于可计算的实数本身，而是作用于计算那些实数的程序。从这个意义上说，可计算实数并不是一种真的实数。毋宁说，在图灵的理论中，拥有一个可计算实数就是要拥有一个程序——此程序能枚举一个实数的各位数字。

我想批评一下图灵的这一进路，今天的研究者们不是这样来定义可计算的数。实际上，现在一般认为，图灵的进路是处理此概念的一种自然的方式，但最终已被证明是错误的。例如，图灵进路的一个主要问题是，按照这样定义的可计算数概念，可计算实数上的加法和乘法运算，将不再是可计算的。我来解释一下。这里涉及的基本数学事实是，两个实数的和 $a+b$ 的各位数字，并不与 a 和 b 分别具有的各位数字保持连续；仅仅知道 a 和 b 的有穷多位数字，不管知道得多么多，我们都不一定能确定地说出 $a+b$ 的前几位数字。

213 为了理解这一点，考虑如下求和运算 $a+b$：

$$0.343434343434\cdots$$
$$+\quad 0.656565656565\cdots$$
$$\overline{\qquad\qquad\qquad\qquad}$$
$$0.999999999999\cdots$$

这个和在小数点后各位上都是 9，这没问题，我们既可以接受 $0.999\cdots$ 为正确的值，也可以接受 $1.000\cdots$ 为正确的值，因为它们两个都是数 1 的正确小数表示。但我要指出的问题是，我们无法仅仅基于 a 和 b 的有穷多位数字，就知道该从 0.999 开始，还是从 1.000 开始。如果我们断言 $a+b$ 是以 0.999 开头，由于我们只知道 a 和 b 的有穷多位数字，那么，a 和 b 后面的数字可能全都是 7，而这会带来进位，使那些 9 全变成 0，小数点前变成 1。这样，我们的答案就错了。反之，如果我们断言 $a+b$ 以 1.000 开头，由于我们只知道 a 和 b 的有穷多位数字，所以 a 和 b 后面的数字可能全都是 2，而这意味着 $a+b$ 一定小于 1。因此，无论怎样，仅凭 a 和 b 的有穷多位数字，我们无法确定 $a+b$ 的开头几位数字是多少。

　　因此，没有算法能让我们从 a 和 b 的各位数字连续地计算 $a+b$ 的各位数字。这意味着，即便有两个程序能分别计算 a 和 b，也不一定就有算法能计算出 $a+b$ 的各位数字[1]。我们可以给出类似的例子，表明乘法和许多其他简单函数都不是可计算的，如果我们坚持认为可计算的数就是枚举其各位数字的算法。

　　那么，可计算数的正确概念是什么呢？今天广为接受的定义是，我们想要的不是一个能精确计算那个数的各位数字的算法，而是一个能以既定精度计算那个数的任意近似的算法。一个可计算的实数是一个可计算的有理数序列，使得序列中第 n 个数与目标数的距离小于 $1/2^n$。这等价于说，能在规定的精度范围内，计算以目标实数为中心的有理区间。还有许多其他等价的方式来做这件事。使用这个可计算实数的概念，加法、乘法等运算，包括 $\exp(x)$、$\log(z)$、$\sin\theta$、$\tan\alpha$ 等在内的所有常见运算，都是可计算的。

　　尽管我指出了图灵处理可计算实数的原初方法是有缺陷的，并解释了我们今天一般如何定义这个概念，但应该注意的一个数学事实是，一个实数 x 在图灵的意义上有可计算的表征，当且仅当它在当今的意义上有可计算的表征。因此，就我们所谈论的实数是哪些而言，两种方法在外延上是一样的。让我快速地论证一下这一点。如果一个实数 x 在图灵的意义上是可计算的，也就是说，我们可以计算 x 的各位数字，那么我们显然也能计算它的有理近似到任意精度，只需计算出足够多位数即可。反过来，如果一个实数 x 在当今的意义上是可计算的，也就是说，我们能计算其有理近似至任意精度，那么，或者它本身是

214

1　后一论断实际是相当微妙复杂的，但我们可以用克林尼递归定理来证明它，思路如下：令 $a = 0.343434\cdots$，考虑枚举数 b 的一个程序，其中 b 以 0.656565 开头，且重复 65 直到加法程序给出 $a+b$ 的开头数字，这时 b 的程序或者跳转为全输出 7，或者跳转为全输出 2，以这样的方式来拒斥那个结论。其中之所以用克林尼递归定理，是为了构造 b 的这种自指程序。

一个有理数，此时我们显然可计算 x 的各位数字，或者它是一个无理数，此时对于任何给定的数位，我们都可以等到有理近似迫使其到确定的一边，从而获知该数位上的数字。这个论证适用于任何记数系统。注意，这里会涉及直觉主义逻辑问题，原因是我们无法由近似算法本身知道我们处于上述两种情况中的哪一种。

因此，图灵实际并没有错认作为一个实数类的可计算实数。但正如我已经强调的，我们并不想把一个可计算的实数看作一种实数；毋宁说，我们想把一个可计算的实数看作一个程序，一个可用来生成那个实数的有穷的程序，因为我们希望能把那个有穷的对象输入给其他可计算算法，并用它计算一些东西。就此目的而言，在图灵的方法下，加法不是可计算实数上的一个可计算的函数；而在有理近似方法下，它是可计算实数上的一个可计算的函数。

第七节 带信息源的计算和图灵度

停机问题不是计算可判定的。但假设我们能给我们的计算机器添加一个黑箱装置，其内部配置我们一无所知，但它能正确回答关于停机问题的一切询问，那会怎样呢？有了这种新增强的计算能力，我们能计算什么？还有我们无法解决的问题吗？图灵就是通过这样的方式达到了带信息源的（或相对）计算的概念。图灵关于停机问题的证明显示，即使有信息源，仍然有一些问题是不可解的。因为，图灵的不可判定性证明是高度一般化的，这意味着，它同样适用于带信息源的计算：相对于一个特定信息源的停机问题，无法由任何使用该信息源的可计算程序来解决。

让我们更具体地介绍一下我们的带信息源计算模型。想象我们给图灵机添加一个额外的纸带，亦即信息源纸带，机器在信息源纸带上只能读，不能写，且信息源纸带上含有一个固定的信息源成员信息，$A \subseteq \mathbb{N}$。信息源纸带上写满了 0 和 1，其排列情况准确反映了 A 的成员有哪些。这样，有了带信息源 A 的机器，A 本身就成了可判定的，因为对于任意的输入 n，我们只需检查信息源纸带的第 n 个方格，看看是否有 $n \in A$ 就可以了。所以，当信息源 A 不是可判定的时，这一相对可计算性概念是严格强于图灵可计算性的。

我们称一个函数是 A-可计算的，如果它可以被一个带信息源 A 的图灵机计算。称一个集合 B 是相对于 A 图灵可计算的，记作 $B \leq_T A$，如果 B 的特征函数——它为 B 的元素赋值 1，其他赋值 0——可由一个带信息源 A 的机器计算。两个信息源 A 和 B 是图灵等价的，如果每一个都相对于另一个是可计算的。这是一个等价关系，相应的等价类被称为图灵度。 215

停机问题的不可判定性表明，对于每个信息源 A，存在一个严格意义上更难的问题 A'，称为 A 的图灵跃迁，它正是带信息源 A 的机器的停机问题。所以 $A <_T A'$。传统上用符号 0 表示所有可判定集的图灵度，$0'$ 表示停机问题的图灵度。于是我们有 $0 <_T 0' <_T 0'' <_T 0''' <_T \cdots$，等等。存在不可比的度吗？是的。存在严格介于 0 和 $0'$ 之间的度吗？是的。存在严格介于 0 和 $0'$ 之间的计算可枚举集吗？是的。作为一个偏序，图灵度是稠密的吗？不，存在极小的不可计算的度，虽然计算可枚举度构成了一个稠密偏序。图灵度构成一个格吗？不，有一些度的对子，它们没有最大下界。有大量研究图灵度层谱的基本性质的文献，包括对以上这些问题以及其他许多问题的研究。

我自己对可计算性理论的看法是，它是一种无穷信息论。图灵度代表了我们所能拥有的可能的可数信息量。可以互相计算的两个信息源具有相同的信息，当 $B \leq_T A$ 时，A 拥有至少和 B 一样多的信息。研究图灵度意味着研究我们原则上可拥有的可能的信息量。

第八节 计算复杂度理论

最后，让我们来谈谈复杂度理论，它是当代理论计算机科学中一个广阔的研究领域，它关注的不是可计算和不可计算之间的区别或不可计算的度，而是可行的计算和不可行的计算之间的区别以及可行性程度的不同。我发现这个话题涉及很多哲学问题，我希望看到哲学家们对此进行更深入的研究。

复杂度理论旨在让可计算性理论重新聚焦于一个更加现实和实用的领域。我们想要关注由时间、空间等资源的缺少所带来的算力上的限制。在经典的可计算性理论中，这些限制通常被完全且不切实际地忽略了，但在实际计算中它们却是至关重要的问题。一个算法在较小的输入下就要耗费宇宙的全部寿命来给出答案，这于我们有何益处？为了发展出一个关于计算资源的稳健理论，我们需要一个稳健的可行（feasible）计算概念。说一个计算过程是可行的，是什么意思？

216 　我们可以通过对资源施加具体限制，轻易地引入边缘坚硬的可行性概念，比如，要求所有计算在 10 亿步内停止，或者最多使用 10 亿个存储单元。但是这样的一个可行性理论最终无法令人满意，因为它必然会陷入关于那些具体限制的边缘效应细节之中。我们需要的是一个更柔和的可行性概念，一个相对可行性概念，其中计算的可行性是通过考虑与输入大小相比所使用的资源多少来衡量的，而更大的输入自然可能需要更多的资源。这就使得人们在输入规模变大时考虑采用资源用量的渐进上界。

　　例如，我们可以根据计算所涉及的步骤数来比较算法的效率。考虑如下排序问题：给定 n 个数，将它们按从小到大的顺序进行排序。你会怎么做这件事呢？你的算法需要多少基本步骤？这里，"步骤"指的是类似这样的东西，如比较两个值的过程，或将一个值从一个位置移动到另一个位置的操作。现在已知的排序算法有数十种，它们的计算复杂度各不相同。其中一些在平均情况下表现较好，但在最坏的情况下表现较差，而另一些甚至在最坏的情况下也很快。下面是一些例子：

冒泡排序　　反复扫描列表；将顺序不对的相邻项互换。最坏情况下需要 n^2 步。

梳排序　　冒泡排序的一种改进，可以更高效地处理"乌龟"（位置远远不对的项），但最坏情况下仍需 n^2 步。

归并排序　　一种分治算法，先对子列表进行排序，然后归并到一起；$n \log n$。

原地归并排序　归并排序的一个变种，最坏情况下可达到 $n \log^2 n$。

堆排序　　反复从未排序区中取最大元；$n \log n$。

快速排序　　一种分区-交换排序，最坏情况下需要 n^2 次比较，但平均情况下以及在实践中，其速度远远快于其主要竞争算法如归并排序和堆排序；平均用时 $n \log n$。

我强烈推荐读者看看 YouTube 上的 AlgoRythmics 频道，其网址为：https://www.youtube.com/user/AlgoRythmics。这个团队用匈牙利舞蹈和其他民族舞蹈展示了各种排序算法，棒极了！

　　为了体会不同算法在效率上的巨大差异，我们看一下 $n = 2^{16} =$

65536 时的情况，这时我们有（使用底数为 2 的 log）：

$$n^2 = 4,294,967,296$$

$$n\log^2 n = 16,777,216$$

$$n\log n = 1,048,576。$$

所以较快的算法确实能节省不少时间，随着 n 增大，这种优势会更显著。

217 可行性作为多项式时间的计算

"可行的"计算是指什么样的计算？一个自然的想法是，如果两个函数 f 和 g 都是可行可计算的，那么我们会想说，它们的复合 $f(g(x))$ 也是可行可计算的，因为对于任何输入 x，我们可以可行地计算 $g(x)$，然后可行地计算 $f(g(x))$。类似地，我们可能希望总是能够在可行的算法中用其他可行的程序作为子程序——例如，对给定输入的每个组成部分分别应用可行程序。另外，我们似乎乐意接受那些所需步骤数与输入的长度成正比的计算为确定可行的计算；这些计算是线性时间计算。但请注意，如果你把一个线性时间子程序嵌入到一个线性时间算法中，你会得到一个 n^2 时间算法；如果你再这样做一次，你会得到一个 n^3 时间算法，如此等等。因此，我们自然而然地被引向多项式时间计算的类，即计算用时作为输入长度的函数受限于一个多项式函数的算法。这个算法类对复合和子程序插入是封闭的，最终为我们提供了一个非常稳健的可行性概念，满足我们关于可行性的许多前反思的想法。基于此，产生了一个丰富的计算复杂度理论。[1]

最坏情况复杂度和平均情况复杂度

我们到目前为止讨论的时间复杂度，可称为最坏情况复杂度，因为我们坚持要求，存在一个多项式函数来限制算法在给定长度的所有输入下需要的运行时间。但是，很容易想象一种情况，即算法在几乎所有输入下都运行得非常快，只在少数情况下才出现困难。因此，与之竞争的另一种可行性概念将使用平均情况复杂度，我们只想限制特定长度输入下的平均运行时间。例如，也许一个程序在所有长度为 n 的输入下都需要 n^2 的时间，除了输入值是 $111\cdots111$ 时，在这个特殊的输入下，它需要 2^n 的时间。这意味着，对于长度为 n 的输入，其平均时间复杂度小于 n^2+3，但最坏情况复杂度为 2^n，后者比前者要大得多。

破坏平均情况复杂度作为可行性概念的稳健性的一个重要考虑因素是，它在代入和复合下表现不佳。可能会出现这种情形：函数 f 和 g 的平均情况复杂度都很好，但 $f(g(x))$ 却不好，只因 $g(x)$ 的输出恰巧几乎总是会进入 f 的困难情况。基于这个原因，在一些重要的方面，平均情况可行算法的类不如最坏情况可行算法的类稳健。

黑洞现象

218

若一个判定问题很难，但其难点集中在一个非常微小的区域内，而在这个区域之外，问题就变得很容易，我们就说出现了黑洞现象。例

---

1 在复杂度理论中，我们一般会扩张我们的语言，不限于使用 0 和 1（比如使用一个输入结束标记），从而能够采用更熟悉、更紧凑的记数系，如二进制记数法。在臃肿的一元输入下，"输入长度的多项式时间"实际意味着二进制输入下的指数时间。

如，如果一个加密方案基于一个困难的判定问题，而这个问题存在黑洞现象，那这个方案就是不可接受的，因为如果黑客能以 95% 甚至哪怕 5% 的成功率抢劫银行，那都是不可容忍的。因此，黑洞现象与极端情况有关，即在最坏情况下的复杂度很高，但平均情况下的复杂度很低。这样的问题可能因最坏情况下的难度而看起来很困难，但大多数情况下却很容易被解决。

阿列克谢·米亚斯尼科夫（Alexei Miasnikov）在计算群论相关判定问题中发现了一些黑洞现象的实例，并探讨了停机问题本身是否可能存在黑洞。在（Hamkins and Miasnikov, 2006）中，我们证明了它的确存在。我们所证明的是，对于标准的图灵机模型——它具有一个单向无穷、上面写着 0 和 1 的纸带，有有穷多个状态和一个停机状态——停机问题在一个渐进密度为 1 的集合上是可判定的。也就是说，存在一个可判定的图灵机程序集，它在渐进密度的意义上几乎包括了每一个程序——状态数为 n 的程序属于该集合的比例，随着 n 的增加而稳定地趋向于 100%——使得对于这个集合中的程序来说，停机问题是可判定的。

你可以想一下那些不会转向停机状态的程序的集合，这样能对上面所述集合的样子有一个初步的把握。由于这样的程序永远不会到达停机状态，关于它们的停机问题可以通过一个回答"不"的算法来判定。而随着状态数增加，这种程序的比例趋向于密度 $1/e^2$；大约是 13.5%。这意味着在约 13.5% 的情形中，我们能很容易地判定停机问题。

米亚斯尼科夫和我最初试图将这种平凡甚至有点荒唐的不停机理由收集起来，希望结果最终能超过 50%，而我们的目标是能够说我们能判定停机问题的"大部分"情形。但事实是，我们发现了一个使我们能判定停机问题实例的庞大而荒唐的理由。我们证明了，对于单向无穷纸带机模型，几乎所有计算在某个状态被重复前都会导致读写头掉落纸带边缘。在状态重复之前（因此也就是在任何反馈信息出现之前），一个随机程序的行为本质上是一种随机游走。根据波利亚复现定理，读写头最终会回到起点并以很大的概率掉下来。由于不难验证在某个状态重复之前这一行为是否实际会发生，所以我们能以渐进密度1 判定停机问题。

可判定性与可验证性

复杂度理论在可判定性与可验证性之间作出了重要区分。称一个判定问题是多项式时间可判定的，如果存在一个多项式时间算法能正确回答它的实例，正如我们已经讨论过的。而称一个判定问题 A 是多项式时间可验证的，如果存在一个多项式时间算法 p，使得 $x \in A$ 当且仅当有一个相伴的见证 w，它在 x 中具有多项式大小，并且 p 接受 (x, w)。实际上，正确的见证 w 可以提供额外信息，使得 $x \in A$ 的正面实例能被验证为正确。（这一可验证性概念与第五章中提到的证明系统的可验证性不同。）

作为一个例子，考虑一下命题逻辑中的可满足性问题。给定命题逻辑的一个布尔语句，如 $(p \vee \neg q) \wedge (q \vee r) \wedge (\neg p \vee \neg r) \wedge (\neg q \vee \neg r)$，我们来确定是否存在一个满足它的实例，即对命题变元的一个真值指派，它使得整个句子为真。一般情况下，没有已知的多项式时间算法可以解决这个问题；最直接的方法，即计算语句对应的真值表并看其结果中是否有真，需要指数时间。但可满足性问题是多项式时间可验证的，因为如果我们同时被给定了一个满足该语句的真值指派列 w，我们就可以在多项式时间内正确检验它是不是一个这样的列。基本上，声称某个语句可满足的人，可以通过给出真值表中最终结果为真的一列，向我们轻易地证明这一点。

非确定性计算

这些可验证问题也可以用非确定性计算来描述。如果一个算法的计算步骤并非完全由程序确定，而是在某些步骤中，需要在一组允许的指令中进行非确定性选择，则称该算法是非确定性算法。如果存在一个这样的非确定性算法能够正确地回答判定问题 A，则称 A 是非确定性多项式时间可判定的。也就是说，一个输入属于 A，当且仅当存在某种选择方式，使得算法接受该输入。

结果表明，非确定性多项式时间可判定问题类，与多项式时间可验证问题类是同一个类，这就是所谓的 NP 类。例如，如果一个问题是多项式时间可验证的，那么我们可以非确定性地猜测一个见证 w，然后运行验证算法。如果输入属于该类，那么就会有一种方式产生一个合适的见证，最终被验证算法接受；而如果输入不属于该类，则不会有任何导向接受的计算，因为没有可用的见证。反过来，如果一个问题是非确定性多项式时间可判定的，那么我们可以将见证 w 视为告诉我们，在非确定性计算过程中，每次需要做出选择时应该选择哪一个，而正确的见证会将我们引向接受。这样，我们对 NP 类就有了一个二重的理解，既可以把它看作是非确定性的结果，也可以通过验证的概念来把握它。

220　P 与 NP

有大量自然且具有基本重要性的问题被发现属于 NP 类，而对于这些问题中的许多个，我们尚未找到确定性多项式时间判定算法。不仅如此，在几乎每一个这样的情况中，如布尔表达式的可满足性问题、某些电路设计问题、蛋白质折叠问题、某些密码安全问题，以及其他许多具有科学、金融或实践重要性的问题，所涉的问题最终都被证明是 NP 完全的问题，这就是说，所有其他 NP 问题都能在多项式时间内归约到这个问题上。

一般而言，NP 问题在最坏情况下也总是具有指数时间算法，因为我们可以依次尝试所有可能的相伴见证。但指数级算法在实践中是不可行的，它们需要的时间太长。而我们并不知道，这些 NP 完全的问题是否有多项式时间的算法。

未解问题：P = NP 是否成立？

这个问题实际就是问，上面提到的这些 NP 完全问题，是否有任何一个有多项式时间的解法。这是计算机科学中最重要的未解问题。如果答案被证明是肯定的，且存在实际可行的算法，那将具有惊人的意义，能带来广泛的实际好处，极大地影响我们的工程能力，进而影响人类的财富和福祉状况。它意味着，从原则上讲，找到解决方案并不比验证其有效更困难。我们会立即获得一种可行的能力，解决目前还无法触及的、范围广泛的许多问题。正如斯科特·阿伦森（Scott Aaronson）所说：

> 如果 P = NP，那么世界将会与我们通常所认为的截然不同。"创造性飞跃"将不再具有特殊价值，发现一个解与认出一个已被发现的解之间将不再有根本性的差距。每一个能欣赏交响乐的人都将是莫扎特；每一个能读懂有详细步骤证明的人都将是高斯；每一个能辨认出较优投资策略的人都将是沃伦·巴菲特。（Aaronson, 2006, #9）

然而，大部分研究者都坚信，复杂度类 P 和 NP 是不相等的。实际上，关于这一点，阿伦森接着就给出了他的"哲学论证"，他概述了十个支持 P ≠ NP 的论证，其中之一为：

> 可以用达尔文主义的术语来表达这里的要点：如果我们栖居的宇宙是如此这般，那为何我们未能进化出利用这一点的能力？（实际上，这个论证不仅支持 P ≠ NP，还支持这样的论点，即 NP 完全的问题无法在物理世界中得到高效的解。）

由于对互联网安全和其他许多问题具有深远影响，P 是否等于 NP 的问题成了理论计算机科学中几乎所有重大问题的背景问题。

221   对应于可计算性的各种其他资源限制模型，存在着成百上千的复杂度类。例如，我们有 PSPACE，它是仅用多项式大小的空间就可解的判定问题的类，即使用的时间可能比较长。这个概念对应的非确定性版本是 NPSPACE，但不难看出 PSPACE = NPSPACE，因为我们可以简单地依次尝试所有可能的猜测。类似地，对应于指数时间和空间，我们有 EXPTIME 和 EXPSPACE 以及它们的非确定性版本，而向下走，则有线性时间和线性空间问题，以及许多其他的复杂度类。

最终，这门学科呈现出了这样的面貌：作为资源受限性计算之研究的复杂度理论，正在兑现我在本章前面提到的那种算力层谱观，而可计算性理论则体现了算力的阈值观。

计算韧性

在 2020 年的新冠肺炎大流行期间，我们认识到我们的经济、医疗和政治结构以及组织需要更强的韧性，与此同时，莫什耶·瓦迪（Moshe Y. Vardi）发出呼吁，我们应该将复杂度理论的聚焦点从计算效率转向计算韧性和容错能力。

我认为计算机科学尚未内化这样一个理念，即韧性（对我而言，这包括容错能力、安全性以及更多）必须被深化到算法层面。这方面的一个例子是搜索结果排序问题。谷歌最初的排序算法是 PageRank，它通过计算通往一个页面链接的数量和质量，来确定相关网站的重要性。但 PageRank 对人为操纵缺乏韧性，因此出现了"搜索引擎优化"……

当今之世，计算已成为人类文明的"操作系统"。作为计算专家，也就是这一操作系统的开发者和维护者，我们肩负着重大的责任。我们必须认识到需在效率和韧性之间进行权衡。是时候发展韧性算法这门学科了。（Vardi, 2020）

可计算性理论通过图灵机和其他计算模型具体化了可计算性概念，所有这些模型产生了相同的可计算函数类。复杂度理论则通过多项式时间可计算性和一系列复杂度类，具体化了可行性和计算效率的概念。那么，瓦迪提出的新学科，又会建立在哪些关于计算韧性的形式概念上呢？我认为，这从根本上说是一个哲学问题，它是瓦迪的提议所面临的核心逻辑挑战。

思考题

6.1 找到函数 $m^n, 2^n, n!$ 的递归定义，从而证明这些函数都是原始递归的。

6.2 证明原始递归关系对交、并、补封闭。

222

6.3 证明每个原始递归函数的生成方式都不止一种，因而它们具有无穷多的构造样板。因此，函数的构造过程并不是函数本身的性质，而是我们对函数的描述方式的性质。讨论一下，这是否意味着可计算性是一个内涵的而非外延的特征？

6.4 详细解释一下，为何本章前面给出的阿克曼函数定义方程（第295页）确实定义了一个函数 $A : \mathbb{N} \times \mathbb{N} \to \mathbb{N}$。

6.5 描述一下 $A(5, 5)$ 这个数。

6.6 设计一个图灵机计算以下函数

$$
p(n) = \begin{cases} 0, & \text{如果} n \text{是偶数} \\ 1, & \text{如果} n \text{是奇数}。 \end{cases}
$$

6.7 设计一个图灵机计算截断减法函数 $a \dot{-} 1$，若 $a \geq 1$，其值为 $a - 1$，否则为 0。

6.8 详细解释一下，图灵可计算函数类是如何逃脱哥德尔的对角线证明的。虽然图灵证明了存在一个通用的可计算函数 $f(n, m)$，其切片 $f_n(m)$ 穷尽了所有的可计算函数，但哥德尔的对角线函数 $d(n) = f_n(n) + 1$ 怎么了呢？对角线证明法能成功表明存在直观上可计算但非图灵可计算的函数吗？

6.9 部分性（在部分函数的意义上）是计算的固有属性吗？我们能在不分析或思考部分函数的前提下，融贯地说明自然数上可计算的全函数吗？

6.10 指出下述证明的问题：枚举所有可能的图灵机程序：$p_0, p_1, p_2, \cdots$。令 $f(n) = 0$，除非 p_n 在输入 n 时输出的是 0，此时令 $f(n) = 1$。函数 f 是直观上可计算的，但任何图灵机都不能计算它。

6.11 本章第314页图中的黄砖和蓝砖能铺满一个平面吗？如果你有答案，你如何将之与铺砖问题不可判定的论断相调和？

6.12 在你的任课教师或助教的帮助下，找出一个合适的判定问题并证明它不是计算可判定的。

6.13 可计算的实数是真的实数吗？还是某种程序？

6.14 讨论一下图灵对可计算实数的定义的成功之处。

6.15 一个给定的程序是否能计算一个实数的各位数字，以及两个程序是否计算了同一个实数，这些问题都不是计算可判定的，这一事实会为可计算实数的概念带来什么哲学意义吗？等同关系 $x = y$ 是计算可判定的吗？

6.16 试论证，如果我们用的信息源 A 本身是可判定的，则 $A-$ 可计算 **223**
函数类等同于可计算函数类。

6.17 宇宙中有足够多的原子在纸带上写下阿克曼函数的值 $A(5,5)$ 吗？如果不能，对于图灵可计算性——它是一个理想化的原则可计算性概念——而言，这是一个问题吗？你的回答与你对黑洞计算或其他奇妙的物理计算方法的分析有何关系？

6.18 可行的计算应该对复合和递归封闭，并且线性时间计算是可行的，而另一方面，时间复杂度达到 n^8 的计算在实践中不是可行的，讨论一下它们之间的内在张力（如果有的话）。这会破坏多项式计算作为一个可行性概念吗？

6.19 在最坏情况复杂度中，我们是通过看一个可计算算法在长度为 n 的输入下可能花费的最长运行时间，来度量该算法在该输入长度下的速度；在平均情况复杂度中，我们则是通过看算法在那个长度的输入下的平均运行时间，来度量算法的速度。讨论这两个概念的优缺点。

6.20 你能证明最坏情况多项式时间计算与平均情况多项式时间计算是不同的吗？如果可以，请给出一个特定的函数，它仅属于这两个类中的一个。你能对一个判定问题做这件事吗？

6.21 平均情况多项式时间可计算函数对复合封闭吗？对于用平均情况时间复杂度作为一个可行性概念这个想法来说，你的回答有何意义？

6.22 尝试给出针对一般的计算和可判定性概念的非确定性版本，而不只是限于多项式时间计算和多项式时间可判定性。究竟哪些判定问题在你给出的意义上是非确定性可判定的？

6.23 更充分地探索一下这个思想：可计算性理论可能通过阈值现象实现了丘奇-图灵论题，而复杂度理论则实现了层谱愿景。这是否表示，丘奇-图灵论题不适用于可行计算？

6.24 解释第327页引述的阿伦森的"创造性飞跃"那段话。他的达尔文主义论证站得住脚吗？我们事实上不是解决了一些物理世界中的 NP 完全的问题吗，如蛋白质折叠问题？评价一下阿伦森（Aaronson, 2006）的其他论证。

6.25 了解模拟计算——它与本章中讨论的离散计算不同——并结合丘奇-图灵论题讨论模拟计算与离散计算的区别。

6.26 了解一些关于无限计算模型的知识,如布氏自动机、Hamkins-Kidder-Lewis 无穷时间图灵机模型和 Blum-Shub-Smale 机。类似丘奇-图灵论题的东西对无穷可计算性成立吗？也就是说，在能计算哪些函数这一点上，这些模型的威力是一样的吗?

扩展阅读

- A. M. Turing（1936）：这是图灵的开创性论文《论可计算的数，及其对判定问题的应用》，其所取得的成就简直令人难以置信。在这篇论文中，图灵（1）定义了图灵机，是从他对计算本质的哲学分析中推导出的；（2）证明了通用计算的存在；（3）证明了停机问题的不可判定性；（4）引入了信息源的概念；（5）分析了可计算数的本质。这部作品至今仍然具有很强的可读性。

- Oron Shagrir（2006）：哥德尔对图灵工作的看法在几十年里有一些变化，这篇文章是对那些变化的一个有趣说明。

- Robert I. Soare（1987）：面向研究生的一本关于图灵度的标准教材。

- Hamkins and Miasnikov（2006）：对黑洞现象的一个通俗易懂的解释，其中证明了，对于某些计算模型，停机问题虽然仍不可判定，但却几乎在所有实例上都以概率 1 可判定。

- Scott Aaronson（2006）：对支持 P $\neq$ NP 的十个论证的一个简洁易懂的说明。

第七章

不完全性

摘要：大卫·希尔伯特试图通过关于其底层形式化的有穷推理来捍卫高等数学的一致性，但哥德尔不完全性定理使他的计划破灭，这个定理表明甚至没有一致的形式系统能证明其自身的一致性，更不用说比其还高的系统的一致性了。借助停机问题、自指和可定义性，我们将描述第一不完全性定理的几种证明，展示在什么意义上数学不可能被完全化。在此之后，我们将讨论第二不完全性定理、罗瑟的改进以及关于真之不可定义性的塔斯基定理。最终，人们会发现每个基础的数学理论上都有一个一致性强度的内在层谱。

数理逻辑作为一个学科真正成熟于库尔特·哥德尔的不完全性定理，这些定理表明，对数学中每一个足够强的形式系统，都存在这一系统内部不可证的真命题，而且，特别地，这样的系统都不能证明其自身的一致性。这些定理技术上十分复杂，同时又牵涉有关数学推理之本性和限度的深刻哲学问题。这种数学复杂性与哲学关怀的融合已经成为数理逻辑这一学科的特征——我发现它是这个学科所带来的巨大乐趣之一。哥德尔发现的不完全性现象现在本质上已经成为关于数学基础的所有严肃的当代研究的核心关切。

为了理解这一成就的意义，让我们想象一下哥德尔之前的数学生活和数学哲学。置身于那一时代，我们在数学基础中的期望和目标会是什么？到 20 世纪早期，严格的公理化方法在数学中已经取得巨大成功，帮助澄清了各个数学领域中的数学思想，从几何到分析到代数。或许我们自然会以完成这一进程为目标（或至少是期望），找到关于数学最为基础的那些真理的一个完全的公理化。或许我们会希望发现终极的基础公理——那些奠基性的原理，它们自身显然为真并且还具有如此这般的推演力量，以至于借助它们可以原则上解决其范围之内的所有问题。这将是一个多么美好的数学梦想。

同时，恼人的二律背反——坦率地说就是矛盾——已经在新提出的一些数学领域的前沿出现，特别是在素朴表述的集合论中，它作为统一的基础理论已经展现出巨大的希望。集合论刚刚开始为数学提供一个统一的基础，一种将数学视为在单一理论下发生于单一领域的方式。这样一个统一允许我们将数学看作一个融贯的整体，例如，使我们能够在工作于数学的一个部分时合理地应用来自另一个部分的定理；但二律背反敲响了警钟。我们最为基础的数学公理系统结果竟然是不一致的，是可忍孰不可忍；我们一定是在一些根本的数学观念上彻底搞错了。即使在二律背反已经解决并且最初的素朴集合论思想已经成长为一个强大的形式理论之后，不确定性依然存在。我们尚未证明修订后的理论会免于新的矛盾，关于一些基本原理之安全性的担心依然存在，如选择公理，还有其他一些原理，如连续统假设，完全没有答案。因此，除开对数学进行彻底说明的最初目标之外，我们或许应该至少寻找某种安全措施，一个我们真正可以依赖的数学的公理化。我们还至少想知道，借助一些可靠的有穷手段，我们的公理不是明显不一致的。

第一节 希尔伯特计划

这些是希尔伯特计划（Hilbert's Program）的希望和目标，该计划由大卫·希尔伯特在 20 世纪初提出，他是那时世界数学家的领袖。在我看来，这些希望和目标在哥德尔之前的数学和历史背景下是极为自然的。希尔伯特本能地期望数学问题有我们可以了解的答案。在退休演讲中，希尔伯特（Hilbert, 1930）宣称：

> 我们必须知道。我们必将知道。
>
> （Wir müssen wissen. Wir werden wissen.）

因此，希尔伯特把完全性作为一个数学目标。我们希望我们最好的数学理论最终能够回答所有那些引起麻烦的问题。希尔伯特想要使用统一的基础理论，包括集合论，但他也想在知道这样做是安全的情况下来使用这些高阶系统。由于二律背反，希尔伯特提出，我们应该将数学推理置于更安全的基础上，办法是给出特定的公理化，然后用完全透明的有穷手段证明这些公理化是一致的，不会导致矛盾。

形式主义

希尔伯特概述了如何实现这一目标的愿景。他提出，我们应该将证明定理、从公理进行演绎的过程，视为一种形式化的数学游戏——在这一游戏中，数学实践最终不过是按照系统的规则来操作数学符号串。我们无需因为数学命题涉及不可数（甚至无穷）集合，就让数学本体论为其所累；相反，我们可以将数学视为形成和使用这些被当作有穷符号串的命题之过程。希尔伯特计划的内涵，也是其最重要的贡献之一，是将整个数学事业本身视为形式公理系统中的形式游戏，它可以成为元数学研究的焦点，而希尔伯特希望通过完全有穷的方法来进行这种研究。

根据所谓的形式主义的哲学立场，这场游戏确实就是数学的全部内容。从这个观点来看，数学命题没有意义；没有数学对象，没有不可数集，没有无穷函数。根据形式主义者的说法，我们所做的数学断言不是关于任何东西的。相反，它们是没有意义的符号序列，按照我们形式系统的规则进行操作。数学定理是根据公理通过遵循系统的推理规则而生成的推演。我们在玩数学游戏。

当然，不一定只有形式主义者才可以分析形式系统。即使你认为那些数学断言也有意义——某种将断言与所涉及的数学结构的对应属性联系起来的语义，也可以对形式系统及其演绎进行富有成果的研究。事实上，希尔伯特主要将他的形式主义概念应用于无穷理论，他发现无穷对象的存在问题本质上是其存在性在无穷理论中的可证性问题。同时，作为一种调和的立场，希尔伯特视有穷理论具有实在论特征，有着真正的数学意义。

希尔伯特计划有两个目标：既要寻求数学的完全公理化，可以解决数学中的每个问题；又要使用严格的有穷方法分析这一理论的形式方面，以证明这种公理化是可靠的。希尔伯特建议我们考虑可能是无穷的基础理论 T，或许就是集合论，但我们应该暂时敬而远之，保持一定程度的不信任；我们应该从一个完全可靠的有穷理论 F 的角度来分析它，F 是一个只涉及有穷数学的理论，足以分析 T 的那些作为有穷符号串的形式断言。希尔伯特希望，通过在有穷理论 F 中证明更大的理论 T 永远不会导致矛盾，我们可以重新获得对无穷理论的信任。换句话说，我们希望在 F 中证明 T 是一致的。克雷格·斯莫林斯基（Craig Smoryński，1977）论证说希尔伯特寻求的更多，在 F 中不仅证

明 T 是一致的，还要证明 T 在有穷断言上对 F 是保守的，这意味着 T 中可证的任何有穷断言都已在 F 中可证。这将是一种强的解释，它使我们可以自由地使用更大的理论 T，同时仍然相信我们的有穷结论可以通过理论 F 中纯粹的有穷方法来建立。

希尔伯特想象世界中的生活 228

让我们暂时假设希尔伯特是对的，即我们能够通过找到数学基本真理的完全公理化来使希尔伯特计划取得成功。我们写下一个基础公理的列表，从而形成一个完全理论 T，它判定其领域中的所有数学陈述。有了这样一个完全理论之后，让我们接下来想象我们通过使用所有公理并应用所有推理规则，以所有可能的组合方式，系统地生成形式系统中的所有证明。通过这种机械的程序，我们将开始系统地将 T 的定理枚举为一个列表，$\varphi_0, \varphi_1, \cdots$，该列表包含且仅包含理论 T 的定理。由于这个理论是真的和完全的，因此通过这个程序，所有而且只有数学真命题被枚举了出来。通过机械地推出定理，我们可以知道给定的陈述 φ 是否为真，只需等待 φ 或 $\neg\varphi$ 出现即可，完全又可靠。因此，在希尔伯特计划所想象的世界中，数学活动可能最终不过是摇动这个定理枚举机的手柄。

另一种可能

然而，如果希尔伯特是错的，如果不存在这样的完全公理化，那么我们所能描述的任何潜在的数学公理化要么是不完全的，要么包括假命题。因此，在这种情况下，数学过程不可避免地导致本质上是创造性的或哲学性的那种决定增加新公理的活动。与此同时，在这种情况下，在公理选择的合法性上，我们必须承认有某种程度的不确定性甚至可疑之处，这正是因为我们的系统是不完全的，我们不确定如何扩张它们，因为我们甚至无法在有穷的基础理论中证明它们的一致性。因此，在非希尔伯特世界中，数学似乎是一个本质上不会终结的工程，也许充满创造性的选择，但也充满关于这些选择的争论和不确定性。

哪个愿景是对的？

哥德尔的两个不完全性定理就像在希尔伯特计划中心爆炸的炸弹，决定性地并且彻底地否定了它。不完全性定理表明，首先，我们原则上无法枚举初等数学真理的一个完全的公理化，即使是在算术的范围内也是如此，其次，没有一个充分强的公理化能证明其自身的一致性，更不用说证明一个更强的系统的一致性了。希尔伯特的世界只是一个海市蜃楼。

另一方面，在某些受限的数学语境下，希尔伯特愿景的一个削弱的版本仍然可以存活，因为一些自然生成的重要数学理论是可判定的。例如，塔斯基证明了实闭域的理论是可判定的，由此（如第四章已经谈到的）可以得出初等几何理论是可判定的。此外，还有其他多个数学理论，例如，阿贝尔群的理论、无端点稠密线性序的理论、布尔代数的理论等，也是可判定的。对于这些理论中的每一个，我们都有一个定理-枚举算法；通过转动数学机器的手柄，我们原则上可以知道这些数学领域中所有和仅有的真理。

但这些可判定的领域必然不包含数学的很大一部分，即使是一个适度的算术理论也无法纳入到可判定的理论中。证明一个理论是可判定的就是证明该理论具有本质弱点，因为一个可判定的理论必然无法表达基本的算术概念。特别是，一个可判定的理论不能作为数学的基础；那将会有整块整块的数学无法在其中表达。

第二节　第一不完全性定理

在本章剩余的大部分内容中，我想以各种方式解释不完全性定理的证明。

第一不完全性定理，借助可计算性

让我们从第一不完全性定理的简单版本开始。为了强调整个论证的脉络，我将使用"初等"数学这个表述，我用它不过是指这样的一个数学理论，它能形式化所有的有穷组合推理，如算术和图灵机上的操作。但现在，我将对什么会确切地被视为初等数学的一部分保持模糊。稍后，我们将讨论算术化的概念，它表明，事实上算术本身就足够强大，足以作为所有此类有穷组合数学的基础。

定理 11（第一不完全性定理，变化形式，哥德尔）　不存在计算可枚举的一组公理，可以证明且仅证明所有初等数学的真命题。

从现在到本章结束时，我们将给出哥德尔定理的几个明确区分且性质不同的证明，包括哥德尔原始证明的一个版本，约翰·巴克利·罗瑟（John Barkley Rosser Sr.）加强后的版本，以及阿尔弗雷德·塔斯基（Alfred Tarski）的另一个版本。然而，这第一个软证明本质上是图灵的，相当于他在（Turing, 1936）中基于停机问题之不可判定性对判定问题（Entscheidungsproblem）的解答。

为了证明该定理，我们为导出矛盾而反设可以枚举一个初等数学的公理列表，这些公理证明且仅证明了初等数学的所有真命题。通过系统地应用推理系统的所有规则，我们可以计算地枚举公理的所有定理，根据假设，这些定理将包括且仅包括初等数学的所有真命题。对于任何图灵机程序 p 和输入 n，让我们转动定理枚举机的手柄，等待断言"p 在 n 处停机"或断言"p 不在 n 处停机"出现。由于我们的系统是可靠和完全的，因此两个断言中的一个（真的）将出现在定理列表中，我们将由此得知停机问题的这一具体实例的答案。因此，如果初等数学真命题有一个完全的公理化，那么就会有一个可计算的程序来解决停机问题。但没有这样的可计算程序来解决停机问题。因此，不可能对初等数学真命题进行完全的公理化。证毕。

我们刚才给出的证明实际上证明了一个稍强的、更具体的结果。也就是说，对于任何可计算公理化的真理论 T，都必定存在一个特定的图灵机程序 p 和特定的输入 n，使得 p 在 n 处不停机，但理论 T 无法证明这一点。原因是，我们不需要定理枚举机器来观察停机的正面例证，这些我们可以简单地通过运行程序并观察它们何时停机来发现。我们只需要定理枚举方法来发现不停机的例证。因此，对于任何具有输入 n 的图灵机程序 p 和任何可计算公理化的真理论 T，我们按照以下程序进行：白天模拟程序 p 在输入 n 的运行，等待它停止；晚上在理论 T 中寻找 p 在输入 n 处不停机的证明。如果所有不停机的真例证都在 T 中可证，那么这个程序将解决停机问题。由于停机问题不是计算可判定的，因此一定存在一些不停机例证不可证明为不停机。因此，每个可计算公理化的真理论都必定有真的但不可证的命题。

判定问题

在哥德尔证明他的不完全性定理之前，希尔伯特和阿克曼（Hilbert and Ackermann, 2008 [1928]）考虑了判定一个给定命题 φ 是否逻辑 有效的问题，即 φ 是否在所有模型中都为真。具体的挑战就是找到一个可计算的程序，可以正确地对所有此类有效性询问回答是或否。这个问题以 Entscheidungsproblem（德语，意为"判定问题"）而为人们所知，我们如今在数学的每个领域看到了成千上万的判定问题。

希尔伯特预期会得到一个肯定的结果，即对其判定问题的可计算解决方案，也许我们可以想象这样的肯定解会是什么样子。也就是说，有人会提出一个具体的可计算算法，然后证明它可以正确地判定有效性。但是，判定问题的否定解会是什么样子呢？为了证明不存在解决某个判定问题的可计算程序，似乎需要知道什么是可计算程序。但这在判定问题提出时还不存在，因为后者是在严格的可计算性概念发展之前提出的。事实上，判定问题是关于可计算性之核心思想产生的历史背景的一部分。这个问题最终由图灵（Turing, 1936）和丘奇（Church, 1936a, b）否定地解决了，他们都专门发明了可计算性的概念来做到这一点。

我发现将有效性问题与其他几个相关的判定问题进行比较是自然的。即，语句 φ 在特定的证明系统中是 可证的，如果在该系统中存在 φ 的证明；当然，在任何可靠且完全的证明系统中，这与有效性问题完全一样；相比较而言，语句 φ 是 可满足的，如果它在某个模型中为真；一组有穷的语句是 一致的，如果它们不能证明矛盾；两个断言 φ 和 ψ 是 逻辑等价的，如果它们在所有模型中具有相同的真值。有效性问题与可满足性问题、一致性问题和逻辑等价问题有什么关系？它们都是计算可判定的吗？它们可计算地相互等价吗？

我们已经提到了有效性问题与可证性问题等同，因为 $T \models \varphi$ 当且仅当 $T \vdash \varphi$。类似地，根据完全性定理，一个语句的一致性等价于其可满足性，而一个有穷语句列表 $\sigma_0, \dots, \sigma_n$ 的可满足性等价于其合取

231

$\sigma_0 \wedge \ldots \wedge \sigma_n$ 的可满足性。同时，我们可以将有效性问题轻松地归约为逻辑等价问题，因为 φ 逻辑有效当且仅当它与我们已知的逻辑有效的陈述（例如 $\forall x x = x$）逻辑等价。反之，我们可以将逻辑等价问题归约为有效性问题，因为 φ 和 ψ 逻辑等价当且仅当 $\varphi \leftrightarrow \psi$ 是逻辑有效的。类似地，我们可以将有效性问题归约为可满足性问题，或者更确切地说，是不可满足性问题，因为 φ 有效当且仅当 $\neg\varphi$ 不可满足。因此，如果有一个关于可满足性的全知全能的神启，我们就可以正确回答所有关于有效性的询问。反之，我们可以将可满足性问题归约为有效性问题，因为 ψ 可满足当且仅当 $\neg\psi$ 不有效。因此，这些判定问题都是互相可计算归约的，从这个意义上说，它们有相同的可计算性难度；它们是图灵等价的，具有相同的图灵度。

此外，事实证明所有这些判定问题都是计算不可判定的，这正是我们提到的判定问题的否定解。为了弄清这个结果，让我们像图灵所做的那样论证停机问题可以归约为有效性问题。给定一个图灵机程序 p，我们希望确定 p 在输入 0 时的运行是否停机。我们可以开发一种关注图灵机运行的形式语言。例如，我们可以引入描述机器单元格的内容以及读写头在任何给定时间的位置和状态的谓词；然后我们可以制定公理来表达这些概念：时间以离散的步骤行进，机器从输入格局启动，在每个时间点都按照指令进展到下一个时间点，直到停机状态才停止。所有这一切都可以用任何能够表达初等组合数学的语言来表达。假设 φ 是如下断言：如果所有以上都成立，那么 "p 停机"，我们以此来意指形式语言中表达得到停机输出格局的命题。如果程序 p 确实停止，那么 φ 将是有效的，因为在任何图灵机的运行被正确编码的模型中，程序 p 的计算格局的离散序列都必然导向停机格局，使得 φ 为真。相反，如果 p 不停机，那么可以构建一个由实际机器格局的无穷序列组成的模型，这将使 φ 为假。因此，p 停机当且仅当 φ 有效，我们因此将停机问题归约为有效性问题。由于停机问题不是计算可判定的，因此有效性问题也不是计算可判定的，因此图灵证明了判定问题的不可判定性。

还可以用别的方式来论证停机问题可归约为有效性问题，不是通过发明一种描述图灵机运行的特殊语言，而是通过使用哥德尔的算术化思想（将在本章后面讨论）将图灵机操作编码到算术中。这将使停机问题归结为针对算术命题的有效性、可证性、可满足性和逻辑等价性问题。

定理 12　对于一个给定的算术命题是否有效，是否可证，是否可满足，或者两个算术命题是否逻辑等价，没有可计算的程序可以决定明确的是或否。

应该把这种对判定问题的解决视为与前面给出的第一不完全性定理的可计算性证明密切关联。那一证明的本质是借助停机问题的归约来证明 真算术陈述不是计算可判定的；这里的证明则对有效性判定问题做了同样的事情，并使用了本质上相同的证明方法。

不完全性，借助丢番图方程

以下是第一不完全性定理的另一个引人注目的版本：

定理 13　对于任何可计算公理化的真算术理论 T，存在一个整系数多项式 $p(x,y,z,...)$，使得方程

$$p(x,y,z,...)=0$$

在整数中没有解，但在 T 中无法证明这一点。

这个定理是著名的 MRDP 定理的推论，由马蒂亚维奇（Yuri Matiya-sevich）、罗宾逊（Julia Robinson）、戴维斯（Martin Davis）和普特南证明（并以他们的名字命名），他们解决了希尔伯特在 20 世纪初提出的重要未解问题之———希尔伯特第十问题，是希尔伯特为指导 20 世纪后续研究而提出的著名问题清单上的一个。希尔伯特向数学界发出挑战，要求他们描述一种算法，可以正确地判定一个给定的整系数多变量多项式方程 $p(x, y, z, \cdots) = 0$ 是否在整数中有解。我发现有趣的是，他以这种方式提出问题——他要求我们给出算法——这似乎预先假设确实存在这样的算法。通过这种提问的方式，希尔伯特透露出他的如下期望：数学问题一定会有答案。

然而，MRDP 定理给出的令人震惊的答案是，不存在这样的算法。更详细地说，不是我们不知道这样的算法，而是我们可以证明存在这样的算法在逻辑上是矛盾的。MRDP 定理表明，对于算术中的每个存在命题，都存在某个多项式 $p(e, n, x_1, \cdots, x_k)$，使得 $p(e, n, x_1, \cdots, x_k) = 0$ 当且仅当 $(x_1, \cdots, x_k)$ 编码了此存在命题为真的证明。特别地，由于停机问题是一个存在命题——程序 e 在输入 n 时停机当且仅当存在一个编码了整个停机计算的自然数，因此可以证明停机问题可以归结为丢番图方程问题。因此，关于 e 在输入 n 时是否停机的问题等价于问题 $p(e, n, x_1, \cdots, x_k) = 0$ 是否有整数解。

算术化

现在，让我们考虑算术的标准结构 $\langle N, +, \cdot, 0, 1, < \rangle$，从而转进到更精确的语境中去。哥德尔的一个关键洞见是 算术化的概念，这是整

个不完全性结果的基础。在我看来，算术化是一个真正深刻的思想——哥德尔的高深见解之一——但它也是这种现象的例证之一：一个深刻思想由于被熟知而变得平凡。算术化的思想已经渗透到我们对这个主题的所有思考中，融入了数学和计算机科学文化，甚至渗透到流行文化中，以至于它现在似乎已平淡无奇。

让我解释一下。算术化包含这样的思想：本质上，任何有穷数学结构都可以用数字编码，这样，原本可能希望对这些结构进行的组合推理和过程就变成了对那些编码该结构的相应数字的算术操作。例如，我们每个人都熟悉这样一个事实：当我们将文档输入计算机时，信息最终会存储在计算机的内存中。在撰写文档时，我们自然会以高级语汇来构思文档；它由章节和段落组成，使用特定字体并添加特定间距信息。这些要素又由单词组成，最终由单个字符组成，并辅以字体和间距的控制代码；最终，每条信息都简单地由一个数字表示，例如在扩展 ASCII 系统中，它有 256，即 2^8 个不同的符号和控制字符，因此每个字符可以用二进制精确地表示 0 或 1 构成的一个八位数。（当前系统更多地基于 Unicode，它允许使用更大的字符集。）因此，整个文档都被表示为一个巨大的 0 和 1 的序列，每一位都在电路板上的某些晶体管中以低电压或高电压来表示。通过这种方式，整个文档可以被认为是一个巨大的二进制数，称为整个文档的*哥德尔码*。用数字对各种一般信息组合进行编码的思想是算术化的本质。因此，在计算机上编写文档就是算术化的一个实例。

在一阶逻辑的背景下，我们可以为算术语言中的每个符号赋予一个 ASCII 形式的编码，然后将该语言中的每个断言 φ 视为具有哥德尔码 $\ulcorner \varphi \urcorner$，一个在这种编码下代表该公式的数字。一阶逻辑的所有句法特征，例如合式公式、自由变元、项、语句、重言式、证明等，最终都

234

涉及符号的有穷序列，所有这些都可以通过这种哥德尔编码到算术中。

通过这种方式，谈论数字的算术陈述可以被视为在谈论算术陈述本身及其句法特征，包括可证性。算术陈述甚至能够对自身作出断言，因此，自指的能力悄悄潜入了算术语言。特别地，我们可以在算术语言中构造表达以下概念的公式：

x 是算术语言中合式公式的哥德尔码。

x 是 PA 公理的哥德尔码。

x 是公理集中的一个公理的哥德尔码，由哥德尔码为 e 的图灵机程序所枚举。

凡此种种。如果 T 是算术语言中的计算可枚举理论，那么 $\mathrm{Pr}_T(x)$ 是断言"x 是 T 的定理的哥德尔码"。而 $\mathrm{Con}(T)$ 是断言"T 是一致的"，或者换句话说，$\neg\mathrm{Pr}_T(\ulcorner 0 \neq 0 \urcorner)$。算术化的技术表明，所有这些概念都可以在算术语言中表达。

任何有穷的组合过程本质上都可以进行这样的哥德尔编码。例如，我们可以用编码了运行该程序所需的所有信息的哥德尔码 $\ulcorner e \urcorner$ 表示图灵机程序 e。我们还可以为图灵机计算的"快照"找到哥德尔码，它们编码了纸带上的内容、读写头位置、程序，以及图灵机计算的当前状态。计算本身不过是这些快照具有如下性质的序列：每个快照都以符合程序操作的方式与下一个快照相关联，并且其初始快照正确显示了计算的初始格局。因此，算术化表明，运用哥德尔码表示计算，图灵机计算的所有基本操作和特征都可以在算术语言中表达，而这些可以通过基本的算术来操作。例如，算术语言中有一个公式 $\varphi(e,n)$，其含义是"e 是图灵机程序的代码，该程序在输入 n 时停机"。关键是，虽然 $\varphi(e,n)$ 看起来是算术语言中关于数字 e 和 n 的断言，但该语句的

235

含义与某个图灵机的操作有关。因此，算术化显示了算术本质上可以表达任意有穷组合数学概念的能力。

我们面临着有关翻译准确性的复杂哲学问题。数学断言的算术编码在多大程度上保留了该断言的含义？毕竟，我们并不会这样反对作者在计算机上撰写他或她的小说巨著：说那根本不是小说，而仅仅是 0 和 1 的冗长无聊的序列，没有可分辨的故事情节、人物或故事线。费弗曼（Feferman，1960）考虑了算术编码对我们元数学意向的忠实度，而莫斯科瓦基斯（Moschovakis，2006）讨论了数学基础，特别是集合论中的"忠实表示"概念。在反推数学中也经常出现类似的问题，反推数学在二阶算术中翻译数学结构。令人担忧的是，数学思想的编码可能会遗漏这些思想的重要特征。

当然，哥德尔不完全性定理的完整证明将包括检查这些算术化表示的细节是否确实可靠，哥德尔定理的传统解读通常会花相当多的时间来讨论这一点。但我们不要过分纠结于这些细节，因为这些细节本身并没有提供多少数学上的洞见，通常涉及关于如何实现编码的众多随意的选择。算术化的事实是本质上任何精确的有穷组合过程都可以如下方式用数字编码：这些过程的基本特征可以用算术语言表达，就像本质上任何书面文档都原则上可以作为 0 和 1 的序列保存在计算机上一样。这已经没什么好惊讶的了——其中的细节并不重要；算术化的深刻思想因此而成为平凡的事。

第一不完全性定理，借助哥德尔句

现在，让我给出第一不完全性定理的第二个证明，它与哥德尔给出的原始证明更为一致一些。我们将把第一章讨论的皮亚诺算术 (PA) 的一阶理论作为我们的基础理论。罗曼·科萨科（Roman Kossak）用

"你能在十分钟内想到的所有算术原理，加上归纳法"这样的口号来定义理论 PA。几乎每个人都会想到结合律、交换律、分配律、加法单位、乘法单位等，但这个口号的重点是这些公理的细微差别并不重要——它们都是等价的——只要有最重要的归纳公理，这一公理模式断言：如果算术陈述 φ 在 0 时为真，并且它的真从每个数 n 到下一个数 $n+1$ 都会保持，那么它对所有数都为真：

$$[\varphi(0) \wedge \forall n(\varphi(n) \to \varphi(n+1))] \to \forall n \varphi(n)。$$

理论 PA 非常强大，人们可以在 PA 中进行数论的几乎所有经典进展。事实上，从一切迹象看来，PA 似乎是算术的一个完全的公理化，这将是实现希尔伯特纲领的一个自然候选者。但当然，由于不完全性定理，它不是完全的。

让我们从一个谜开始——不动点引理，它是一个数学谜团，一个逻辑迷宫，它展示了自指这样一个无意义且混乱的东西如何清晰地潜入我们美丽的数论。它持续地让我惊奇。

引理 14（不动点引理） 对于任何只有一个自由变量的公式 $\varphi(x)$，都存在一个语句 ψ，使得

$$PA \vdash \psi \leftrightarrow \varphi(\ulcorner \psi \urcorner)。$$

因此，ψ 断言 "φ 对我的哥德尔码成立"。

证明 令 sub 为如下定义的代入函数：

$$sub(\ulcorner \varphi(x) \urcorner, m) = \ulcorner (\underline{m}) \urcorner,$$

其中 $\underline{m}$ 是句法项 $1 + \cdots + 1$，有 m 个 1。sub 是一个原始递归函数，依据算术化 的原则它在算术语言中可表示。现在考虑任何有一个自由变元的公式 $\varphi(x)$。令 $\theta(x) = \varphi(sub(x, x))$，并且令 $n = \ulcorner\theta(x)\urcorner$。最后，令 $\psi = \theta(\underline{n})$，这是算术语言中的一个语句。将这些合在一起，我们在 PA 中可以看出以下等值式：

$$
\begin{aligned}
\psi \quad &\leftrightarrow \quad \theta(\underline{n}) \\
&\leftrightarrow \quad \varphi(sub(n, n)) \\
&\leftrightarrow \quad \varphi(sub(\ulcorner\theta(x)\urcorner, n)) \\
&\leftrightarrow \quad \varphi(\ulcorner\theta(\underline{n})\urcorner) \\
&\leftrightarrow \quad \varphi(\ulcorner\psi\urcorner).
\end{aligned}
$$

这样，语句 ψ 就有了所期望的不动点性质。 $\qquad\square$

让我指出引理中出现的记法 $\varphi(\ulcorner\psi\urcorner)$ 的一个不太精确的细节。我们要表达的当然是 $\varphi(\underline{k})$，其中 $k = \ulcorner\psi\urcorner$，因此我们代入的是哥德尔数的句法数字表示，而非那个数本身。

有了不动点引理，我们就可以很容易地构造看似指称自己的语句。例如，如果 $P(x)$ 断言 x 是 PA 公理的哥德尔码，那么不动点 ϕ，即 $\phi \leftrightarrow P(\ulcorner\phi\urcorner)$，可以解读为以下断言："这个语句是 PA 公理。"它是真的吗？不，因为 PA 没有这种形式的公理。如果 $S(x)$ 断言 x 是一个语句的哥德尔码，那么不动点 σ，即 $\sigma \leftrightarrow S(\ulcorner\sigma\urcorner)$，可以解读为断言："这是一个语句。"而它的确是。

类似的思想是不完全性定理不动点证明的核心。假设 T 是算术语言中的一个理论，它包含 PA 并可能是其扩张，并且 T 的公理可以通过可计算程序枚举。根据句法的算术化，谓词 $\mathrm{Pr}_T(x)$，它断言 x 是 T

中一个可证语句的哥德尔码，在算术语言中是可表示的。因此，根据
不动点引理，有一个语句 ψ，称为 哥德尔语句，使得

$$PA \vdash \psi \leftrightarrow \neg\mathrm{Pr}_T(\ulcorner\psi\urcorner)。$$

如果仔细思考这一情形，就会得出惊人的结论，即这个语句 ψ 断
言它自己不可证。哥德尔语句 ψ 断言，"这个语句在 T 中不可证。"

也许你听说过说谎者悖论，即语句"这个语句是假的"，它断言自
己为假。说谎者语句看起来不可能是真的，因为那样的话它也是假的；
而它也不能为假，那样它就是真的。那么它为真还是为假呢？这就是
说谎者悖论。哥德尔语句 ψ 不是说谎者，而是它的近亲，它用可证性
来代替真——或者更准确地说，用不可证性来代替假。这是一个很重
要的差别，因为虽然说谎者语句可以容易地用自然语言表达，但真和
假这样的语义概念不能算术化，我们似乎无法在算术语言中有意义地
表达说谎者悖论。事实上，这肯定不可能做到，因为说谎者语句会变
成彻头彻尾的矛盾，而所有算术断言都有真值。

相比之下，哥德尔语句是算术可表达的，因为它用可证性这个对
应的句法概念取代了语义真概念。由于可证性可以算术化，哥德尔能
够构造他的语句"这个语句在 T 中不可证"。这是一个形式算术语言
中的语句，就像算术领域中的任何其他数学陈述一样。因此，哥德尔
利用了说谎者悖论的奇特逻辑。当说谎者语句导致悖论或彻头彻尾的
矛盾时，哥德尔语句却恰好导致不完全性定理的结论。

具体而言，我们证明不完全性定理如下：假设 T 是一个一致的、可
计算公理化的扩张 PA 的算术理论。如果哥德尔语句 ψ 在 T 中可证明，
那么通过考察这个证明，我们可也以证明 ψ 是可证的。也就是说，T
将证明 $\mathrm{Pr}_T(\ulcorner\psi\urcorner)$。但这可证地等价于 $\neg\psi$，因此 T 就证明了 ψ 和 $\neg\psi$，

从而显现了不一致性，与假设相矛盾。所以 T 不证明 ψ。但这正是 ψ 本身所断言的。因此，ψ 是一个 T 中不可证的真命题。由此，我们建立了以下版本的第一不完全性定理：

定理 15（第一不完全性定理，哥德尔，1931）　任何一致的、可计算公理化的算术理论都存在真但不可证明的陈述。

这反驳了希尔伯特纲领的第一部分，因为它表明，我们不可能通过任何具体的可计算程序来刻画一个关于真算术的完全的公理化。

第三节　第二不完全性定理

238

1930 年在柯尼斯堡举行的一次会议成为数学基础的戏剧性发展的舞台。哥德尔报告了他的完全性定理，为希尔伯特纲领提供了一个关键的部分。然而，第二天的圆桌会议上，哥德尔又宣布了他的第一不完全性定理，这实际上是对希尔伯特纲领的决定性反驳。然而，随后一天，希尔伯特发表了退休演讲，以对其纲领充满胜利的乐观态度结尾：“我们必须知道。我们必将知道。”约翰·冯·诺伊曼参加了哥德尔宣布第一不完全性定理的那个会议，随后与哥德尔谈论，询问这个理论是否也无法证明自己的一致性。当时哥德尔只有第一不完全性定理[1]。回到家后，冯·诺伊曼自己推导出了第二不完全性定理，并写信给哥德尔告诉了他。但那时，哥德尔也已经证明了这一定理，它出现在他的第一个不完全性定理的同一篇论文中。

1　这一段不知作者有何依据。二人的确在会后做了进一步讨论，冯·诺依曼询问了哥德尔证明的细节。但从王浩记录的哥德尔的回忆来看，他们没有讨论一致性的证明问题。事实上哥德尔在会议上讲的第一不完全性定理的版本甚至不是针对一阶算术的，冯·诺依曼询问了是否

定理 16 (第二不完全性定理，哥德尔，1931)　如果 T 是一个一致的、可计算公理化的扩张 PA 的理论，那么 T 不能证明自身的一致性。

$$T \nvdash \mathrm{Con}(T)$$

第二不完全性定理证明的核心思想是在 PA 中形式化第一不完全性定理的证明。也就是说，我们已经证明了以下蕴涵式：如果 T 是一致的，那么 T 不能证明哥德尔语句 ψ。在 PA 中形式化这一蕴涵式，我们得到了 $\mathrm{PA} \vdash \mathrm{Con}(T) \to \mathrm{Pr}_T(\ulcorner \psi \urcorner)$。由于 PA 包含在 T 中，并且 ψ 与 $\mathrm{Pr}_T(\ulcorner \psi \urcorner)$ 在 PA 中可证等价，因此这相当于 $T \vdash \mathrm{Con}(T) \to \psi$。因此，T 不证明 $\mathrm{Con}(T)$，因为如果它证明了，那么它也会证明 ψ，但它不会。这样，我们就证明了第二不完全性定理。

勒布证明条件

然而，让我们更详细地介绍该论证的关键初始步骤，即在 PA 中形式化第一不完全性定理的证明。我们可以利用 勒布证明条件，以马丁·雨果·勒布（Martin Hugo Löb）而得名，也称为 希尔伯特-贝奈斯-勒布可证性条件：

D1：如果 $T \vdash \varphi$，那么 $\mathrm{PA} \vdash \mathrm{Pr}_T(\ulcorner \varphi \urcorner)$。

如果理论 T 证明了一个语句，那么 PA 证明这个理论证明它。

可以将其应用到算术上。另外，从冯·诺依曼 11 月 20 日写给哥德尔的信也能看出这一点："我最近又再一次关心起逻辑来，运用你为展现不可判定命题而已成功运用的方法。在这样做的时候我似乎获得了一个对我来说值得注意的结果。即，我能证明数学的一致性是不可证的。"（参见 Kurt Gödel, *Collected Works*, Vol. V, Oxford University Press, p. 307）从语气看，这似乎是他第一次向哥德尔提出一致性的可证性问题，当然，同时也有了答案。而哥德尔则是在 10 月 23 日提交了包括两个不完全性定理的论文。所以，我认为很难判断在 9 月柯尼斯堡会议时，哥德尔是否已经意识到并着手使用他的方法去证明第二不完全性定理。唯一知道的事实是他在随后一个半月里提出并证明了这个定理，并且稍晚于他，冯·诺依曼也用他的方法做了同样的事情。——译者注

D2：$\mathrm{PA} \vdash \mathrm{Pr}_T(\ulcorner \varphi \urcorner) \to \mathrm{Pr}_T \ulcorner \mathrm{Pr}_T(\ulcorner \varphi \urcorner) \urcorner$。在每个实例中，理论 PA 证明一个可证的语句是可证地可证的。

D3：$\mathrm{PA} \vdash \mathrm{Pr}_T(\ulcorner \varphi \urcorner) \wedge \mathrm{Pr}_T(\ulcorner \varphi \to \sigma \urcorner) \to \mathrm{PA} \vdash \mathrm{Pr}_T(\ulcorner \sigma \urcorner)$。

在每个实例中，理论 PA 证明，可证语句在分离规则下是封闭的。

这样，我们严格区分了元理论的可证性关系 $T \vdash \varphi$ 和它的算术表示 $\mathrm{Pr}_T(\ulcorner \varphi \urcorner)$，而可证性条件表达了这两个可证概念如何相联系的一些特性。每个属性都相当合理，也不难建立。例如，在 D1 的情形下，如果 $T \vdash \varphi$，那么存在由 T 到 φ 的实际证明，这个证明有哥德尔码，在 T 中可以验证这是 φ 之证明的哥德尔码；这样，这样一个代码的存在就被用来证明 $\mathrm{Pr}_T(\ulcorner \varphi \urcorner)$。类似地，D2 是这样建立的：在 PA 中证明：如果有一个 φ 的证明，那么可以证明它确实是一个证明。对于 D3，只需证明：如果能证明 φ 并且证明 $\varphi \to \sigma$，那么可以通过简单地连接这两个证明并添加分离规则的一个实例来证明 σ。

关键是，可证性条件表达了证明第二不完全性定理所需要的关于可证明性谓词的全部。具体来说，根据不动点引理，我们有语句 ψ，使得 $T \vdash \psi \leftrightarrow \neg\mathrm{Pr}_T(\ulcorner \psi \urcorner)$。由此，根据 D1，我们有 $T \vdash \mathrm{Pr}_T(\ulcorner \psi \to \neg\mathrm{Pr}_T(\ulcorner \psi \urcorner) \urcorner)$。这样，根据 D3，我们知道 $T \vdash \mathrm{Pr}_T(\ulcorner \psi \urcorner) \to \mathrm{Pr}_T(\ulcorner \neg\mathrm{Pr}_T(\ulcorner \psi \urcorner) \urcorner)$。但是根据 D2，我们有 $T \vdash \mathrm{Pr}_T(\ulcorner \psi \urcorner) \to \mathrm{Pr}_T(\ulcorner \mathrm{Pr}_T(\ulcorner \psi \urcorner) \urcorner)$。多次应用 D3 以及一些初等逻辑就可得出结论 $T \vdash \mathrm{Pr}_T(\ulcorner \psi \urcorner) \to \mathrm{Pr}_T(\ulcorner \neg\mathrm{Pr}_T(\ulcorner \psi \urcorner) \wedge \mathrm{Pr}_T(\ulcorner \psi \urcorner) \urcorner)$，这蕴涵着 $T \vdash \mathrm{Pr}_T(\ulcorner \psi \urcorner) \to \mathrm{Pr}_T(\ulcorner \bot \urcorner)$。因此，$T \vdash \mathrm{Con}(T) \to \psi$，因此 $T \nvdash \mathrm{Con}(T)$，正是我们所期望的。

实际上，哥德尔语句 ψ 与 $\mathrm{Con}(T)$ 是可证等价的，因为 ψ 断言（其自身）不可证性的一个实例，而不可证性的任何实例都意味着一致性。因此，$T \vdash \psi \leftrightarrow \mathrm{Con}(T)$。

我曾听说逻辑学家席尔瓦（Jack Silver）不认为可证性条件很重要，

理由是谓词"是公式"也满足可证性条件。也就是说,如果我们将 $\mathrm{Pr}_T(x)$ 解释为"x 是合式公式的哥德尔码",那确实将满足所有可证性条件。例如,在 D1 的情况下,PA 证明 $\ulcorner\varphi\urcorner$ 是公式的哥德尔码,甚至都不需要使用假设 $T \vdash \varphi$。类似的分析适用于其他条件。

这一批评究竟指的是什么?注意到如果我们将可证性谓词重新解释为谓词"是公式",则第二不完全性定理的结论仍然成立。毕竟,理论 T 并不能证明矛盾不是公式。因此,席尔瓦的批评并不是针对在第二不完全性定理的证明中使用可证性条件,这似乎完全没有问题。相反,席尔瓦批评的是这样的观点:可证性条件以某种方式概括了证明谓词的含义并且这些条件完全捕捉了人们在一个证明谓词中想要看到的那些根本属性。席尔瓦的反例表明它们对于这一点来说太弱了。因此,可证性条件的重要性不在于它们公理化并且充分表达了证明谓词的含义,而在于它们表达了我们希望任何可证性谓词都具有的某些弱属性——这些属性对于证明第二不完全性定理仍是足够的。

240　可证性逻辑

将可证明性作为模态算子来研究是相当自然的,因为可证性无疑是一种必然性。因此,我们引入符号 $\Box\varphi$ 来表示 φ 在像 PA 这样的某一固定的公理框架中可证明。人们有时会使用下标来表示特定的系统,例如 $\Box_{\mathrm{PA}}\varphi$,这可以简单地看作是我们之前考虑的可证性谓词 $\mathrm{Pr}_{\mathrm{PA}}(\ulcorner\varphi\urcorner)$ 的一个替代模态符号。然而,模态视角将我们的注意力集中在可证性与真的关系这一重要方面,并允许我们以特别清晰的方式表达可证性谓词的特征。例如,可证性条件可以表示如下:

D1:如果 $\vdash \varphi$,则 $\vdash \Box\varphi$。

D2:$\vdash \Box\varphi \rightarrow \Box\Box\varphi$。

D3：$\vdash \Box(\varphi \to \psi) \to (\Box\varphi \to \Box\psi)$。

勒布定理（本书第七章第十节）的内容则由哥德尔-勒布公理来表达：

$$\Box(\Box\varphi \to \varphi) \to \Box\varphi。$$

由此产生的可证性逻辑 GL 得到了深入研究。

第四节 哥德尔-罗瑟不完全性定理

哥德尔第一不完全性定理的另一种表达方式是：任何可计算公理化的真算术理论都是不完全的。我们知道，一个一致的可计算公理化理论 T 不证明哥德尔语句 ψ，这是一个真命题。但这不足以证明不完全性，因为如果我们不坚持 T 是 真理论，那么 T 也许会证明 $\neg\psi$。哥德尔证明了一个稍强的版本，其中他假设的不是 T 为真，而是 ω-一致，这是关于理论的一个比一致性更强，但比真弱的技术条件。

同时，罗瑟观察到，通过使用一个稍微不同的语句，可以完全去掉对 T 的这些额外的假设。罗瑟的想法是不对不可证谓词而是对另一个更独特的谓词使用不动点。具体来说，罗瑟提出使用一个语句 ρ，断言"对于 ρ 的任何证明，都存在一个更短的关于 $\neg\rho$ 的证明"，即一个具有更小哥德尔码的证明。通过应用不动点引理，这样的语句确实存在。借助这个简单的技巧，罗瑟避免了在不完全性定理中假设理论 T 是真的或是 ω-一致的。

定理 17（哥德尔-罗瑟） 任何包含 PA 的可计算公理化的一致理论 T 都是不完全的。

证明 考虑罗瑟语句 ρ。如果 $T \vdash \rho$，那么这个证明有一个有穷的哥德尔码。因此，根据 ρ 所断言的，T 必定证明存在一个较短的关于 $\neg\rho$ 的证明。这样一来，就一定真实存在这样的证明，所以 T 是不一致的，这与我们的假设相矛盾。因此，T 不证明 ρ。

反之，如果 $T \vdash \neg\rho$，那么特别地，根据 $\neg\rho$ 所断言的，T 证明存在一个 ρ 的证明，而没有较短的 $\neg\rho$ 的证明。但是，由于我们已经有一个确定的有穷大小的 $\neg\rho$ 证明，这意味着一定存在一个更小的 ρ 证明。所以 T 再次不一致。因此，T 既不证明 ρ，也不证明 $\neg\rho$。所以它是不完全的。 □

这一论证的主要意义在于，关于理论 T 是真的还是 ω-一致的这些额外假设完全消失了；我们只需要知道 T 是一致的。然而，在罗瑟的语境下，我们似乎失去了第二不完全性定理的类似形式，因为通常 $\mathrm{Con}(T)$ 不是独立于 T 的命题。为了明白这一点，请考虑理论 $\mathrm{PA} + \neg\mathrm{Con}(\mathrm{PA})$。根据第二不完全性定理，这个理论是一致的，但它证明自己是不一致的。换句话说，PA 不一致这样一个假设相对于 PA 本身是一致的。事实上，我们可以建立一个非常奇怪的事情。假设 T 是一个扩张 PA 的可计算公理化的理论。那么我断言

T 是不一致的当且仅当 $T \vdash \mathrm{Con}(T)$。

也就是说，T 不一致当且仅当 T 证明 T 一致。（不，这里没有打印错误。）原因是，如果 T 不一致，那么它就证明了一切，包括断言 $\mathrm{Con}(T)$；反之，如果 T 一致，那么不完全性定理表明它不证明 $\mathrm{Con}(T)$。因此，T 不一致当且仅当 T 证明 $\mathrm{Con}(T)$。

第五节 塔斯基的真之不可定义定理

现在让我们继续讨论不完全性定理的另一个推广，这归功于塔斯基：

定理 18（塔斯基）　不存在算术语言中的可定义谓词 $T(x)$，使得 $\mathbb{N} \models \psi \leftrightarrow T(\ulcorner \psi \urcorner)$。

换句话说，算术真不是算术可定义的。

证明　这从不动点引理可立即得出，因为一定存在一个语句 ψ，使得 $\mathrm{PA} \vdash \psi \leftrightarrow \neg T(\ulcorner \psi \urcorner)$。　　　　　　　　　$\square$

塔斯基实际上证明了这一定理的一个更微妙、更复杂的版本，证明了不可能存在公式 $\varphi(x)$，满足它的实例能够可证明地实现塔斯基关于真的递归定义，无论这个谓词是否与实际的真一致（尽管可以归纳地推出它确实如此）。由塔斯基定理，我们可以将第一不完全性定理推广到任意算术可定义的公理化理论 T，而不仅仅限于可计算公理化的理论。这的确大大推广了这一定理。我们不仅不能可计算地枚举一个算术的完全公理化，而且不能用任何算术的方式描述算术的完全理论。

雷蒙德·斯穆里安（Raymond Smullyan, 1992）曾经论证说，围绕哥 ²⁴² 德尔定理积累的大量关注和迷恋实际上更有可能指向塔斯基定理。塔斯基定理不依赖于对证明系统的详细算术化或编码，而只依赖于不动点引理，并且它证明了一个更强的结果，找出了任何形式语言在表达该语言之真概念中的内在限制。

由于去引号理论，以及一阶逻辑中关于一阶结构中真之递归定义，都被认为应归功于塔斯基，我们就发现自己处于一个尴尬的境地，既断言塔斯基定义了真，又断言他证明了真是不可定义的。

第六节 费弗曼理论

与此同时，第二不完全性定理不能从可计算公理化的理论推广到任意算术可定义的理论，因为存在算术可定义的理论的确能证明自身的一致性。

为了看清这一点，请考虑以下理论，依据的是所罗门·费弗曼（Feferman，1960）的思想。让我们枚举 PA 的公理，条件是只有在由此生成的理论保持一致时，我们才允许将其添加为列表中的下一个公理。让我们称这个理论为 PA*。我们没有给出 PA* 的可计算公理化，因为我们在上一章中证明了不存在可计算的程序来测试有穷语句集的一致性。但我们已经给出了 PA* 的算术可定义的公理化，因为一致性是算术可表示的。请注意，就其本性来说，我们可以看出 PA* 是一致的理论，因为在任何阶段我们都没有允许支持不一致的公理。因此，我们可以在一个非常弱的理论中证明 PA* 是一致的。特别是，这个理论证明了自己的一致性。

事实上，由于已知 PA 证明 PA 的每个有穷子理论都是一致的，由此可推出 PA* 将包括 PA 的任何给定的有穷片段。因此，只要 PA 是一致的，就可推出 PA 和 PA* 作为语句集是相同的理论。但是，理论 PA* 是以这样一种方式定义的，即 PA* 是一个可以证明其自身一致性的算术可定义理论，尽管它不能证明 PA 的一致性。

一个类似的想法，归功于史蒂芬·奥雷（Steven Orey，见 Feferman，1960，定理 7.6），表明可计算公理化理论的一致性强度取决于其枚举方式。为了看清这一点，考虑任何两个可计算公理化的一致理论 S 和 T。

固定 T 公理的任意枚举，并考虑通过以下程序对 S 公理的可计算枚举：在第 n 阶段，枚举 S 的下一个公理，除非在 T 中找到了一个其哥德尔码小于 n 的矛盾，在这种情况下，将一个矛盾枚举到 S 中。由于 T 实际上是一致的，因此不会真正找到这样的矛盾，因此这确实是对 S 的可计算枚举。但是对于这个枚举，我们有 $\mathrm{PA} \vdash \mathrm{Con}(S) \to \mathrm{Con}(T)$，因为如果在 S 中没有找到矛盾，那么在 T 中一定没有矛盾，这是可证明的。因此，我们能够证明两个任意理论之间的一致性关系。鉴于这一点，人们不应该谈论一个 理论的"一致性强度"——它对于理论没有明确的定义——而只能谈论理论的特定枚举的一致性强度。例如，如果将枚举程序理解为就是根据该理论通常被描述的模式来枚举公理，那讨论 ZFC 加上大基数就是有意义的。

243

第七节 无处不在的独立性

不完全性定理确立了独立性在数学中的普遍性：我们提出的任何基础理论都有该理论无法解决的陈述。如果从皮亚诺理论 PA 开始，我们不能证明 $\mathrm{Con}(\mathrm{PA})$。如果我们将这个断言添加到理论中会怎么样？让我们就用

$$\mathrm{PA} + \mathrm{Con}(\mathrm{PA})$$

作为基础理论。当然，这将使我们能够证明 $\mathrm{Con}(\mathrm{PA})$，但由于不完全性定理也适用于这个新理论，因此我们将无法证明 $\mathrm{Con}(\mathrm{PA} + \mathrm{Con}(\mathrm{PA}))$。但这是一个我们相信正确的断言，因此我们还想将其添加为公理。这就形成了新的理论

$$\mathrm{PA} + \mathrm{Con}(\mathrm{PA}) + \mathrm{Con}(\mathrm{PA} + \mathrm{Con}(\mathrm{PA})).$$

现在，我们以类似的方式使用一致性断言扩张此理论，就形成了理论：

$$PA + Con(PA) + Con(PA + Con(PA)) + Con(PA + Con(PA) +$$
$$Con(PA + Con(PA)))。$$

以此类推，通过在每一步添加当前理论的一致性断言来继续这一层谱。（请注意，由于 Con(PA + Con(PA)) 蕴涵着 Con(PA)，因此可以简化这些理论以消除冗余，在高阶情况下也是如此。）然而，无论我们迭代多长，都永远不会到达完全理论；当前理论的一致性断言将无法在该理论中证明。不完全性是不可避免的。此外，我们可以无穷地迭代这个过程，例如，作出以下断言："在所有有穷层阶得到的理论的并是一致的。"但即使如此，这个理论也无法证明自己的一致性，我们可以通过添加 那个理论的一致性断言来进一步迭代，等等，远远超出 ω。最终，这条推理路线会导致人们考虑各种序数表示系统和序数算术表示的可能性，以便在这些序数层阶表示理论。

244　一致性强度之塔

因此，哥德尔揭示了一个基本的数学现象，即在每个足够丰富的数学理论之上都存在着一个天然的跨越无穷的一致性强度之塔。通过采取更强的理论，我们可以在一致性强度之塔中向上爬，该理论可以证明之前较弱理论的一致性。当然，迭代的一致性断言也正是以这种方式提升一致性强度的；它们是越来越强的、真的但无法证明的数学陈述，能证明之前理论的一致性。

此外，我们还知道许多按一致性强度上升的其他自然的例子，例示了我们所知道的因不完全性定理而必然存在的一致性强度的超穷塔。也许最好的例子来自大基数的层谱（将在下一章中介绍），这是一座精确数学断言构成的巨塔，这些断言是关于那些难以想象其大小的无穷基数的；这些公理是无穷组合中的自然陈述，与一致性或甚至算术都没有直接关系。然而，我们现在知道，大基数层次结构中的每一小步都会在一致性强度之塔中产生巨大的飞跃；更大的大基数通常不仅蕴涵着较小基数的一致性，还意味着较小基数一致性断言之上的巨大的超穷迭代。

第八节　反推数学

当然，不完全性和独立性现象的普遍存在意味着我们将永远面临一个数学理论的层谱；我们不可避免地需要加强我们的公理才能达到更深远的数学真理。反推数学这一学科由哈维·弗里德曼（Harvey Friedman）提出并由斯蒂芬·辛普森（Stephen Simpson，2009）大力发展，旨在分析证明经典数学定理所需的理论层谱。反推数学始于这样的观察：数学的大部分可以在二阶数论的形式系统中进行，这个框架能够解释任何本质上可数的数学对象和结构，包括实数、实数序列、实数上的投影可定义函数、可数图、可数线序、可数群、可数域，等等。

经典数学的各种定理通常需要不同的公理来证明，反推数学试图发现和分类每个情形中所必需的公理结构，为每个定理找到证明它所需的最适合的理论。反推数学通过反向推进数学来做到这一点：不仅仅是从公理证明定理，在反推数学中，我们也试图从定理证明公理，从而找到定理在非常弱的基底理论上等价的公理系统。这个理论是最适合的，因为它是足以证明所论定理的对基底理论的最弱扩张。

人们可能本以为反推数学的结果是一堆杂乱无章的公理系统，也　**245**

许对于几乎每个定理都有一个稍微不同的公理框架。但恰恰相反，这
个学科的非凡发现是经典数学的核心定理在很大程度上可以归入五个
大的等价类中。事实证明，在非常弱的基底理论上，大多数众所周知
的定理都恰好等价于五个自然的集合存在理论中的一个。因此，在每
个等价类中，这些定理不仅等价于公理，而且等价于彼此。简而言之，
在弱基底理论上可证等价性下，本质上只有五个核心数学定理[1]：

RCA_0　基底理论，只对可计算集做集合存在断言。这一理论可以证明关于
　　　自然数、整数、有理数域和实数域的基本算术事实，以及贝尔纲定
　　　理、中值定理、巴拿赫-施泰因豪斯（Banach-Steinhaus）定理、可数
　　　域的代数闭包的存在性（但不是唯一性）、可数有序域的实闭包的存
　　　在性和唯一性。

WKL_0　弱寇尼希（König）引理，断言完全二叉树的每个无穷子树都有一
　　　个无穷路径。在基底理论上，这等价于单位闭区间的海涅-博雷尔
　　　（Heine-Borel）定理、闭区间上连续实函数的有界性、闭区间上连续实
　　　函数的一致连续性、布劳威尔不动点定理、可分哈恩-巴拿赫（Hahn-
　　　Banach）定理、乔丹（Jordan）曲线定理、可数语言的哥德尔完全性
　　　定理、可数域代数闭包的唯一性，以及其他许多定理。

ACA_0　算术概括，对自然数的任何算术可定义属性断言集合存在，等价于实
　　　数的序列完备性、波尔查诺-魏尔斯特拉斯（Bolzano-Weierstrass）定
　　　理、阿斯科利（Ascoli）定理、每个 $\mathbb{Q}$ 上的可数向量空间都有一个基、
　　　每个可数域都有一个超越基、完全寇尼希引理和拉姆赛（Ramsey）定
　　　理，以及其他许多定理。

1　尽管五大定理现象已在核心数学的大部分领域稳固确立，但我们现在也知道了一些不完全符
　　合五大定理的定理，并且出现了一个复杂的层次结构。

ATR$_0$　算术超穷递归，断言算术可定义的超穷递归定义有解，等价于良序
可比性、完美集定理、鲁金（Lusin）分离定理和拜尔空间中游戏的
开集决定性原理，以及其他许多定理。

Π_1^1-CA$_0$　Π_1^1 可定义集合的概括公理在基底理论上等价于康托-本迪克森（Cantor-
Bendixson）定理，以及许多其他的定理。

为什么选择这些特定的公理系统？它们是自然的吗？辛普森强调，
我们可以巧妙地回应这个问题：公理之所以自然，恰恰是因为反推数
学的结果表明它们在数学上等价于相应的经典定理，而经典定理当然
是自然的。

在 Gitman et al.（2020）中，我的合著者和我提出了一种二阶集合
论背景下的反推数学的集合论模拟，以哥德尔-贝奈斯集合论（但不包
括幂集公理）作为基底理论进行工作，这是一个强得多的公理框架。一
个自然公理化和定理等价的层谱已经出现。例如，类力迫定理（断言
每个类力迫概念都容许一个力迫关系）等价于初等超穷递归原理，等
价于 Ord-迭代真谓词的存在，等价于秩为 Ord+1 的真类博弈的开闭决
定性的存在，以及等价于类布尔代数的布尔集合完全化的存在，以及
其他许多定理。

当我们将数学理论放入反推数学层谱中时，能学到什么？由于采
用了如此弱的基底理论，发现我们无法证明某些定理不是不可避免的
吗？如果在较强的、我们认为是真的理论中，层谱坍塌并且所有定理
都一样可证，那数学定理在极弱基底理论上的强度分别又有什么意义？
因此，反推数学这一学科，最终是基于对这些强理论的怀疑吗？我们
之所以有一个如此弱的基底理论，是因为我们认为对它的加强可能不
正确吗？在我看来，这是反推数学的核心哲学问题。不完全性定理的

246

部分教训是，对于数学基础我们似乎无法拥有终极的确定性。自然地，对此的一种合理反应就是随着理论的加强，数学基础的不确定性降低。

然而，许多集合论学家只会在高得多的水平上发现不确定性，倾向于在强得多的理论上工作。例如，武丁（W. Hugh Woodin）为不确定性划的界限远远超出 ZFC 集合论，在大基数层谱中相当高的地方；这些理论比反推数学中出现的五大理论中任何一个都强得 很多。他指出了大基数对实数和实数集合的正则性推论，这是巨大无穷的存在性与实数水平的数学原理之间的一种惊人联系，他概述了这样一个愿景，它们（大基数的存在）为数学理论提供了自然的加强。大基数集合论学家已经发现了许多与大基数假设等一致的自然数学陈述——一个丰富的数学宝藏。这些假设[1]没有成为反推数学中所考虑的经典数学或核心数学发展的一部分，仅仅是因为如果没有后来才出现的大基数假设，人们就没有工具来证明它们。从这个意义上说，大多数经典数学被五大定理所捕获的事实可以成为如下行动的理由：超越五大定理，到达在更强公理框架中等待我们的数学财富。人们也可以将集合论公理和大基数假设本身视为经典原则，却没有被反推数学中考虑的任何系统归类。

247　　　麦蒂（Penelope Maddy，2011, p.83）解释了她的薄实在论如何击败怀疑论：将集合视为"数学深度的信息库"，它们"在逻辑可能性的杂乱网络中划出一条数学上丰富的脉络"。她继续说道：

> 这就是击败（笛卡尔）恶魔式担忧的东西：恶魔可能会以某种
> 方式在我身上引发所有那些好像有一个外部世界的经验，而
> 不必实际上存在这样的世界，但他无法给出一个集合论假设，
> 它在追踪数学丰富性上极其有效但却不存在——因为所谓假

1　　原文为 hypothesis，但根据上下文，似乎应该是"这些自然的数学陈述"。——译者注

设就是用来做此类工作的东西。

辛普森（Stephen Simpson，2014 [2009]）将麦蒂建立的大基数怀疑论和笛卡尔怀疑论之间的类比描述如下：

$$\frac{\text{大基数}}{\text{集合论怀疑主义}} \quad = \quad \frac{\text{桌子和椅子}}{\text{恶魔理论}}。$$

与此相反对，辛普森提出了另一个类比：

$$\frac{\text{大基数}}{\text{集合论怀疑主义}} \quad = \quad \frac{\text{上帝与魔鬼}}{\text{宗教怀疑论}}。$$

这样，他为对强理论的怀疑找到了空间：

反推数学的一系列案例研究表明，核心数学定理的大部分都落在层次结构的最低层：WKL$_0$ 及以下。一阶算术的全部强度经常出现，但远没有 WKL$_0$ 那么频繁。直到 Π^1_2-CA$_0$ 的较高层谱有时出现，但很少。详见 Simpson（2009）和 Simpson（2010）。对我来说，这强烈表明高阶集合论与核心数学实践在一定意义上基本无关。因此集合论基础的计划再次受到质疑。Simpson（2014 [2009]）

我们将在下一章的第十三节进一步讨论这个问题。

第九节　古德斯坦定理

哥德尔语句和哥德尔-罗瑟语句虽然是真的，但却无法证明，这真是令人惊奇。但同时，也许人们会对这些语句感到不满，因为它们在每种情形下断言的都是一些奇怪的自指的可证性。我们真的关心它们在技术上是真的吗？如果我们能找到独立性现象的更自然的实例，这岂不使得不完全性定理更具说服力？我们能在算术中找到更吸引人的不可证的真陈述吗？

是的，事实上有很多迷人的例子。为了展示其中之一，考虑古德斯坦（Goodstein）序列的情形。取任何正整数，例如 73，并将其写成完全以 2 为底，就是说将其写为 2 的幂的和，并且指数也要以这种方式写出。用 a_2 表示：

$$a_2 = 73 = 64 + 8 + 1 = 2^{2^2+2} + 2^{2+1} + 1。$$

现在，通过将所有 2 替换为 3 并减去 1 来得到 a_3。在这种情况下，

$$a_3 = 3^{3^3+3} + 3^{3+1} + 1 - 1 = 3^{3^3+3} + 3^{3+1}。$$

同样地，将其写成完全以 3 为底，将 3 替换为 4 并减去 1，得到

$$a_4 = 4^{4^4+4} + 4^{4+1} - 1 = 4^{4^4+4} + 3 \cdot 4^4 + 3 \cdot 4^3 + 3 \cdot 4^2 + 3 \cdot 4 + 3。$$

以此类推，就有了以下令人惊讶的结论：

定理 19（古德斯坦） *对于任何初始正整数 a_2，存在 $n \geq 2$，使得 $a_n = 0$。*

也就是说，虽然看起来这个序列一直在变大，但最终它会达到零。因此，我们最初的印象，即认为这个过程会一直生成越来越大的数，其实是不正确的。古德斯坦定理的证明使用超穷序数来度量所出现的整数的复杂度，证明这种复杂度在每一步都会严格下降。在每个阶段，相

关联的序数将完全以 n 为底的表达式 a_n 中出现的 n 替换为序数 ω。例如，前面给出的古德斯坦序列的相关序数这样开始：

$$a_2 = 2^{2^2+2} + 2^{2+1} + 1 \quad \mapsto \quad \omega^{\omega^\omega+\omega} + \omega^{\omega+1} + 1$$

$$a_3 = 3^{3^3+3} + 3^{3+1} \quad \mapsto \quad \omega^{\omega^\omega+\omega} + \omega^{\omega+1}。$$

在下一步中，与上面完全以 4 为底的表示 a_4 进行比较，并注意到序数乘法的非交换性，我们有

$$a_4 \mapsto \omega^{\omega^\omega+\omega} + \omega^\omega \cdot 3 + \omega^3 \cdot 3 + \omega^2 \cdot 3 + \omega \cdot 3 + 3。$$

注意相关序数是如何下降的。由于不可能有无穷下降的序数序列，因此它们最终必会达到零，而唯一一发生这种情况的方式是整数 a_n 本身为零。可以看出，在从 a_3 到 a_4 时，我们不得不对数字的复杂性进行分解，虽然即使在这种情况下，数字也确实在变大。最终表明，复杂性下降到足够低的程度，以至于底数超过那个整数，从那时起，人们只会无休止地减去 1。

这个结论令人惊讶。但更有冲击力的是，不仅这个定理本身令人惊讶，它还有一个同样令人惊讶的后续定理。

定理 20（Kirby, Paris, 1982）　古德斯坦定理无法在通常的一阶皮亚诺算术公理系统 PA 中证明。

古德斯坦定理独立于 PA。这是一个关于有穷数的陈述，在集合论中可以证明，使用 ZFC 集合论提供的无穷公理，但在 PA 中无法证明。

Kirby 和 Paris (1982) 引入了其定理的一个有吸引力的变种，即杀死九头蛇游戏。游戏开始时，有一个有穷树，我们将之视为一条多头

蛇，称作九头蛇。游戏的规则如下：你可以砍掉九头蛇的任何一个头，但当你这样做时，你应该沿着脖子向下移动一个节点（除非已经到达底部），然后复制九头蛇通过该脖子或其上方剩下的部分，在第 n 步复制 n 个副本。你能赢吗？是否存在一种策略能够让我们砍掉所有头？以下是一个示例中的几步：

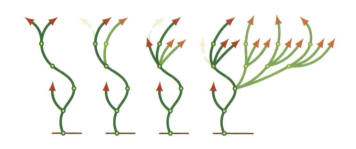

第一个惊人的定理是，每个策略都是胜利策略！无论你如何砍，最终所有蛇头都会被砍掉。虽然九头蛇一开始会变得更大，但其分枝的复杂度却不断简化，注意到这点就能看出定理是如何成立的。例如，这里第一个九头蛇在第 4 层有一个分枝节点，但在第一次砍掉后，这将永远不会再出现；同样，第三个九头蛇有一个从 4 度节点长出的 5 级头颅，但后续的九头蛇不会有这样的节点。

最终，我们将每个九头蛇与小于 ϵ_0 的可数序数关联起来，作为复杂性的测度，然后证明每当你砍掉一个头并生出新的头时，新的关联序数都会严格减小。由于没有无穷递减的序数序列，因此你最终必定到达零，砍掉所有的头。与此同时，第二个惊人的定理是，每一策略都是制胜策略的断言在 PA 中是不可证的。

虽然哥德尔证明独立性在算术中注定是普遍的，但独立性现象真正占据主导地位的是集合论。集合论中目前已知有数百个（也许是数千个）自然的基本命题，都独立于集合论的基本公理。这包括一些重要的问题，例如连续统假设和无穷组合中几乎所有非平凡的断言，以及选择公理 、关于连续统的基数特征的命题，以及各种大基数的存在性断言，如果它们一致的话。独立性现象贯穿于整个集合论。

第十节 勒布定理

如果说谎者语句断言自己为假，那么让我们考虑说真话者语句，它断言自己为真。正如哥德尔语句断言自己的不可证性一样，让我们考虑勒布语句，它断言自己的可证性。因此，我们有四个语句：

说真话者：	说谎者：
这句话是真的。	这句话是假的。
勒布：	哥德尔：
这句话是可证的。	这句话是不可证的。

许多人以如下论证对说谎者语句进行分析：如果说谎者语句是真的，那么它就一定是假的；如果它是假的，那么它就一定为真。因此，他们得出结论说，这个语句是矛盾的。与此同时，对说真话者语句的相应分析似乎没有任何结果：如果它是真的，那么它是真的；如果它是假的，那么它是假的。有时人们由此得出结论，说真话者语句可以是真也可以是假；它在某种程度上是不确定的。但这种分析实际上并不是对这一主张的证明；因为没有立刻发现矛盾并不意味着没有更深层次的结论可以得出。这就好比是在说，因为你遍寻不见钥匙，所以钥匙就可能在任何地方！但实际上，它们在一个特定的地方，而且不可

能在月球上或格兰特墓里。

说真话者语句真的既可以为真也可以为假吗？如果你这样认为，那就可能倾向于对勒布语句抱有类似的期望。但根据勒布定理，这个结论是错误的。

定理 21（勒布） 勒布语句实际上是可证明的，因此是真的。更一般地，对于任何算术语句 ψ，如果 $\mathrm{PA} \vdash \mathrm{Pr_{PA}}(\ulcorner\psi\urcorner) \to \psi$，则 $\mathrm{PA} \vdash \psi$。

在给出定理的证明之前，让我们考虑它的一个更具想象力的版本。让我向你证明圣诞老人存在。考虑以下陈述："如果这句话是真的，那么圣诞老人就存在。"我们先不考虑这句话是否是真的，而将其称为语句 s。因为它是一个条件句的形式，我们可以尝试通过假设前提并论证结论来证明它。因此，我们假设 s 的前提为真。但 s 的前提就是 s 本身。所以我们假设 s 为真。在这种情况下，根据 s，我们可以推出 s 的结论，即圣诞老人存在。因此，我们证明了如果 s 的前提成立，那么结论也成立。因此，我们证明了 s 为真。但在这种情况下，我们现在可以使用 s，通过观察它的假设为真（现在没有假设），因此它的结论也为真。所以圣诞老人存在。

这一论证的逻辑似乎表明，任何形如 "s 蕴涵 t" 的陈述 s 都必须是真的，而这个论证的非形式版本被称为 柯里悖论（Curry Paradox），以柯里（Haskell Curry）的名字命名。它现在也被称为 勒布悖论，因为勒布定理的证明采用了非常类似的推理，只是它现在变成了合法的算术推理，而不是想象的胡说。

勒布定理的证明 假设 PA 证明 $\mathrm{Pr_{PA}}(\ulcorner\psi\urcorner) \to \psi$。根据不动点引理，令 σ 为一个语句，使得 PA 证明 $\sigma \leftrightarrow (\mathrm{Pr_{PA}}(\ulcorner\sigma\urcorner) \to \psi)$。由于从左到右的蕴涵式是可证的，因此它也是可证地可证的，由此以及可证性条件，

可以推出在 PA 中，$\mathrm{Pr}_{\mathrm{PA}}(\ulcorner\sigma\urcorner)$ 蕴涵 $\mathrm{Pr}_{\mathrm{PA}}(\ulcorner\mathrm{Pr}_{\mathrm{PA}}(\ulcorner\sigma\urcorner)\to\psi\urcorner)$，后者又蕴涵 $\mathrm{Pr}_{\mathrm{PA}}(\ulcorner\mathrm{Pr}_{\mathrm{PA}}(\ulcorner\sigma\urcorner)\urcorner)\to\mathrm{Pr}_{\mathrm{PA}}(\ulcorner\psi\urcorner)$。但可证性蕴涵可证地可证明性，所以我们可以证明 $\mathrm{Pr}_{\mathrm{PA}}(\ulcorner\sigma\urcorner)\to\mathrm{Pr}_{\mathrm{PA}}(\ulcorner\mathrm{Pr}_{\mathrm{PA}}(\ulcorner\sigma\urcorner)\urcorner)$。把这些放在一起，我们证明了 $\mathrm{Pr}_{\mathrm{PA}}(\ulcorner\sigma\urcorner)\to\mathrm{Pr}_{\mathrm{PA}}(\ulcorner\psi\urcorner)$。根据假设，后一个结论蕴涵 ψ 本身，因此我们证明了 $\mathrm{Pr}_{\mathrm{PA}}(\ulcorner\sigma\urcorner)\to\psi$。但这等价于 σ，因此我们在 PA 中证明了 σ。由此可得 $\mathrm{Pr}_{\mathrm{PA}}(\ulcorner\sigma\urcorner)$ 也是可证的，由 σ 的选择，我们推出 PA 证明 ψ，正如我们所期望的。 □

第十一节　两种不可判定性

在数学实践中，我们发现了至少两种不可判定性概念。一方面，一个判定问题可以是计算不可判定的，这意味着没有可计算的程序能正确解决该问题的所有实例。例如，停机问题不可判定，铺砖问题和丢番图方程问题也一样。另一方面，数学家说一个命题在一个理论 T 中是不可判定的，当该理论既不能证明也不能反驳该命题时。例如，连续统假设在 ZFC 集合论中是不可判定的；而哥德尔语句在 PA 中是不可判定的。这个"不可判定"一词的使用不直接涉及计算，只涉及逻辑。

尽管这两种概念是不同的，但人们有时在区分它们时很不严谨，这可能会导致混乱。例如，连续统假设在 ZFC 中的不可判定性不是指我们是否有能力编写一个计算机程序来确定它是否是真的，而是指 ZFC 既不能证明它也不能证明它的否定。

与此同时，这两种不可判定性概念仍然有着深刻的联系。我想断言的是，每一个计算不可判定的判定问题都充满了可证不可判定的实例。为了解释我的意思，假设 $A\subseteq\mathbb{N}$ 是一个计算不可判定的问题，意思是没有可计算的程序可以对输入 n 确定 $n \in A$ 还是 $n \notin A$。对于任何计算可公理化的真理论 T，该判定问题在其中是可表示的，都必须有无穷多个实例 n 使得理论 T 不解决是否 $n \in A$ 的问题；更具体地说，我声称必须有无穷多个实例使得 $n \notin A$，但这不可证。原因？否则，我们可以通过搜索 A 的枚举中的属于关系或搜索关于不属于的证明，来构建一个 A 的可计算判定程序。由于判定问题是不可判定的，该程序不能在所有情况下成功，甚至也不能在除有穷多个例外的所有情况下成功。因此，必须有无穷多个数使得 $n \notin A$，但这不可证明。例如，无论你的理论有多强，总是会有停机问题的实例，这理论就无法处理。因此，计算不可判定性导致了可证不可判定性的实例，这就将两种概念联系了起来。

思考题

7.1 假设 T 是一个计算可公理化理论，且是 PA 的扩张。这样说是否正确：T 是一致的当且仅当 T 不证明 Con（T）?

7.2 能否找到一个扩张 PA 且自身一致的理论，它能证明自己的不一致性?（是的，不一致性；这不是打印错误。）

7.3 讨论这一原理：可判定的理论不能作为数学基础。

7.4 图灵和丘奇证明了判定问题不是计算可判定的，但它是计算可枚举的吗？也就是说，是否存在可计算的程序来枚举所有有效命题？是否存在可计算的程序来枚举所有可证语句？所有可满足的语句？所有一致的有穷语句集？所有成对的逻辑等价命题？

7.5 图灵通过将停机问题归约到有效性问题来证明判定问题不是计算

可判定的。是否存在反方向的归约？也就是说，你可以将有效性问题归约到停机问题吗？

7.6 证明有效性判定问题、可满足性问题、一致性问题（对于有穷的语句列表）和逻辑等价问题（对于两个语句）都是相互计算可归约的，也都可归约到停机问题。

7.7 假设有一个不可判定的问题 A。证明必须存在一些特定的数 n，使得是否 $n \in A$ 的问题独立于 PA。将 PA 加强到一个更强的理论是否有帮助？

7.8 一个命题被称为相对于一个理论是 可判定的，如果该理论证明或反驳这个命题；一个判定问题被称为是 可判定的，如果存在一个可计算的程序可以正确计算任何给定实例的答案。这两个"可判定"的用法有什么关系？

7.9 如果有的话，断言 $T \vdash \varphi$ 和断言 $\mathrm{Pr}_T(\ulcorner\varphi\urcorner)$ 有什么区别？这两个断言在所有情况下是否可以相互替代？

7.10 假设 T 是一个算术可定义的理论，并考虑算术命题 Con（T），它断言 T 是一致的。命题 Con（T）在多大程度上取决于 T 的内涵方面，也就是说，取决于我们描述理论 T 的方式，而不是外延方面，只关注 T 的公理组成的语句集？如果我们用不同的方式描述完全相同的理论，那么由此产生的命题 Con（T）是否有相同的真值？它是否有与算术假设相同的推演能力？

7.11 假设一位同事向你提供了一份新近制定的算术公理列表，并根据这些公理证明它们是一致的。你的反应是什么？

7.12 我们能证明，作为一个一般原则或模式，任何可证的陈述都是真的吗？根据勒布定理，到底这一原则的哪些实例是可证的？

7.13 解释不动点引理如何表明存在实现罗瑟性质的语句，即一个语句 ρ，它与以下命题可证等价：对每个 ρ 的证明，存在一个 $\neg\rho$ 的更短的证明。

7.14 假设 PA 是一致的，你能否找到一个具体的语句 ψ，对于它我们不能证明"如果 ψ 在 PA 中可证，那么它就是真的"这样一个蕴涵命题？这对于用可证性作为真的判定有何哲学意义？

7.15 抛开哥德尔不完全性结果，考虑希尔伯特纲领的动机。有一个证明自身一致性的理论 T 真的会令人放心吗？这是信任 T 的理由吗？

7.16 论证对算术的每一个计算可枚举的真理论 T，都有一个更强的理论 T' 证明 T 的一致性。这是信任 T 的理由吗？类似地，证明对于每个一致理论 T，都有另一个更强的一致理论 T' 证明 T 是不一致的。这是不信任 T 的理由吗？

7.17 在什么意义上说塔斯基定义了真并证明了真是不可定义的？

7.18 是否存在一个一致的算术理论，具有一组算术可定义的公理，可以证明其自身的一致性？这样的理论能有一组计算可判定的公理吗？

7.19 证明每个有计算可枚举公理集的理论都可由计算可判定公理集公理化。（提示：将计算可枚举公理化中的每个断言 φ 替换为逻辑上等价的断言 $\varphi \wedge \varphi \wedge \cdots \wedge \varphi$，按照这种方式，最终得到的公理集是计算可判定的。这种方法被称为 克雷格技巧，命名来自克雷格（William Craig，1953）的结果。）

7.20 如果你愿意作出断言 ψ，那么你也应该愿意断言 ψ 是一致的，这个原则看起来至少有一点合理性。假设我们通过在演绎系统中添加一条推理规则来创建一个新的形式证明系统：从 ψ 推出 $\mathrm{Con}(\psi)$。（注意，这里的 Con 运算指的是原系统中的一致性。）你对这个证明系统有什么看法？它是可靠且完全的吗？

7.21 哥德尔语句和勒布语句以及我们对它们的分析，是如何分别与说谎者语句"这句话是假的"，以及说真话者语句"这句话是真的"，具有根本上的相似或不同的？

扩展阅读

- Raymond Smullyan（1992）：作者以其独有风格对哥德尔不完全性定理的一个令人愉悦的导论。

- Richard Zach（2019）：斯坦福哲学百科全书中对希尔伯特纲领的一个出色概述。

- David Hilbert（1930）：这是希尔伯特在1930年退休时的广播讲话，包含他的名言："我们必须知道。我们必将知道。"

- Joel David Hamkins（2018）：这是我关于通用算法和算术潜在主义的文章，其中讨论了不完全性现象的一些后果，我觉得非常迷人。

254

第八章

集合论

摘要：我们将讨论集合论作为数学基础的兴起。康托主要以集合论的直观建立这门学科，而弗雷格的形式理论则尚不成熟，为罗素悖论所反驳。相比之下，策梅洛的集合论最终发展为成功的当代理论，这一理论建立在关于集合论宇宙的层垒概念之上。集合论既是一个新的数学学科，有自己内在驱动的问题和工具，又是一个新的基础理论，实质上有能力表示任意的抽象数学结构。复杂技术的发展，特别是力迫法和大基数层垒谱系中的一些发现，导致对深刻哲学问题的必然关注，例如采纳新的数学公理的标准和集合论多元主义。

伴随着戴德金对任意自然数集的研究，以及康托关于基数、序数、超穷算术和超穷递归的思想，集合论在 19 世纪末正式出现。集合论是数学思想的源泉，是一门独立的数学学科，有自己深刻的问题和方法，其中许多在数学的其他部分有着重要的应用。集合论还为一般数学家处理任意数学结构提供了工具和概念框架。因此，集合论扮演着两种角色：它既是自己的数学主题，又是数学的本体论基础——一个公共的区域，人们可以在其中找到数学任何部分的结构和思想的实现。在这二分的两个方面，集合论都涉及基本的哲学问题，也许远远超过许多其他数学学科。例如，集合论的数学核心涉及无穷的本质，而这一主题以前可能主要被认为是哲学的。集合论对无穷的分析是如此成功和清晰，以至于现在如果不触及集合论的概念，人们就无法认真地对无穷进行哲学讨论。同时，作为基础理论，集合论更加明确地涉及哲学问题。公理在基础理论中扮演什么角色？我们应以什么标准来增删基础理论中的公理？我们可以通过公理结果的丰硕性来判断强公理的真理性吗？集合论的公理是在描述一个独一无二的集合论宇宙吗？还是存在着一个多元的集合论概念以及相应的集合论世界？集合论宇宙是一个完成了的整体，抑或最终不过是以潜在性为特征？

第一节　康托-本迪克森定理

好几个关键的集合论思想萌发于康托-本迪克森定理，康托为了证明和分析这个定理，发展了他关于任意实数集合、序数、良序和超穷递归的集合论思想。该定理源于康托 1872 年对从实数闭集中迭代出孤立点的过程的研究。如果一个点在某个小邻域中作为集合的唯一元素单独存在，或者说，如果它不是集合中其他点的极限，那么这个点就是集合中的 孤立点。我们从原集合中剔除所有孤立点，形成一个新集合，即 导集。闭集的导集也是闭集，因为导集的每个极限点都必须在原集合中，但它不可能在原集合中被孤立。观察导集时会发现一个奇怪的现象，那就是虽然我们把原集合中的所有孤立点都剔除了，但导集却可能出现新的孤立点——这些点在原集合中并不孤立，但在导集中却变得孤立了。如果我们在下一步将这些点排除，得到的集合可能会再次出现新的孤立点；我们可能会一次又一次地排除孤立点，将这个过程迭代很多次。

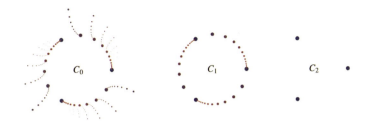

请看左边的集合 C_0。这个集合有许多孤立点，位于从中心圆向外延伸的螺旋边缘上，但是 C_0 主圆上的点，作为这些边缘点的极限，并不是孤立的。因此，导集 C_1 去掉了所有的边缘点，但保留了中心圆上的点。然而，这些点中的大部分在 C_1 中已经变得孤立，因此在康托-本迪克森过程的下一步中，这些点也被剔除，只剩下导集 C_2 中的三个点。在一般情况下，对于更复杂的集合，我们可以继续类似地一次又一次剔除孤立点，形成进一步的导集 C_3、C_4 等。只有当我们到达一个完美集时，这个过程才会停止，完美集是一个没有孤立点的闭集（也许是空集）。

原闭集的 秩是指过程终止所需的步数。上图所示集合的秩为 3，因为经过三步后，就没有剩余的孤立点了。不过，一般来说，集合的秩可以高得多。读者可以构造一个秩为 7 或秩为 n 的集合，其中 n 是任何有穷数。康托认识到一个集合可以具有无穷的秩。试想一个初始集合 C_0，其中有点的序列 x_0, x_1, x_2，等等，收敛到一个点 x，其中 x_n 的秩为 n，而所有收敛到 x 的点都在有穷步内消失了；这将使 x 在极限阶段 $C_\omega = \bigcap_n C_n$ 才被孤立，这是在所有有穷步骤中都存活下来的点的集合。

这看起来多么令人困惑和奇怪。我们一次又一次地排除孤立点，但即使这样做了无数次，我们仍然有孤立点在极限集 C_ω 中留下来。然

257

而，由于这个极限集是闭的，因此我们可以再试一次，形成下一个康托-本迪克森导集 $C_{\omega+1}$，然后可能是 $C_{\omega+2}$，以此类推。康托-本迪克森过程似乎本身就是超穷的。我们能完成这个过程吗？这种迭代的本质是什么？这个构造的每一层阶是什么？康托-本迪克森过程是一个递归过程，由先前的集合定义后面的导集，但递归是超穷的，超越了有穷的层阶。

康托意识到，为了描述这一构造，他需要一种方法来独立地谈论构造的各个层阶。这些层阶本身构成了某种序结构。他需要一个超越有穷数的数系，作为这个超穷递归过程中各层阶的名称或索引。这正是序数所能提供的。康托专门发明了序数，以便理解康托-本迪克森迭代过程。他提出了良序、序数和超穷递归的概念——这些概念正是今天人们所熟知的集合论的核心。最终，对于任何闭集 C_0，我们都可以在一个超穷递归过程中为每个序数 α 定义所有的康托-本迪克森导集 C_α：给定 C_α，下一个导集 $C_{\alpha+1}$ 是通过排除孤立点得到的，而在极限序数上，C_λ 是所有先前 C_α 的交集。

康托-本迪克森定理断言：对于任何闭实数集（在任何有穷维，甚或可数无穷维中），都存在某个可数序数的层阶 α，在这个层阶上，导集 C_α 没有孤立点；也就是说，康托-本迪克森过程在经过可数步之后，终止于一个完美集。要证明这一点，只需想到每一个被排除的孤立点 x 都涉及一个孤立它的有理邻域，它因此而被孤立，这个领域是一个有理区间 (p, q)，它包含 x 但不包含该层阶导集的其他点；我们永远不会再使用这同一个孤立邻域，因为在以后的某个层阶，它再也无法孤立另一个点，因为其中已经没有其他点了。既然只有可数多个有理区间，那么也就只有可数多个点被排除。因此，这一构造中一定存在某个可数序数的层阶使我们得到一个完美集。

康托从这一观察中得出了一个非凡的结论。也就是说，该定理表 258
明，每一个实数闭集都是一个可数集（在构造过程中被排除的孤立点）
和一个完美集（最后剩下的点，如果有的话）的并；由于康托已经证
明了每一个非空的实数完美集都与整个实直线等数，因此他得出结论，
每一个实数闭集要么是可数集，要么与整个实直线等数。因此，他证
明了连续统假设对于实数闭集是成立的。

第二节　作为数学基础的集合论

最初，集合论是作为一种数学工具被引入其他数学领域的。戴德
金在给出自然数的范畴性公理时，设想了任意的自然数集，康托则使
用了任意的实数集。然而，人们也逐渐认识到，集合论能够表达任何
一种数学结构，开始将集合论视为数学其他部分的本体论基础。

佩内洛普·麦蒂如此描述集合论：它提供了一个"元数学围栏"，
一个可以引入和分析数学结构和思想的领域。她提到之前卡尔·冯·斯
陶特（Karl von Staudt）对几何学中使用虚拟对象问题的解决方案：

> 这个"丑闻"在世纪中叶由冯·斯陶特使用准集合论技术，特
> 别是等价类方法的前身，解决了：例如，两条水平线相交的
> 无穷远处的点被等同于我们现在认为的与这两条线平行的线
> 的集合……通过这种和其余相关的方式，冯·斯陶特设法
> 用没有争议的、没有问题的材料（普通直线）来构建迄今为止
> 可疑的、可能危险的新事物（如无穷远点），并重新定义相关
> 的关系，以验证现有的、成功的理论……随着时间的推移，
> 人们清楚地认识到，这种"构建"过程所需的工具（冯·斯陶
> 特认为是"逻辑的"工具）实际上具有集合论的特征。(Maddy,
> 2017)

因此，集合论的概念为理解数学结构是什么提供了框架。鉴于集合论的力量和实用性，希尔伯特说：

没有人能把我们从康托为我们创造的乐园中赶出去。

(Aus dem Paradies, das Cantor uns geschaffen, soll uns niemand

vertreiben können.)

(Hilbert，1926，p.170)

在 20 世纪的数学中，"精确"往往意味着以集合论的方式明确自己的数学结构。什么是序？数学家可能会说，它是一个具有某种二元关系的集合，这种二元关系具有反身性、传递性和反对称性。什么是集合上的二元关系？数学家可能会说，它是该集合中元素有序对的集合。什么么是群？如果追问，数学家可能会说，它是一个具有某种二元运算的集合——这运算是结合的，有一个单位元素以及逆运算。

259　　莫斯科瓦基斯（Yiannis Moschovakis）描述了当我们使用一种数学结构或概念框架来表示在另一种数学结构或概念框架中自然出现的数学对象时，发生于数学中的忠实表示过程。例如，笛卡尔创立了解析几何，他用坐标来构想点，揭示了代数与几何之间隐藏的联系。经典的曲线和图形——古老、优雅、杰出的几何皇室成员——丢弃了它们的隐秘名称：每条曲线和图形都由一个基本代数方程精确描述。通过将点与其坐标 (x,y) 联系起来，笛卡尔提出了新的深刻的数学见解，并促成了后来影响深远的数学发展。今天，我们通常通过坐标 (x,y) 来确定平面上的点，这就是忠实表示的一个实例。我们对其感兴趣的那些点的几何结构和关系，即使没有坐标，也可以通过坐标在解析几何中得到体现。我们不必坚持点是坐标对 (x,y)——为什么要这样做呢？数百年来，数学家们一直以纯粹的几何概念来看待点——然而，我们可以把它们当作是坐标对来进行卓有成效的分析。

　　同样，数学家在集合论中发现了表达本质上任何数学结构的能力。莫斯科瓦基斯总结了这种态度：

> 我们将在集合的宇宙中发现我们所需要的所有数学对象的忠实表示，我们将以策梅洛精炼的公理系统为基础研究集合论，**就好像所有数学对象都是集合一样**。在具体情况下，微妙的问题在于如何精确地提出"忠实表示"的正确定义，并证明这种表示的存在（Moschovakis, 2006, p. 34, 强调是原文所加）

因此，集合论已经成为数学的大一统理论。

　　当然，我们可以把集合论仅仅当作数学的众多可能基础之一。其他当代基础可能包括范畴论基础，如集合范畴性的初等理论或通过同伦类型论的泛等基础。与此同时，对集合论基础的一种更极端的观点是集合论还原论，即认为数学基础本质上是集合论的，从形而上学的角度看，数学对象只有集合。麦蒂明确反对这种观点：

> 在我看来，另一种所谓的集合论基础作用是虚假的，即所谓的形而上学洞见。这里的想法是，将给定的数学对象还原为给定的集合真实地揭示了该对象一直以来所享有的真正的形而上学特性。（Maddy, 2017, p. 6）

她拒绝将此作为成功的基础理论的目标，但同时又发现集合论能够实现她所确定的其他合法的基础理论目标：

> 乍一看，这可能只是作为元数学围栏基础的集合论还原的又一个例子，但事实上还有更多的东西在发生。这里的情况并不是，我们已有一个明确的数学项——有序对，或皮亚诺所

描述的数——然后我们把它"等同于"一个可发挥同样作用、做同样工作的集合。相反，这里的情况是，我们有一个模糊的连续性概念，它在许多方面都足够好，足够产生和发展微积分，但现在还不够精确，无法完成它被要求做的事情：允许对基本定理进行严格的证明。为此，我们需要更准确、更精确的东西，而这正是戴德金所提供的。这不仅仅是一个集合论的代用品，旨在反映前理论项的特征；这是一个用精确概念取代不精确概念的集合论改进。这就是集合论的另一个基本作用：阐释。用集合论版本替换不精确的函数概念是另一个众所周知的例子。(Maddy，2017, p. 8-9)

从逻辑学的角度看，集合论作为一个统一的数学基础，其兴起是一个重大的历史进展。在数学多样化、专业复杂性不断提高的同时，数学家们有时会寻求将一个领域的结果应用于另一个领域。例如，人们可能会使用拓扑学和分析学中的概念和定理来证明代数学中的结果，或者相反。除非这些学科属于一个共同的数学框架，否则这种做法在逻辑上是不融贯的。因此，通过提供一个统一的背景——一个人们可以将所有数学论证都视为在其中进行的单一理论——集合论在逻辑上促进了这种转移。

作为对比，试想一下巴尔干化的数学，数学被划分为不同的领域，每个领域都有自己的基本公理，却没有一个共同的基础理论。几何、代数和分析这些学科难道不是完全独立的数学工作吗？今天的数学至少表现出了一定程度的巴尔干化。例如，许多学科，特别是代数与分析，通常都假定有选择公理，但在其他学科，数学家们却对此持抵制和批判态度。我们很容易想象出更严重的冲突。例如，假设有一门学科的基础理论与策梅洛集合论类似，但具有决定性公理，而另一门学科则以策梅洛-弗兰克尔的 ZFC 集合论为基础。这两个基础相互冲突，并导致在拓扑和分析的基本事实上产生根本不同的结论，例如，对勒贝格测度性质的矛盾观点。在这样的背景下，人们将无法可靠地从一个学科中借用结果来应用于另一个学科。

在本章后面，我将讨论集合论多元论，它强调当代集合论的多面性，有许多互不兼容的理论版本，有的有连续统假设，有的没有，有的有大基数，有的没有。这是否削弱了集合论作为统一基础的能力？几何中也有类似的问题：几何被分割成各种互不兼容的形式——欧几里得几何、球面几何、双曲几何、椭圆几何——是否有损于几何作为一个整体为几何思维和分析提供基础？我认为不会；事实上，恰恰相反，几何在基础方面的分裂极大地丰富了几何，因为它可以澄清特定的几何概念何时依赖于这些基础方面。

如今，另一种巴尔干化产生于替代性基础体系之间的转换困难。例如，除了集合论之外，还有其他一些基础理论旨在发挥统一数学基础的作用，如范畴论、类型论和一种较新的混合理论——同伦类型论。这些基础理论都贯彻了忠实表示的信条；我们确实可以在不同的基础理论中找到数学思想的忠实表示。然而，当数学方法和思想在不同基础之间的转换遇到困难或不明确时，就会产生基础冲突，不幸的是，在当前的数学实践中，这种情况似乎经常发生。例如，逻辑学家报告说，在集合论与范畴论或同伦类型理论之间转换构造时就会遇到困难。基本概念差别如此之大，以至于即使是一个领域中的简单构造，在另一个领域中也会变得复杂或令人困惑。因此，我认为，拥有更多精通多个基础领域的数学家，将使数学受益匪浅。

261

第三节 普遍概括原理

让我们更详细地讨论集合论的具体公理。集合论的核心原理是什么？康托研究的是一种直觉集合论，其基本原理并不明确；他缺乏一个形式化的理论。后来，弗雷格，最终由策梅洛以及其他人建立了形式化的集合论系统，包括亚伯拉罕·弗兰克尔（Abraham Fraenkel）、保罗·贝奈斯、库尔特·哥德尔和约翰·冯·诺伊曼。

当然，集合论的核心理念是，我们可以将事物的聚合视为一个抽象事物，即由这些事物组成的 集合 ，而且只由这些事物组成。例如，我们有所有红色事物的集合、所有自然数的集合、这个房间里所有人的集合，也许还有所有斑马的集合。哪些聚合可以用这种方式组合在一起呢？当然是所有的。如果我们有任何描述或设想集合的方法，那么根据集合论的不成熟版本，我们就可以形成一个由这些对象组成的集合。这种不成熟的想法导致了所谓的 普遍概括原理。

普遍概括原理　　对于任何性质 φ，可以形成一个所有具有性质 $\varphi(x)$ 的 x 的集合。即，

$$\{x \mid \varphi(x)\}$$

是一个集合。

尽管这个原则简单明了、引人注目，但它还是导致了集合论早期的狂野生长。这是一场数学灾难。简单的事实是，普遍概括原理是错误的。它错在其表述的普遍性上；它有自相矛盾的例子。有些性质根本不能定义集合，否则会导致矛盾。

262　　**定理** 22（罗素，1901）　　*存在普遍概括原理的反例。*

证明　为了看出这一点，令 R 为所有不是自身成员的集合 x 构成

的集合；即

$$R = \{x \mid x\text{是一个集合并且}x \notin x\}。$$

根据普遍概括原理，这是一个集合。让我们问：R 是否是自己的成员？R 的成员正是那些满足 $x \notin x$ 的集合 x，因此我们看到

$$R \in R \Leftrightarrow R \notin R。$$

但这是一个矛盾，因此普遍概括原理的这个实例是不成立的。　　□

请看这样一个寓言：理发师为城里所有不给自己刮胡子的人刮胡子。理发师给自己刮胡子吗？如果他不刮，那么他就应该刮；如果他刮了，那么他就不应该刮。这正是罗素悖论的矛盾逻辑。再看看咖啡师，她每天早上都很高兴地为所有且仅为那些不为自己煮咖啡的人提供咖啡。她为自己煮咖啡吗？如果是，那么她就不应该；如果不是，那么她就应该。

你可能会说，考虑 $x \notin x$ 这个性质相当奇怪，因为我们通常并不期望集合是其自身的成员。毕竟，所有大象的集合不是大象（它是大象的 集合），因此它不是自身的成员；所有质数的集合本身不是质数，因为它根本不是一个数。很好，但这样的异议只是表明，"不是自己的成员"这个属性是一个很普通的属性——它似乎对大多数甚至全部集合都成立——因此，普遍概括原理对某些很普通的属性为假。事实上，ZF 集合论证明，每个集合都服从 $x \notin x$，因此，在这个理论中，罗素集合与全集是相同的。

罗素写信给弗雷格，将自己发现的不一致告知了他——这是一个毁灭性的反驳，因为弗雷格将普遍概括原理深深融入了他的理论。罗素的信寄到时，弗雷格正准备出版他的著作。值得称赞的是，弗雷格

增加了一个附录对这个反驳进行回应：

> 对于一个科学工作者来说，最不幸的事情莫过于：当他的工
> 作接近完成时，却发现那大厦的基础已经动摇。在此卷的印
> 刷接近完成时，贝特兰·罗素的一封信却置我于这样的境地。
> 此事涉及我的基本定律 V。（Frege，1893/1903，epilogue）。
> 此处为英译。（Frege，2013，p.253）

弗雷格的基本定律 V

弗雷格在处理罗素悖论和普遍概括原理时遇到的麻烦，通常被归咎于他的基本规律 V，关于概念的外延，它断言：

基本定律 V 概念 F 的外延与概念 G 的外延相等当且仅当对于所有 x，Fx 与 Gx 等价。

$$\varepsilon F = \varepsilon G \Leftrightarrow \forall x(Fx \leftrightarrow Gx)。$$

这一规律与函数外延的情况有天然联系，在那里我们愿说，一个函数 F 与另一个函数 G 外延相等，当且仅当它们在对象上产生完全相同的值，即对每个输入都给出相同的输出：$\forall x\, F(x) = G(x)$。事实上，对于弗雷格来说，这个函数版本的基本定律 V 是完全普遍的，因为在他的本体论中，概念被视为将对象映射为真值/假值的函数。在这个意义上，基本定律 V 断言，当且仅当两个概念的真假值过程一致时，这两个概念的外延才是相同的。

这一原则的基础是这样一个隐含的想法：我们为每个概念 F 指定了一个对象 εF，即概念 F 的外延，一个代表概念的对象。该定律本身恰恰断言，这些外延是概念之间共外延关系的分类不变量。

　　然而，在我看来，尽管有大量关于这个话题的文献（以及刚才引用的弗雷格的评论），但我发现将罗素悖论的责任完全归咎于基本定律 V 是误导性的。弗雷格系统中麻烦的来源，不是这一规律明述的核心主张，它在当代自然解读中是无害的；相反，麻烦来自弗雷格在使用这一规律时所隐含的承诺，即我们要将概念的外延 ε 本身视为对象 x，它落入右边出现的全称量词 $\forall x$ 的辖域。因此，我想将基本定律 V 的两个主张分开，即明面上的主张和隐含的主张。我认为，基本定律 V 的当代自然解读与下一页陈述的类外延原理完全相同，该原理被广泛认为是无害的，事实上，在所有当前标准的类理论中都被视为一个基本公理，例如哥德尔-贝奈斯集合论和凯利-摩尔斯集合论。同时，基本定律 V 的隐含主张等同于普遍概括原理。

　　让我来解释一下。在当前的类理论中，我们通常将概念 F 的外延理解为实例的类：

$$\varepsilon F = \{x \mid Fx\}.$$

所有标准的类理论都有各自的类概括公理，这些公理断言，对于合适的谓词 F，我们确实可以形成类 $\{x \mid Fx\}$。例如，在哥德尔-贝奈斯集合论中，我们断言类概括适用于集合论的一阶语言中可表达的所有性质 F，而在凯利-摩尔斯集合论中，我们断言它也适用于集合论的二阶语言中可断言的性质 F，在二阶语言中我们可以对集合的类进行量化。请注意，罗素悖论使用了一个并不强的无量词一阶实例 $\{x \mid x \in x\}$。

　　同时，类外延性原理是所有标准类理论中的公理，它正是断言每个类由其元素决定：

类外延性　两个类 A 和 B 是相等的，当且仅当它们拥有完全相同的元素。

264

$$A = B \Leftrightarrow \forall x(x \in A \leftrightarrow x \in B)。$$

特别地，当我们使用谓词来定义类时，我们有

$$\{x \mid Fx\} = \{x \mid Gx\} \Leftrightarrow \forall x(Fx \leftrightarrow Gx)。$$

因此，根据我们对外延的类解释，这恰好等同于基本定律 V 的核心主张：

$$\varepsilon F = \varepsilon G \Leftrightarrow \forall x(Fx \leftrightarrow Gx)。$$

换句话说，根据类外延的当代解读，基本定律 V 是类外延性原理，它是所有当代类理论中的基本公理，并且不被认为是不一致的。

那么，究竟是怎么回事呢？为什么人们说弗雷格的基本定律 V 是不一致的，而集合论学家继续在所有标准的类理论中肯定完全相同的原理？解释是，基本定律 V 所明述的核心等价关系并没有问题，有问题的是它所隐含的那个主张，即任何概念 F 的外延 εF 本身都是一个对象 x，我们可以询问这个概念是否适用于它。这与类概括原理和普遍概括原理之间的关键区别是一样的。类概括公理断言 $\{x|Fx\}$ 是一个类，即所有具有属性 Fx 的对象 x 的类，但它并没有断言这个类本身是一个集合或一个对象 x，我们可以对它应用谓词 F。相比之下，普遍概括原理确实断言 $\{x \mid Fx\}$ 是一个集合，一个对象，我们可以考虑是否可以将其应用于属性 F。正是这个进一步的主张被罗素用在他的悖论中：如果 $R = \{x|x \notin x\}$ 是一个集合，那么我们可以询问 $R \in R$ 与否，从而得到矛盾的结论 $R \in R \leftrightarrow R \notin R$。

从本质上说，罗素的论证表明，不可能存在对象的全体，使得每个对象的类 F 都指派给不同的外延对象 εF。如果存在这样一个指派，

我们就可以构造所有对 $\neg Fx$ 成立的外延对象 $x = \varepsilon F$ 的类 R。现在考虑 $x = \varepsilon R$ 的情况，我们就会看到 Rx 成立当且仅当 $\neg Rx$ 成立，这是一个矛盾。这样，就像康托证明每个集合拥有的子集比元素多一样，罗素也使用了本质上相同的逻辑来证明在每个对象的全体中，类都必定比对象多。

因此，归根结底，弗雷格犯错的不是基本定律 V 中表述的主等价性，根据当代解释，这是一个无害的类外延性原理，而是相关的隐含主张，即概念的外延 εF 本身就是我们可能考虑对其应用该概念的对象。这种隐含的主张等同于普遍概括原理，即断言每个类外延 $\{x \mid Fx\}$ 都是一个集合。因此，让我们将责任归咎于它所属的地方：不是基本定律 V，而是普遍概括原理。

265

第四节　层垒的谱系

因此，普遍概括原理是不一致的。怎么办?这个障碍是否会摧毁集合论? 也许有人认为普遍概括原理表达了集合论的一个核心思想，一个根本的集合论真理——即可以挑选出对象的任何可定义的聚合，从而形成一个集合。然而，这个原理自相矛盾。集合论是不融贯的吗?

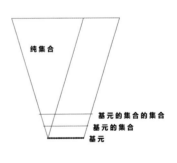

不。现在仔细思考一下我们一直在想象的集合论宇宙的本质，并发展一个对 *层垒的谱系*（*cumulative hierarchy*）的解释，它是关于集合论宇宙如何形成的一种图景。最初，我们可能有一些数学对象，即 基元，它们不是集合，而是构成集合的对象，集合论宇宙建立在它们之上。有了基元，我们就形成它们的所有可能的集合。例如，我们形成全部单点集 $\{a\}$，每个基元 a 决定一个，以及对集 $\{a,b\}$，等等，以所有可能的方式，包括空集 $\varnothing$，也许还有所有基元的集合。

如果想象基元构成了集合论宇宙的底层，那么基元的集合就形成了它上方的第二层。在接下来的一层，我们形成所有元素都在这前两层中的集合，即基元和基元的集合的集合。其中一些集合我们当然已经有了，即仅由基元组成的集合，因此层垒谱系是累积的。通过这种方式累积集合，我们就在一个良基的层阶谱系中形成集合论宇宙。在每个层阶，我们都会形成所有那些元素已在之前层阶中被构造出来的集合。基本图景是，在层垒的谱系中，一个集合只会在其元素出现之后才能出现。纯集合是那些在其元素中没有遗传出现基元的集合；基元不是它们的元素，也不是它们元素的元素，也不是元素的元素的元素，等等。纯集合仅出现于由空集 $\varnothing$ 开始的层垒的谱系中。在下一阶段，添加集合 $\{\varnothing\}$，然后添加 $\{\varnothing,\{\varnothing\}\}$ 和 $\{\{\varnothing\}\}$，等等。

集合论学家很快认识到，基元对任何数学目的都是没有必要的，因为集合论中所有带有基元的数学结构都可以在纯集合中同构地构造。因此，根据结构主义哲学，纯集合同样可以作为数学的基础；而且由于纯集合论在概念上也更简洁和优雅，所以集合论通常只以纯集合的形式来表达，没有基元。这种观点就是，集合论宇宙因此完全由集合组成——一切都是集合——因此，当使用这种集合论作为数学基础时，所有数学对象都被视为集合。整个数学由集合、集合的集合和集合的集合的集合组成，在一个最终建立在空集之上（也就是说，建立在无之上）的巨大层垒谱系中。

为了突出这种情况的奇特之处，乔治·图拉基斯（George Tourlakis）

写道：

> （我发现）这极不符合直觉，特别是当告诉本科生所有他们熟
> 悉的数学对象——用巴怀斯（Barwise）的话说，"数学的材料"
> ——都只是由无穷供应的空盒子构建而成的"盒子里的盒子
> 里的盒子……"。（Tourlakis，2003，p.xiii）

　　尽管如此，集合论的纯集合形式也许最终可以被视为实现了逻辑
主义者将数学还原为逻辑的计划。也就是说，通过在集合论中忠实地
表示数学结构，人们已经将数学还原为集合论，后者可以被视为是逻
辑的一部分。然而，许多哲学家会对此表示反对，他们认为集合论中
的断言，如无穷公理和选择公理，是数学的而不是逻辑的断言。另有
哲学家则指出，逻辑主义计划和特定数学基础是否算作逻辑似乎无关
紧要。我们如何应用这个标签有什么关系？

　　但现在让我来谈一个有关用层垒谱系理解集合论宇宙如何形成的
关键问题。这就是，这种观点根本不支持普遍概括原理。在层垒谱系
中，集合只有在所有元素形成后的层阶中才能形成。因此，我们不期
望找到例如所有集合的集合，或其元素在层垒谱系中出现的层阶没有
上界的集合。此外，我们永远不会看到 $x \in x$，因为这将需要 x 在早于
它自己的层阶出现。因此，我们最初感受到的普遍概括原理直观上的
吸引力消失了；它实际上并不是深思熟虑的集合论观点的一部分。我
们可以将普遍概括原理作为一个不成熟的错误放弃——也是一个非常
容易反驳的错误。

第五节 分离公理

与此同时，层垒谱系的观点似乎确实为普遍概括原理的某种弱化提供了辩护，这种弱化被称为 分离公理（有时也称为 狭概括公理），它允许你从已给定的集合中挑选出一个子集。这个公理是策梅洛集合论的一个核心公理，前者是策梅洛在 1908 年提出的一种公理化系统。

分离公理 对于任何属性 φ 和任何给定的集合 A，都可以形成所有在 A 中具有属性 φ 的元素 x 的集合。也就是说，

$$\{x \in A \mid \varphi(x)\}$$

是一个集合。

在没有更准确地说明什么是"属性"的情况下，人们很可能会发现分离公理显得不够明确。策梅洛最初对该公理的表述非常宽泛，他认为该公理涵盖了任何形式的属性或概念，无论它是否可以用特定的形式语言来表达。今天的集合论学家通常将策梅洛最初对该公理的表述理解为二阶逻辑中的公理。然而，有些集合论学家发现，使用二阶逻辑（其本身就是一种集合论）来为集合论提供公理化是不融贯的。毕竟，根据这种说法，分离公理基本上是在说：A 的所有子类都作为一个集合存在。反对意见是，如果我们已经在元理论中很好地理解了类，那么我们为什么还需要作为对象理论的集合论呢？出于这个原因，许多哲学家（但绝对不是全部）认为二阶逻辑本身就是一种集合论，需要用集合论的公理和原则来澄清和阐述。相比之下，今天所熟知的 策梅洛集合论是其原有理论的纯一阶版本，分离公理模式仅针对可以用集合论的一阶语言表达的属性 φ，该语言只有 $\in$ 关系和 $=$ 以及通常的

逻辑联结词和量词。

　　一些数学家和哲学家认为，将普遍概括原理限制为分离公理是对罗素矛盾的权宜之计———一种规避问题的巧计，它仅削弱了罗素论证的细节，但可能并没有触及任何潜在的基本问题。因此，从这种观点来看，我们对策梅洛理论的一致性应该没什么信心。然而，一个相反的论点是，普遍概括原理从来就不是我们基于层垒宇宙图景的集合论观点的一部分；普遍概括的吸引力只是源自被误置的对分离公理的支持。因此，修复并非权宜之计，而是纠正了一个不成熟的错误，使公理与我们对集合论宇宙如何展开的愿景保持一致。

莠基层谱

　　在我看来，普遍概括原理的最初的吸引力（和最终的被拒绝）遵循了一个在逻辑和数学中时有发生的模式，这是一个数学概念在某种复杂性或抽象性层谱中向上迈出一小步的模式——当这个概念在一个良基的层谱中使用时，这一步是可以的，但当天真地忽略了层阶的本质时，就会导致悖论。

　　例如，考虑真这个概念，它也遵循这种模式。如果只将真谓词应用于基本语言中的断言，那么根据真值的去引号理论，在任何没有真谓词的语言中添加真谓词都是没有问题的。即使在迭代真谓词的良基层谱中应用时，真仍然没有问题——关于真的真，关于真的真的真，等等——这是一个层谱，其中某一层作出的真断言只涉及之前层阶的真。在每个层阶上，都用归纳地给出真谓词的去引号解释。事实上，存在集合论宇宙的迭代真谓词被证明等价于二阶集合论的某些强公理，这些公理已被用于澄清类力迫（class forcing）的强度（以及其他一些事情）；参见（Gitman et al.，2020）。

如果忽略了迭代真的良基层谱，把真谓词当作自身适用且无良基层谱，那么就会遇到一些自相矛盾的胡言乱语，比如说谎者悖论，"这个句子不是真的"。这些断言有一种伪装的意义，因为我们习惯于能够合理地作出真断言，甚至是关于真的真断言，作为良基层谱的一部分。也就是说，莠基的自身适用的情况享有一种合法的外表，这来自它与我们在良基的情况对真的合法使用的表面相似性。但实际上，在良基的去引号实例之外，不存在任何有意义的强真理论。

类似地，我们习惯于根据性质来形成对象的集合，并且，这样做不会引起问题或悖论仅仅是因为在我们通常的数学实践中，大多数此类集合形成的情况恰好在层垒谱系中恰当地出现。我们自由地形成自然数的集合和实数的集合，或者给定集合上的拓扑的集合，等等，这是良基的并且没有问题。当我们试图用普遍概括来形成集合，而忽略了集合形成背后的层垒谱系时，就会发现自己正陷于罗素悖论这样的境地中。

根据这种观点，普遍概括原理的吸引力是一种不成熟的期望，即莠基的集合定义是有意义的，这是从良基情形出发的一种没有根据的推断；这是一个幻觉——一个被罗素悖论所驱散的幻觉。对集合层谱的本质的反思消除了普遍概括原理的吸引力，人们意识到该原理是错误的。

269　　　从这种观点来看，自身适用的真谓词同样不成熟；也就是说，虽然构建一个良基的真谓词层谱既没有问题且很有用，但自身适用的真谓词只是表面上与此类似，而有鉴于说谎者悖论，它们是虚假且矛盾的。考虑到良基的层谱，莠基的情形就显得缺乏动机或没有意义。

然而，另有哲学家不同意我刚刚描述的观点；他们在说谎者悖论和普遍概括原理中发现了意义。许多逻辑学家的群体专注于自身适用真谓词的一般理论或包含普遍概括原理的集合论版本。例如，蒯因的新基础集合论版本保留了一种受限形式的普遍概括，允许有一个全集（但不是罗素集），并且还有关于弗协调集合论的工作，研究一种集合论的版本，在其中普遍概括原理是真的（也是假的）。关于自身适用的真谓词有丰富的哲学文献，研究者并不认为该主题缺乏动机或没有意义。

非直谓性

有些哲学家强调了一个不同的反对意见，将其归咎于他们所谓的普遍概括原理的非直谓性质。当一个定义通过某一性质来定义一个对象，而此性质的量词在包含被定义对象本身的领域内取值时，这个定义就是非直谓的。如果这个定义是为了挑选或构造一个集合，那就被认为是不融贯的；我们怎么能用一个已经涉及该集合本身的性质来这样做呢？我们可以直谓地定义一个自然数的集合，例如，通过一个性质，它的量词只在自然数上取值，而不在自然数的集合上取值；或者类似地，不在实数或更大的集合上取值。相反，在论证罗素悖论的主要步骤中，我们定义了罗素集合 $R = \{x \mid x \notin x\}$，这是非直谓的，因为我们试图通过让变量 x 在所有集合 x 的聚合上取值来定义 R，同时又希望 R 是这个聚合的成员。根据这种观点，非直谓定义被认为是无效的或不可靠的定义手段，而数学中应该只允许直谓定义。

从直谓的角度来看，从普遍概括到分离公理的转变并没有解决非直谓的反驳，因为分离公理的许多实例——那些涉及量词取值遍及整个集合宇宙的定义的实例——仍然是非直谓的。当使用具有全称量词 $\forall x$ 的属性来定义自然数集时，例如 $A = \{n \in \omega \mid \forall x \varphi(x, n)\}$，该定义就是非直谓的，因为 A 本身是所讨论的 x 之一。出于这个原因，直谓集合论公式只允许分离公理的非常受限的形式，这些形式只有当 φ 中出现的所有量词都被其他集合限制时才对子集 $\{a \in A \mid \varphi(a)\}$ 作出集合存在断言。这种公式被称为具有复杂度 Δ_0，这种弱形式的分离被称为 Δ_0 分离。

与此同时，数学中充斥着对初等非直谓定义的常规使用。例如，拓扑空间中集合 A 的闭包通常被定义为包含 A 的所有闭集的交集；这在技术上是非直谓的，因为闭包 $\bar{A}$ 本身是那些闭集之一。类似地，群 G 中集合 $A \subseteq G$ 生成的子群 A 通常被定义为 G 的所有包含 A 的子群的交；这再次是非直谓的，因为 A 本身是那些子群之一。甚至两个整数的最大公约数的通常定义在这个意义上也是非直谓的，还有许多类似的情况。然而，在所有这些情况下，我们通常也有一个等价的直谓定义，通常更具构造性。例如，集合的闭包也可以通过向集合中添加所有聚点来获得，聚点是不能被任意小的开集孤立的点；由一个集合生成的子群可以使用由该集合的元素形成的有穷的群论对象具体地描述。在我看来，数学洞见通常是通过思考等价的非直谓和直谓构造之间的相互作用来获得的，如果所有这些非直谓定义都被判定为非法，这对数学来说似乎是一种损失。

第六节 外延性

也许外延公理才是典型的集合论公理。

外延公理　如果两个集合有相同的元素，那么它们相等。

$$\forall a \forall b[(\forall x\, x \in a \leftrightarrow x \in b) \Rightarrow a = b].$$

这条公理表达了集合论的核心思想：一个集合由其元素决定。当两个集合由相同的元素组成时，它们就是同一个集合。

这种观点当然有一定的道理，但事实证明，即使没有外延性，我们仍然可以构建出一个相当丰富的集合论。没有外延性，具有相同元素的集合可能不止一个。在这种情况下，我们自然会想说这些集合在某种意义上是等价的，事实上，我们想说一般地，当两个集合具有相同的元素时，它们是等价的。然后，我们将在集合论中将这些等价的集合视为"相同的"。然而，我们自然还想以如下方式扩展等价关系，如果两个集合的元素先前被视为等价的话，就说这两个集合也是等价的；然后人们会想要再次扩展等价关系，然后再次再次扩展。最终，我们会来到一个极限等价关系 $\sim$（双模拟），使得 $a \sim b$ 意味着 a 中的每个 x 都与 b 中的某个 y 等价，而 b 中的每个 y 都与 a 中的某个 x 等价，并且只要 $a \sim b$ 且 $a \in u$，就存在 $u \sim v$ 且 $b \in v$。值得注意的是，通过这样一个双模拟关系，我们可以在没有外延公理的集合论中解释一个基于外延性的集合论。在我看来，这个观察与同伦类型论的泛等公理有一定的相似性，后者也为同一性提供了类似于双模拟的标准。

其他公理

271

还有几个策梅洛公理。对集公理说，对于所有的 a 和 b，都存在一个只包含 a 和 b 的对集 $\{a, b\}$。并集公理说，对于任何集合 A，都存在一个并集 $\bigcup A = \{x \mid$ 存在 $a \in A, x \in a\}$，即 A 中集合的并集。幂集公理说，对于任何集合 A，都存在一个幂集 $P(A) = \{B \mid B \subseteq A\}$，恰好包含 A 的子集。

后来又添加了两个公理，形成了集合论的策梅洛-弗兰克尔公理化 ZFC。首先，正则性公理或 基础公理表达了我们以下预期的一个后果：层垒谱系中的集合以良基的层阶形成。如果层谱是良基的，那么每个非空的集合都将有一个或多个元素在该集合的所有元素中出现的最早。特别是，这些元素与原集合不再有共同元素。所以每个非空的集合 A 都有一个元素 $a \in A$ 使得 $a \cap A = \varnothing$，这个断言正是正则性公理。

第七节 替换公理

接下来，替换公理是为了处理策梅洛最初公理化中一个的弱点，这个弱点被亚伯拉罕·弗兰克尔注意到并纠正。为了理解这个问题，假设我们为每个自然数 $n \in \omega^1$ 定义一个集合 a_n。我们想形成集合

$$\{a_n \mid n \in \mathbb{N}\}。$$

但实际上在策梅洛最初的集合论中，并不总是能证明这是一个集合。替换公理通过断言这个集合确实存在来解决这个问题。

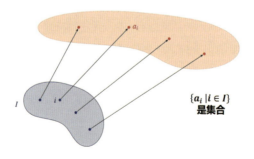

$\{a_i \mid i \in I\}$
是集合

1　在集合论中，ω 与 $\mathbb{N}$ 都指自然数的集合，英文版经常混用。例如下面的公式中就使用了 $\mathbb{N}$。
　　——译者注

更一般地说，如果 I 是一个集合，并且对于每个 $i \in I$，都有一个具有特定属性的唯一对象 a_i，那么替换公理断言集合 $\{a_i \mid i \in I\}$ 是一个集合。这个公理被称为 替换公理，是因为我们实际上是用定义的对象 a_i 来替换集合 I 的元素。策梅洛-弗兰克尔 (ZF) 集合论是到目前为止提到的所有公理所形成的理论。

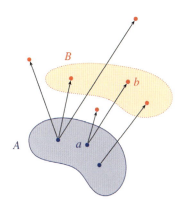

$$\exists B \, \forall a \in A \, \exists b \in B \, \varphi(a, b)$$

272

替换公理被证明具有多种等价的刻画。例如，考虑 收集公理，它断言，如果 A 是一个集合，并且对于每个 $a \in A$，都存在一个对象 b（也可能有多个这样的对象），使得 $\varphi(a,b)$，那么就存在一个集合 B，使得 B 中的每个 a 都有一个 $b \in B$，满足 $\varphi(a,b)$。因此，我们已经将每个 $a \in A$ 的至少一个见证 b 收集到一个集合 B 中。我们可以等价地使用收集公理和分离公理而不是替换公理来公理化 ZF。

替换公理在其他策梅洛公理的基础上也等价于超穷递归原理，该原理断言，由良序上的超穷递归定义是合法的（即使没有选择公理，这种等价关系也成立）。它也等价于反射原理，该原理断言，对于任何公式 φ，都存在层垒谱系中的层阶 V_κ，使得 φ 对于 V_κ 和整个集合论宇宙 V 是绝对的。替换公理在策梅洛公理上也等价于良序替换公理，该公理断言良序索引集 I 的替换实例存在。事实证明，即使没有选择公理，良序替换也蕴涵完全替换。

无穷的个数

作为替换公理的一个例子，让我们重新审视一下我们在第三章中讨论过的关于无穷基数数量的主张。让我们用 $\aleph_n$ 表示第 n 个无穷基数，并认为这些基数可以自然地用 前段冯·诺伊曼序数（不与任何较小的序数等数的序数）表示。集合 $\{\aleph_n \mid n \in \omega\}$ 是否存在？好吧，如果我们有替换公理，那么这个集合就存在，因为 ω 是一个集合，我们用 $\aleph_n$ 替换每个 $n \in \omega$。

这个事实对于我们在第三章中给出的关于存在不可数多个无穷基数的论证很重要。也就是说，利用替换公理和其他策梅洛-弗兰克尔公理，我们可以形成集合 $\{\aleph_n \mid n \in \omega\}$，并让 $\aleph_\omega = \sup_{n \in \omega} \aleph_n$，因为任何序数集的上确界都存在，只要取并即可。更一般地，我们可以在策梅洛-弗兰克尔集合论中证明，对于任何序数 α，基数 $\aleph_\alpha$ 都存在，它是第 α 个无穷基数，并且由于存在不可数多个序数，我们因此证明了存在不可数多个无穷基数。此外，无穷基数的类不能与任何集合一一对应，因为如果对每个 $i \in I$，κ_i 是基数，那么根据替换公理，我们可以形成 $\{\kappa_i \mid i \in I\}$，令 $\kappa = \sup_{i \in I} \kappa_i$ 为上确界，则 2^κ 将大于任何 κ_i。因此，存在比任何给定的无穷基数更多的无穷基数。

273 　　有人可能会说无穷基数的数量超过了任何一个无穷基数，但提到无穷基数的 数量是有问题的，这恰恰是因为它们不构成一个集合；基数形成一个真类，就像所有序数的类、所有集合的类或罗素类一样，这些类在某种意义上都太大而不能成为集合，否则会产生矛盾。从这个意义上说，没有无穷基数的"数量"。

一些类理论，如哥德尔-贝奈斯集合论或凯利-摩尔斯集合论，包含全局选择公理，它蕴涵着所有真类都是等数的。从这个意义上说，这些理论证明了所有真类都有相同数量的元素。与此同时，集合论学家正在研究去掉全局选择公理时的可能性范围，例如，已知与哥德尔-贝奈斯集合论的其他公理一致的是，所有集合的类不能被任何类关系线性排序，由此可得，它与具有标准良序的所有序数的类不等数。

这里给出的关于存在比任何一个无穷都多的无穷的论证，从根本上依赖于替换公理，事实证明，没有替换公理，我们甚至不能证明 $\aleph_\omega$ 的存在；在策梅洛集合论中，允许不存在这种大小的集合。这是一个强有力的断言，一个元数学的断言，因为它是一个我们不能在某个理论中建立某个事实的断言。我们如何证明这样一个元数学断言——即，某命题是 不可证明的？我们并没有宣称该理论否定了该断言，因为包含替换公理的更强的理论确认了这一断言。所以我们想证明某事是不可证明的，但不是通过否定它来证明。

我们需要做的是找到一个没有替换公理的策梅洛公理模型，其中存在的无穷基数只有 $\aleph_n$，其中 n 是有穷序数。事实上，这是可能的。在 ZFC 的任何模型中，考虑集合 $V_{\omega+\omega}$，即层垒谱系中到秩 $\omega+\omega$ 的这一前段。让我们将 $V_{\omega+\omega}, \in$ 视为集合论的一个可能模型。不难看出，该模型满足了集合论的所有策梅洛公理，包括基础公理。但它不满足替换公理，因为 ω 是该模型中的一个集合而映射 $n \mapsto V_{\omega+n}$ 是可定义的，但该映射的值域不是一个集合，因为它的并是整个模型，所以不是模型本身的元素。由于 $V_{\omega+n}$ 的基数是 $\beth_n$，由此可得该模型中没有基数为 $\beth_\omega$ 的集合。如果原来的 ZFC 模型满足广义连续统假设，那么该模型的无穷基数将只有 $\aleph_n$，其中 n 是有穷序数；每个无穷集合的大小都将是某个有穷数 n 的 $\aleph_n$。

请注意，模型 $V_{\omega+\omega}$ 具有相对较少的冯·诺伊曼序数——只有到 $\omega+\omega$ 的那些序数——因此，即使该模型中的每个集合都是可良序的，这也并不意味着每个集合都与一个序数有双射，因为你需要替换公理来进行莫斯托夫斯基坍塌（以 Andrzej Mostowski 命名），即任何良序都与一个序数同构。因此，该论证的进一步的要点是，策梅洛集合论中没有完整的冯·诺伊曼序数理论，这与策梅洛-弗兰克尔集合论不同。

274   第八节 选择公理与良序定理

策梅洛在 1908 年提出了他的公理，以捍卫他 1904 年的定理，该定理表明实数集（事实上任何集合）可以良序化。良序定理断言，任何集合 A 都容许一个良序，即 A 上的一个线序关系 $<$，使得 A 的每个非空子集都有一个这一序关系下的极小元。所以，存在一个相对于这一序关系的 A 的极小元，然后是下一个极小元，然后是再下一个极小元，依此类推，然后是所有这些之后的下一个极小元，依此类推。在任何阶段，要么已经穷尽了 A 的所有元素，要么就会有下一个元素。当然，任何可数集合都可良序化，因为集合本身的可数性通过枚举诱导了这样的序。然而，在不可数的情况下，即使对于实数集，也不容易想象良序会是什么样子。你能定义实数的良序吗？好吧，能否定义实数良序的问题与是否存在良序的问题并不完全相同。也许有一个奇怪的、不可定义的良序？也许有一个不遵守任何好的规则或定义的序？策梅洛的论证可能给出了这样的一种序。他的论证基于一个原则，即人们可以从任何非空集合族中的集合里自由"选择"元素。也就是说，对于任何非空集合的集合，有一种从每个集合中挑选一个元素的方法。

选择公理（AC）　对于任何由非空集合组成的集合 U，存在一个选择函数，一个以 U 为定义域的函数 f，使得对于 U 中的每个 u，都有 $f(u) \in u$。

函数 f 实际上是从 U 中的集合 u 中选择元素的一种方式。这个公理从根本上不同于集合论的其他公理，这些公理也都是关于集合存在的断言，但都是以明确描述所断言存在之对象的性质及元素的方式提出的。即，并集由给定集合的元素的元素构成；集合 a 和 b 的对集仅以 a 和 b 为元素的集合；集合的幂集包含该集合的所有子集。然而，选择公理告诉我们有一个选择函数，但没有告诉我们如何构造它，也没有告诉我们它可能做出哪些选择。这个公理告诉我们，存在一个具有特定属性的函数，但在非平凡的情况下，可以预期存在许多这样的函数。此公理没有指定一个特定的函数；相反，它只是断言至少存在一个具有该属性的函数。

为了更具体地说明这个可定义性问题，假设我们有一些成双的鞋子，我们想从每双鞋子中选择一只。这很容易，因为我们例如可以决定总是选择每双中的左脚鞋，这并不需要选择公理，因为我们可以明确地定义这个函数，而无需诉诸选择公理。但如果相反，我们有无穷多成双的袜子，每双中的袜子都无法区分，那么我们似乎不一定有办法从每双中选择一只袜子。然而，选择公理确保确实有一种选择方法，事实上，一旦我们有一个选择函数，我们就可以很容易地构造更多选择函数。

策梅洛使用选择公理来证明良序定理；他为任何给定的集合 A 构造了一个良序。为了解如何做到，固定集合 A 并令 U 是 A 的非空子集的集合。根据选择公理，U 存在一个选择函数。这个选择函数提供了一种从 A 的任何给定的非空子集中选择任意元素的方法。策梅洛的巧妙想法就是从 A 中迭代地选择元素，从尚未选择的元素中选择。首先，我们选择 A 的一个元素。在剩余的元素中，选择下一个元素，依此类推。在任何阶段，如果还有剩余元素，则从剩余元素中选择一个

275

作为下一个元素。以这种方式，我们将递归地定义 A 的良序枚举。

稍稍形式化一点，我们应该在 A 的非空子集的集合上固定一个特定的选择函数，然后以我刚才描述的方式，考虑 A 中符合该选择函数的所有良序序列，这就使得序列中的下一个点总是选择函数从尚未出现的元素中选出的 A 中元素。所有这些良序序列都相互一致，因为它们不可能有最小的分歧点。因此，所有这些序列的并是 A 中最大的良序序列，不会遗留 A 的任何元素，因为如果有剩余的点，那么我们可以使用 f 从这些剩余元素中选择一个元素来创建一个更长的序列。因此，A 是可良序化的。

这样，策梅洛就证明了选择公理蕴涵着良序定理，即每个集合都可以良序化。许多数学家发现这相当不平凡——有点像数学魔法。从选择公理这个最初被认为完全无可非议的（甚至是平凡的）原理，得出了一个神秘的，坦率地说，令人怀疑的结论：每个集合都可以良序化，这个结论是大多数数学家即使在实数等具体情况下也难以想象的。数学家们把它当作笑话来讲：选择公理显然是真的，良序定理显然是假的，至于佐恩引理，谁知道呢？但当然，它们都是等价的。

选择公理被证明等价于几十个不同的基本原理。策梅洛蕴涵的逆命题也是成立的，因为如果每个集合都有良序，那么我们可以轻松地构造选择函数：对于任何非空集合的集合 A，只需良序化这些集合的并，然后取每个集合中最小的元素。选择公理等价于佐恩引理，该引理断言，如果一个偏序集具有每个线性链都有上界这一性质，那么它就有极大元。选择公理也等价于每个向量空间都有基这一断言；它等价于吉洪诺夫定理，该定理断言紧致空间的乘积是紧致的；它等价于任何两个基数都是可比的：对于两个集合 A 和 B，其中一个至少与另一个一样大[1]。

选择公理的那些悖论式的推论 276

选择公理在数学的许多领域都很重要，并常被作为前提。然而，选择公理仍然存在争议，首先是因为它的非构造性质，其次是因为它有一些违反直观的推论，尤其是在与测度相关的问题上。

例如，维塔利（Giuseppe Vitali）证明，关于勒贝格测度或任何可数可加且平移不变的测度，选择公理都蕴涵存在不可测实数集。为此，他首先定义当两个实数相差一个有理数时就是等价的，$x \sim y$。设 V 是一个 维塔利集，它从每个等价类中恰好选择一个元素。对于不同的有理数，平移集 $V+q$ 和 $V+r$ 是不相交的，因为否则就存在 $u,v \in V$，$u+q = v+r$，因此 $u-v = r-q$ 是有理数；但对于每个等价类，V 只拥有其中一个元素，所以 $u = v$，因此 $q = r$，这与假设相矛盾。由于每个数都等价于 V 中的某个数，因此可以得出有理数平移 $V+q$ 是不相交的并且覆盖 $\mathbb{R}$。我们可以假设 V 包含在单位区间内，因此 V 有无穷多个不相交的平移出现在区间 $[0,2]$ 中。由于它们都具有相同的测度，因此该测度不可能不为零。但它也不能为零，因为那样整个实直线 $\mathbb{R}$ 将是可数个零测集的并，因此本身的测度也为零。因此，维塔利集不能有测度。

在巴拿赫-塔斯基悖论中出现了更极端的不可测集的例子，该悖论断言三维空间 $\mathbb{R}^3$ 中的单位球可以被分割成七个不相交的部分，通过对这些部分应用某些刚体运动，可以形成单位球的两个完全的副本，大小与原单位球相同，没有间隙或空洞或缺失点。当然，这些集合的性

1　原文如此。似乎应该是：对于两个集合 A 和 B，或者 A 的基数大于 B，或者反之，或者两者一样大。——译者注

质非常奇怪——不要想象用刀切割这些集合——它们每个都在单位球中是稠密的，彼此混合在一起。这些集合必然不可测，因为刚体运动保持测度。

没有选择公理的悖论

同时，只讨论选择公理的违反直观的推论，而不讨论选择公理不成立时可能发生的违反直观的情况，这是一种形式的确认偏误。尽管数学家们经常指出选择公理那些被认为是奇怪的后果，但如果同时指出当人们放弃选择公理时可能出现的许多更加离奇的情况，就能展示更完整的画面。

例如，在没有选择公理的情况下，集合论的公理与以下命题相对一致：存在一棵非空的树 T，它没有树叶[1]，但没有无穷路径。也就是说，树中的每个有穷路径都可以进一步扩展，但没有永远持续的路径。即使在可数选择成立的情况下（因此可数的非空集合族具有选择函数），这种情况也可能发生，这突出了可数选择原理和依赖选择原理之间的区别，在后者中，人们连续做出可数个选择。找到树的一个树枝是依赖选择的特例，因为后面的选择取决于先前的选择。

如果没有选择公理，一个实数可以属于实数集 $X \subset \mathbb{R}$ 的闭包，但不是 X 中任何序列的极限。如果没有选择公理，函数 $f : \mathbb{R} \to \mathbb{R}$ 可以在以下意义上在一个点 x 处连续：每个收敛序列 $x_n \mapsto x$ 都有一个收敛的像 $f(x_n) \to f(x)$，但不是 $\varepsilon - \delta$ 意义下连续的。如果没有选择公理，一个集合可以是无穷的，但没有可数无穷的子集。事实上，如果没有选择公理，存在一个无穷集合，它的所有子集要么是有穷的，要

---

[1] 在数学中，树的"树叶"（leaves）指的是没有子节点的节点，也就是分枝的终点。此处的意思是这棵树没有分枝终点，却也没有无穷枝。——译者注

么是有穷集的补集。因此，说 $\aleph_0$ 是最小的无穷基数是不正确的，因为这些集合的无穷与 $\aleph_0$ 不可比。

如果没有选择公理，$\mathbb{R}$ 上可能存在一个等价关系，使得等价类的数量严格大于 $\mathbb{R}$。也就是说，可以将 $\mathbb{R}$ 分割为不相交的集合，使得这些集合的数量比所有实数还多。离谱！这种情况是决定性公理的推论，并且与依赖选择原理和可数选择公理相对一致。

如果没有选择公理，一个域可能没有代数闭包。如果没有选择公理，有理数域 $\mathbb{Q}$ 可能具有不同的非同构代数闭包。事实上，$\mathbb{Q}$ 可以既有不可数的代数闭包又有可数的代数闭包。如果没有选择公理，可能存在一个向量空间没有基，也可能存在一个向量空间有不同基数的基。如果没有选择公理，实数可以是可数个可数集合的并，但仍然不可数。在这种情况下，勒贝格测度的理论就完全失败了。

在我看来，这些例子支持在关于选择公理的有违直观或令人吃惊的数学事实的通常对话中寻求平衡的呼吁。也就是说，这种对话的典型方式是指出巴拿赫-塔斯基结果和其他选择公理的有违直观的后果，并对选择公理提出质疑；但一个更令人满意的对话还会提到选择公理排除了某些非常离谱的现象——在许多情况下，比巴拿赫-塔斯基类型的结果更离谱。

索洛维梦想的分析世界

在基础领域的一项重大进展中，罗伯特·索洛维的一个著名定理表明，如果"存在不可达基数"与 ZFC 一致，那么"每个实数集是勒贝格可测的"就与 ZF 加上依赖选择原理（选择公理的弱化版本）一致。一些数学家将索洛维的理论描述为为分析提供了一个梦幻世界——一个没有痛苦和矛盾的世界，不可测的怪物被驱逐，所有实数集都是可

278

测的，所有函数都是可测的，数学家每天早餐吃 π 并把咖啡变成定理[1]。

索洛维曾经告诉我，当证明他的定理时，他期待分析学家会立即将这个理论作为分析的新基础理论。关于不可测的担忧将消失；数学将变得自由而轻松。人们本应期待分析学家们会把他扛在肩膀上，称颂为英雄。但这并没有发生。分析学家们继续在通常的 ZFC 集合论中工作，保持选择公理，并关注他们各种可测集的 σ-代数。为什么索洛维的理论没有被广泛采用？

我的解释是，选择公理作为基本原理的吸引力太强了——比选择公理的批评者承认的还要强。也许分析学家们，就像大多数数学家一样，认为选择公理表达了一个基本的数学真理。生活在索洛维的梦幻世界中就像生活在一个数学幻想中，而不是生活在选择公理成立的现实数学世界中。从这种观点来看，在那个梦幻世界中证明的定理只涉及虚幻的数学，因此不会为现实数学世界中实际的数学问题提供真正的数学见解。

但这个"真实"的数学世界是什么？我们所说的这些不同的数学世界又是什么？另一种更实用的解释可能是，分析学家们宁愿为他们的集合是否可测担心，也不愿意为他们是否无意中毫无根据地使用选择公理担心。

第九节　大基数

现在让我们转向大基数，高阶的无穷。对这些宏伟的无穷概念之存在性的断言是数学中已知的最强公理。大基数是如此巨大的无穷，我们无法使用通常的集合论公理来证明它们的存在；相反，我们以公

1　π 音同 pie，即馅饼。——译者注

理来假设它们的存在，这就是大基数公理，它们形成了一个壮观的强度层谱。较大的大基数通常不仅蕴涵较小基数的存在，而且蕴涵它们的一致性。较小的基数，如果是一致的，就会因此太弱而无法证明较大基数的存在，甚至是一致性。

因此，大基数层谱是迭代一致性强度的超穷巨塔的自然实例，根据哥德尔不完全性定理，这样的巨塔必定存在。也就是说，根据不完全性定理，我们知道数学的每一个可计算的公理化都必然被一个一致性断言的迭代巨塔所超越：不存在理论 T 证明自己的一致性 (T)，$T + (T)$ 不证明进一步的一致性 $(T + (T))$，等等。因此，一个一致性强度的巨塔耸立在理论 T 之上。这是一个多么了不起的事实：在集合论中，这样一个一致性强度的巨塔不仅通过自指的句法一致性断言来实现，还可以通过无穷组合的基本原理来实现，后者是有独立数学兴趣的自然而然的断言。

对大基数的研究始于集合论的最早期。豪斯道夫引入了不可达基数；策梅洛在关于二阶 ZF 模型的范畴性结果（定理24）中使用到了它。随着时间的推移，我们拥有了超不可达基数、马洛基数、可测基数、超紧基数、巨基数。一个丰富而迷人的无穷大层谱出现了——这是 20 世纪集合论的核心发现。以下是大基数层谱的一个小片段：

超巨基数

巨基数

近巨基数

超紧基数

超强基数

强基数

高基数

可测基数

微妙基数

弱超强基数

可展基数

完全不可描述基数

弱紧基数

大马洛基数

马洛基数

提升基数

超不可达基数

不可达基数

世界基数

显然，语言已经无法满足我们的需要。大基数术语只是暗示了这些无穷的惊人的巨大。当然，每个大基数概念都有一个数学上精确的定义，其中一些相当技术性。让我试着用初等的方式来略陈其义。

强极限基数

考虑自然数的可数无穷，它是最小的无穷，当被视为序数时记为 ω，当被视为基数时记为 $\aleph_0$，尽管在 ZFC 中，人们将基数视为前段序数——即与任何较小的序数不相等势的序数，因此这两个记号指的是同一个对象。这个最小的无穷大 $\aleph_0$ 表现出某些在有穷集合中找不到的数学性质和特征。例如，由于有穷集合的幂集是有穷的，基数 $\aleph_0$ 在幂集运算下是封闭的：小于 $\aleph_0$ 的任何集合的幂集都小于 $\aleph_0$。是否存在类似的不可数基数 κ，使得基数小于 κ 的任何集合的幂集也都小于 κ？

是的，这些正是 强极限基数。让我们尝试找到第一个不可数的强
极限基数。在第三章中，我们考虑了自然数上的迭代幂运算：

$$\mathbb{N} < P(\mathbb{N}) < PP(\mathbb{N}) < PPP(\mathbb{N}) < \cdots.$$

这些集合的基数正是贝茨数 $\beth_n$，其上确界为 $\beth_\omega$。这个基数 $\beth_\omega$ 是不可数的，因为经过第一步后，序列上的所有集合都是不可数的；它是强极限的，因为如果 X 小于 $\beth_\omega$，那么它将被某一 $\beth_n$ 限制，因此幂集 $P(X)$ 将被下一个基数 $\beth_{n+1}$ 限制，而 $\beth_{n+1}$ 仍然小于 $\beth_\omega$。因此，$\beth_\omega$ 是不可数的强极限基数。

正则基数

无穷的另一个性质是，如果将一个无穷集分成有穷多个片段，那么这些片段中一定有一个片段是无穷的。关于可数无穷 $\aleph_0$，我们可以将这一原则表述为以下断言：将一个大小为 $\aleph_0$ 的集合划分为少于 $\aleph_0$ 个片段的任何划分至少包含一个大小为 $\aleph_0$ 的片段。是否存在这样的不可数基数 κ，使得将 κ 分成少于 κ 个片段的任何分割都至少有一个大小为 κ 的片段？是的，这些正是 正则基数。ZFC 中选择公理 的一个推论就是，每个无穷后继基数 κ^+ 都是正则的。

$\aleph$-不动点基数

在第三章中，我们讨论了无穷基数

$$\aleph_0 < \aleph_1 < \aleph_2 < \cdots < \aleph_\omega < \aleph_{\omega+1} < \cdots < \aleph_\alpha < \cdots$$

考虑基数 $\aleph_\omega$，它是 $\aleph_n$ 的上确界，其中 n 是有穷的。这个基数不是正则的，因为它是 $\aleph_n$，$n \in \omega$，这些基数的上确界；也就是说，与 ω 不同，它是一个奇异基数，是一个由较小基数组成的较短序列的上确界，意思是说这个序列的长度小于 $\aleph_\omega$，序列中每个基数也小于 $\aleph_\omega$。从这个意义上说，$\aleph_\omega$ 是小的且可达的；人们可以沿着 $\aleph_n$ 构成的梯子从下面爬到 $\aleph_\omega$。相比之下，正则基数 κ 永远不是任何少于 κ 个比 κ 小的基数的上确界。

在 $\aleph_\omega$ 之后，我们可以形成基数 $\aleph_{\omega+1}$，以此类推，对于每个序数 α 形成基数 $\aleph_\alpha$。基数 $\aleph_\alpha$ 是第 α 个无穷基数。人们通常会期望 $\alpha < \aleph_\alpha$，这在一开始肯定是成立的，$1 < \aleph_1$，$\omega < \aleph_\omega$ 以及 $\omega^2 + 5 < \aleph_{\omega^2+5}$。但是否存在一个序数 λ 使得 $\lambda = \aleph_\lambda$？这是一个 $\aleph$-不动点基数——一个基数 λ，有 λ 多个基数在它之下。因此，基数 λ 将是第 λ 个基数。由此可知，这样的 λ 必须非常大——实际上，比每个 $\alpha < \lambda$ 的 $\aleph_\alpha$ 都大。这种情况可能发生吗？

是的，可以。让我们试着找到第一个 $\aleph$-不动点基数。从基数 $\aleph_0$ 开始，它等于序数 ω，即最小的无穷大。接下来，数出 ω 这么多个无穷基数，到达基数 $\aleph_\omega$，一个大得多的基数。然后再额外数出如此这么多个基数，到达 $\aleph_{\aleph_\omega}$。现在数出如此这么多基数，以此类推。无穷重复这个过程，令 λ 是所有被数出的基数的上确界：

$$\omega \quad \aleph_\omega \quad \aleph_{\aleph_\omega} \quad \aleph_{\aleph_{\aleph_\omega}} \quad \cdots$$

由于构造的性质，如果 $\alpha < \lambda$，那么 α 将小于该列表上的某个基数，因此我们将在列表中的下一个基数上数出 α 个基数。因此，对于每个 $\alpha < \lambda$，都有至少 α 个基数低于 λ。因此，λ 必须是第 λ 个基数，因此 $\aleph_\lambda = \lambda$，一个 $\aleph$-不动点，如所期望的。

不可达基数和超不可达基数

到目前为止，我们已经观察到可数无穷 $\aleph_0$ 是正则的，也是强极限基数。我们能否找到同时具有这两个性质的不可数基数？这些基数，即不可数正则强极限基数，正是 不可达基数。从某种意义上说，不可达基数 κ 与小于 κ 的基数的关系就像 $\aleph_0$ 与有穷基数的关系一样。每个不可达基数都必须是 $\aleph$-不动点，因为如果 κ 是不可达的，那么它就是极限基数，因此对于某个极限序数 λ 是 $\aleph_\lambda$；但由于 $\aleph_\lambda$ 是由较小的 $\aleph_\alpha$ 所组成的（长度为）λ 序列之上确界，因此根据正则性，λ 必须等于 κ。因此 $\kappa = \aleph_\kappa$ 是 $\aleph$-不动点。

让我们爬到大基数层谱中的更高处。一个本身是一系列不可达基数极限的不可达基数称为 1- 不可达；这样一个基数 κ 是第 κ 个不可达基数；它是不可达基数枚举中的不动点，超越了单纯的不可达性。而类似地，再超越 这个概念，2-不可达基数是 1-不可达基数的不可达极限；更一般地，α-不可达基数是对每个 $\beta < \alpha$ 的 β-不可达基数的极限。超越整个层谱，当 κ 是 κ-不可达时，基数 κ 就是 超不可达 的。再爬高一点，当一个基数是超不可达基数的极限时，它就是 1-超不可达；当它是每个 $\beta < \alpha$ 的 β-超不可达基数的极限时，它就是 α-超不可达。那么这个层谱中的不动点是什么呢？你猜对了——超超不可达基数是那些同时是 κ-超不可达的不可达基数 κ。Erin Carmody（2017）描述了超不可达性的众多推广，包括 丰富不可达基数, 彻底不可达基数等。

我们已经描述了不可达基数和超不可达基数的层谱。但是是否存在不可达基数呢？答案非常有趣。假设 κ 是一个不可达基数，并考虑集合 V_κ，它是在层阶 κ 之前的层垒宇宙的秩-初段。事实证明，这是一个非常丰富的集合族。可以将其本身视为一个微型的集合论宇宙。确实，如果 κ 是一个不可达基数，那么如果将其视为集合论模型，则所有 ZFC 公理在 V_κ 中都成立。要理解这一点，首先要注意外延性和基础公理在任何传递集合中都成立；对于任何极限序数 λ，对集公理、并集公理和幂集公理在 V_λ 中都成立；只要 $\lambda > \omega$，无穷公理在 V_λ 中成立；分离公理在每个 V_α 中都成立，因为 V_α 中集合的任何子集也在 V_α 中。事实上，V_α 是二阶分离公理的模型。选择公理在每个 V_λ 中都成立，前提是它在宇宙 V 中成立，因为一个集合的选择函数的秩只是稍高于这个集合。最后，如果 κ 是不可达的，那么可以证明 V_κ 中的每个集合 x 的大小都小于 κ，因此根据 κ 的正则性，每个函数 $x \to V_\kappa$ 的秩都将被某个 V_α，$\alpha < \kappa$ 限制。因此，函数的图像将是 V_κ 的一个元素，因此我们在 V_κ 中实现了 ZFC，如所期望的。

策梅洛（Zermelo, 1930）将 κ 为不可达基数时的集合 V_κ，也就是层垒宇宙直到不可达基数的秩前段，描述为恰好是其二阶集合论 ZF_2 的模型，这是一个与戴德金分析对等的相对范畴性结果，因为它展示了二阶集合论在多大程度上决定了集合论宇宙。κ 不可达的集合论世界 V_κ，现在被称为策梅洛-格罗滕迪克宇宙；它们多年后被亚历山大·格罗滕迪克（Alexander Grothendieck）重新发现，并已成为范畴论的核心宇宙概念。宇宙公理是断言每个集合都是某个策梅洛-格罗滕迪克宇宙的元素；这等价于一个大基数公理，即不可达基数存在并且没有上界。

注意到如果 κ 是最小的不可达基数，那么 V_κ 是一个其中没有不可达基数的集合论模型。因此，不存在不可达基数与集合论的公理相对一致。换句话说，如果集合论的 ZFC 公理是一致的，那么我们不能从它们证明存在不可达基数。但我们不仅不能在 ZFC 中证明不可达基数的存在，我们甚至不能证明它们的存在是相对一致的。也就是说，我们不能证明 Con(ZFC)→Con(ZFC + ∃ 不可达基数)。原因是，正如我们所观察到的，不可达基数的存在蕴涵 ZFC 的一致性，因此如果 Con(ZFC) 蕴涵不可达基数的一致性，那么它将蕴涵自己的一致性，这与哥德尔的第二不完备性定理相矛盾，如果将它应用于理论 ZFC + Con(ZFC) 的话。因此，不可达基数的存在在一致性强度上超越了 ZFC。

这一观察例证了大基数层谱的一个主要特征——即层谱的每一层都完全超越了其下面的层阶。我们不能从较小的大基数的存在证明较大的大基数的存在；事实上，从较小的大基数，我们甚至不能证明较大的大基数与集合论公理的一致性。从一个不可达基数，我们不能证明第二个不可达基数的一致性。从 100 个不可达基数，我们不能证明还有多一个，因为如果 κ 是第 101 个不可达基数，那么 V_κ 将是集合论公理的模型，并恰好拥有 100 个不可达基数。

罗宾·索尔伯格（Robin Solberg）和我研究了不可达的范畴性现象，即不可达基数可以在各种意义上是范畴性的（Hamkins and Solberg，2020）。例如，一个不可达基数 κ 是一阶语句范畴性的，如果 V_κ 可以通过向 ZFC$_2$ 添加一个一阶语句来刻画，类似可定义一个二阶语句或一个理论的情形。例如，最小的不可达基数 κ 是唯一满足"不存在不可达基数"这一陈述的不可达基数。同样，第五个不可达基数认为，"恰好存在四个不可达基数"。由于范畴性是大基数最小实例的一个特征，因此非范畴性在这里是一个表示大的概念。同时，我们区分了各种范畴性概念，并与其他有趣的事实一起，证明了如果存在足够多的不可达基数，那么一阶语句范畴性的不可达基数中必然存在间隙。

大基数层谱的线性

　　集合论学家观察到，大基数层谱在一致性强度方面似乎大致上具有线序性质。给定两个大基数概念，我们通常可以证明其中一个的一致性蕴涵另一个的一致性。一些集合论学家赋予观察以深刻的意义。由于人们通常不期望数学公理以这种线序的方式排列，因此大基数假设如此这般的事实可能证明这一层谱是自然而然的，或许暗示公理是真的或一致的。在我看来，线性现象的意义在哲学上还没有得到充分的探讨。

　　对以上论证的一个明显反驳是，在许多情况下，大基数假设是通过加强已经存在的公理来形成的——我们将强紧基数概念加强为超紧基数，然后再加强为近巨基数，巨基数和超巨基数——因此，从这个意义上说，它们以线序方式逐渐加强并不奇怪；是我们令其如此的。但是，认为整个层谱都以这种方式生成则是错误的，而且这里存在真线序现象。不可达基数、弱紧基数、拉姆塞基数、可测基数和强紧基数按强度以线序排列的事实确实令人惊讶，尤其是在考虑这些概念的原初定义时，这些定义将可数无穷 $\aleph_0$ 的各个方面推广到了不可数无穷。为什么这些性质应该按一致性强度排成线序？

　　大基数层谱允许几种自然排序，包括直接蕴涵、一致性蕴涵和最小实例的大小，这些排序并不总是一致。例如，如果它们都存在，最小的超强基数总是比最小的强基数小，尽管前者的一致性强度更高。同样，最小的强紧基数在一致性强度上比最小的强基数更大或更小。由于这些例子，线序现象集中在一致性强度关系上。在此语境下，没有已知的对线序性的自然反例，但有一些悬而未决的情形可以作为反例的候选。例如，我们不知道超紧基数和两个强紧基数之间的一致性强

度关系。同时，使用哥德尔不动点引理，可以构造线序的人工反例，即
一致性强度不存在线序关系的两个陈述 φ 和 ψ，因此 Con(ZFC + φ) 和
Con(ZFC + ψ) 都不能可证地蕴涵另一个。然而，这些陈述不对应任何
自然的大基数假设。

　　对线序现象的另一个更微妙的反驳是，我们缺乏证明一致性强度
中非线序实例的一般方法。我们通常通过证明逆蕴涵来证明一致性蕴
涵的失败，但这种方法当然永远不可能建立非线序性。从这个意义上
说，所观察到的线序现象可能是确认偏误的一个例子：我们看不到非
线序的实例是因为我们没有观察非线序的工具。在这种情况下，我们
看不见它就不会有特别意义了。

大基数向下的推论

　　足够大的大基数的存在对低层谱的集合产生了一些令人惊讶的后
果。例如，如果存在可测基数，那么所有 Σ^1_2 可定义的实数集都是勒贝
格可测的，如果存在一个武丁基数的真类，那么所有投影可定义的实
数集都是勒贝格可测的，并具有拜尔性质。这在巨大无穷的存在性与
可定义实数集和实函数的饱受欢迎的正则性之间建立起令人惊讶的联
系。

　　为什么这些巨大无穷的存在会对层垒谱系中相对较低的实数集产
生如此有吸引力的正则性推论？基于推论的丰富性，一些集合论学家
认为这些正则性推论是大基数公理为真的证据。大基数理论似乎为数
学提供了一个丰富而融贯的统一基础。

第十节 连续统假设

让我们更详细讨论一下连续统假设，我们在第三章中介绍并讨论了它。康托从一开始就注意到，几乎所有自然出现的实数集要么是可数的，要么与 $\mathbb{R}$ 等势。整数集、有理数集和代数数集都是可数的。超越数集、康托集和许多其他自然定义的实数集的大小都是连续统。康托从来没有发现过大小介于整数集 $\mathbb{Z}$ 和实数集 $\mathbb{R}$ 之间的实数集 $A \subset \mathbb{R}$；因此他提出了以下问题：

问题 23（康托） 是否每个实数集 $A \subset \mathbb{R}$ 要么可数，要么与 $\mathbb{R}$ 等数？

连续统假设，正如我们在第三章第九节中提到的，断言每个实数集 $A \subset \mathbb{R}$ 要么是可数的，要么具有连续统的大小；换句话说，它断言在整数集 $\mathbb{Z}$ 和实数集 $\mathbb{R}$ 之间没有无穷大。康托在他的余生中一直努力解决连续统假设。希尔伯特在 20 世纪到来之际发表了一个鼓舞人心的演讲，提出一些将在新世纪指引数学的数学问题，而希尔伯特问题表上的第一个问题就是康托的连续统假设。然而，之后的几十年里，这个问题始终悬而未决。

1938 年，库尔特·哥德尔构建了一个人工的数学宇宙，称为 可构成宇宙L，并证明了所有 ZFC 公理（包括选择公理）以及连续统假设在 L 中成立。因此，连续统假设与 ZFC 是一致的。换句话说，如果 ZFC 是无矛盾的，那么我们就不能否证连续统假设。可构成宇宙非常巧妙，如果把所有序数放进去的话，它只包含在集合论公理的基础上绝对必须存在的最少的集合。同时，保罗·科恩在 1962 年给出了一个互补的答案。科恩构建了另一类人工数学宇宙，为此他发明了 力迫法，在这个宇宙中，所有集合论公理都成立，但连续统假设却不成立。换句话说，连续统假设为假与集合论公理一致。结论就是，如果集合论的 ZFC 公理是一致的，那么我们不能基于这些公理来解决连续统假设问题。我们不能证明它，因为它在科恩的宇宙中不成立。我们不能否证它，因为它在哥德尔的宇宙中成立。因此，连续统假设是 独立于集合论公理的——既不能证明也不能反驳。科恩不仅提供了连续统假设不成立的宇宙，还提供了一个非常强大的工具：构建模型的力迫法。

随处可见的独立性现象

在我看来，集合论基本原理的无处不在的独立性是 20 世纪后期集合论研究的核心发现。连续统假设的解决只是数百（甚至数千）个此类独立性结果中的第一个。力迫法允许我们构造任何给定集合论宇宙的不同扩张。借助力迫，我们构建展示特定真理或与集合论的其他模型具有特定关系的集合论模型。借助力迫，我们发现集合论的可能性是一片混沌。完整的集合论彻底探索在各种集合论模型中实现的各种陈述的组合，也研究支持这种探索的方法。你希望集合论原理 CH + ¬◇ 为真吗？你想要对任意 n 都有 $2^{\aleph_n} = \aleph_{n+2}$ 吗？苏斯林树？你愿意将界定数与控制数分开吗？你想有一个不可摧毁的强紧基数吗？你希望它也是最小的可测基数吗？我们根据需要构建集合论模型。普遍存在的独立性现象，很大程度上，甚至是彻底地超出了 20 世纪早期专家们的预料，现在无处不在并且对我们理解这个学科来说是根本性的。

第十一节 单宇宙观

好吧，我们既不能证明也不能否证连续统假设；它是独立于 ZFC 公理的。但即使如此，数学家们还是想知道：它是真的还是假的？尽管这个问题乍一看十分单纯，但对它的合理解释直接导致了极其困难的哲学问题。主要的麻烦在于，我们实际上并没有一个充分的说法，来解释绝对地说一个数学陈述是"真的"是什么意思。对于一个给定的结构，我们可以表达这个结构中的真，但当涉及集合论真理时，我们指的是哪个结构呢？

许多集合论学家认为有一个确定的集合论实在——一个包含所有真实集合的决定论的集合论世界，在其中所有 ZFC 公理都为真，甚至还有更多。这种观点是实在论的——集合论对象是真实的存在——同时也是一元论的，断定这个集合论实在是唯一的。根据这种观点，每个集合论断言都有一个确定的真值，无论它是否可以在当前公理的基础上证明。集合论的单宇宙论者描述了集合论宇宙通过层垒谱系展开的方式。在每个序数 α 层阶，我们在 V_α 中收集了在该层之前累积的所有集合。下一个层阶 $V_{\alpha+1}$ 包括 V_α 的所有子集。我们包括哪些子集？所有子集。而层谱会经历哪些序数层阶 α 呢？所有序数。单宇宙观的一个核心承诺是，确实存在"所有子集"和"所有序数"的绝对概念，这些概念的意义独立于并且先于集合论的任何特定公理化。这些绝对概念是公理化试图捕捉的东西。根据单宇宙观，独立性现象被解释为由我们公理的薄弱造成。像连续统假设这样的陈述独立于 ZFC 公理，仅仅是因为我们最初在制定公理时不够精细，未能采用一种可以解决它的理论。摆在我们面前的任务是寻找那些能够解决这些问题的基本原理。

集合论宇宙的范畴性和刚性

让我简要地论证一下集合论宇宙 V 是刚性的——也就是说，集合论宇宙，如果被视为一个数学结构 $V, \in$，不容许到自身的非平凡同构。要做到这一点，假设 π 是这样的一个同构，一个类双射 $\pi : V \to V$，满足 $x \in y \leftrightarrow \pi(x) \in \pi(y)$。我宣称，借助 $\in$ 归纳，可以推出对每个集合 x，$\pi(x) = x$。也就是说，如果这对所有元素 $x \in a$ 都成立，那么由于 $x \in a$ 蕴涵 $x = \pi(x) \in \pi(a)$，我们立即看到 $a \subseteq \pi(a)$；反过来，如果 $y \in \pi(a)$，那么对于某个 x，$y = \pi(x)$，因为 $\pi(x) \in \pi(a)$，那必有 $x \in a$；所以 $x = \pi(x) = y$，因此 $y \in a$。因此，对于每个集合 a，$\pi(a) = a$，正如所期望的。

一个本质上相同的论证表明，每个传递集都是刚性的，一个集合 A 是 传递的，如果它包含其元素的所有遗传元素；换句话说，如果 $b \in a \in A \Rightarrow b \in A$，这显示了为何此属性被称为"传递的"。例如，层垒谱系的秩-初段 V_α 是传递集，并且每个集合都有一个传递闭包，它是包含它的最小的传递集。特别地，每个秩-初段 V_α 都是刚性的。

刚性可以被视为一种准范畴性现象。毕竟，从抽象结构主义的角度来看，如果集合论宇宙 V 是刚性的，那么集合论宇宙中的每个集合都扮演着独特的结构角色。从这个意义上说，作为对集合的内在主张，集合论证明了自己的准范畴性。每个传递集在集合论宇宙中扮演着完全属于自己的结构角色，而没有其他集合扮演着同样的角色。策梅洛（Zermelo, 1930）基于本质上类似的想法，证明了集合论的拟范畴性结果。

定理 24（策梅洛拟范畴性定理） 对任何两个二阶集合论 ZFC_2 的模型，要么它们是同构的，要么一个同构于另一个的秩-初段。更具

287

体地说，ZFC_2 的模型恰好是与秩-初段 $V_\kappa, \in$ 同构的模型，其中 κ 是一个不可达基数。

证明 定理第一句话宣称的线序是第二句话中不可达性刻画的推论。二阶集合论 ZFC_2 的每个模型都是良基的，因为二阶的基础公理等价于真实的良基性。根据莫斯托夫斯基坍塌，这意味着该模型同构于一个传递集 $M, \in$。根据二阶分离和幂集公理，这意味着 M 对真实的幂集封闭，因此对于某个序数 κ，$M = V_\kappa$。根据二阶替换公理，这意味着 κ 必须是正则的。根据无穷公理，这意味着 $\kappa > \omega$。根据幂集公理，这意味着 κ 是强极限基数。因此，κ 是一个不可达基数。反过来，如果 κ 是不可达的，那么可以通过验证每个公理来轻松证明 $V_\kappa \models ZFC_2$。 □

正如我前面提到的，那些 κ 为不可达的模型 V_κ 后来被格罗滕迪克重新发现，现在被称为 策梅洛-格罗滕迪克宇宙。

唐纳德·马丁（Martin, 2001）基于策梅洛在拟范畴性定理中的类似理由论证说，最终至多只有一个集合的概念：任何两个集合的概念都可以通过它们各自的层垒谱系逐层进行比较，而我们构造的第一个 V_α 到第二个 $\bar{V}_\alpha$ 的同构可以扩展到下一层阶 $V_{\alpha+1}$，因为它们中的每一个都包含 所有集合，最终可以扩展为各自完整的宇宙。

格奥尔格·克雷塞尔（Georg Kreisel, 1967）认为，因为集合论宇宙在二阶逻辑中被 ZFC_2 充分确定，所以这意味着连续统假设有一个确定的真值。也就是说，由于连续统假设的真值已经在 $V_{\omega+2}$ 中被揭示出来，因此它在所有 ZFC_2 模型 V_κ 中都是成立的。从这个意义上说，连续统假设在二阶集合论中有一个确定的答案，即使我们不知道答案是哪一个。这个论点最近得到了丹尼尔·艾萨克森（Daniel Isaacson, 2011）的详细论证，他分析了确定的数学结构的本质，认为根据范畴性结果，

288

集合论宇宙本身就是一个确定的数学结构。

批评者认为这是障眼法，因为二阶逻辑等同于元理论中的集合论本身。也就是说，如果二阶逻辑的解释被视为本质上是集合论的，没有比集合论更高的关于绝对意义或解释的断言，那么固定二阶逻辑的解释恰好是固定一个特定的集合论背景来解释二阶断言。说连续统假设被二阶集合论决定，就是说，无论我们有什么样的集合论背景，它要么断言连续统假设，要么断言其否定。我发现这就像说一个人的死亡的准确时间和地点是完全确定的，因为无论未来发生什么，实际死亡都会发生在特定的时间和地点。但这难道是对未来是"确定的"这一点的令人满意的证明吗？不，因为我们即使承认最终会发生一些特定的事情，也可能认为未来是不确定的。同样，即使任何彻底的规范最终都会包括连续统假设或其否定，有关元理论的恰当集合论承诺也是可以开放讨论的。由于对二阶逻辑进行解释的不同集合论选择会导致连续统假设的不同结果，因此这个原理在此意义上是不确定的。

另有哲学家认为二阶集合论有一种绝对性，它赋予连续统假设相应的确定性以意义。巴顿和沃什（Button and Walsh, 2016, 2018）对比了人们对这种及类似范畴性结果可能持有的不同态度，例如 代数态度，以模型论方式看待对象理论，拥有不同模型的丰富类；推进到更强逻辑态度，它假设 N 的确定性并推出逻辑的确定性；以及 从完整逻辑开始态度，它按字面意思理解二阶范畴性结果。

第十二节 新公理的标准

我们根据什么标准来采用新的集合论公理？只采用表达了与我们先前关于这个学科的概念具有根本内在一致性的那些原则的公理吗？

或者，一个数学理论的成果丰富性可以作为该理论为真的证据吗？我们希望我们的数学基础是强的还是弱的？

集合论单宇宙论者经常把大基数的那些统一的推论作为这些公理是朝着终极理论正确方向前进的证据。这是后果主义的主张，根据一个数学理论的推论和解释力来为它辩护。一些集合论家提出，我们应该用科学的标准来对待大基数公理。这些理论对未来的数学发现作出了可检验的预言，而它们能通过这些检测的事实则是支持其真理性的证据。重叠共识现象[1]，即集合论各种不相容的扩张有时具有共同的强推论，可以被视为这种情况的一个例子，它为这些共同推论的真理性提供了支持。另有一些集合论学家，诉诸大基数公理所展现出的那种优雅的统合性。归根结底，有鉴于独立性现象，新公理的辩护基础不可能完全由证明构成，因为新的真理独立于先前的公理；从这个意义上说，我们必须寻找公理的非数学（或至少是非演绎）的辩护。

内在辩护

集合论学家普遍认为集合论的主要公理拥有内在辩护，这是就其符合集合这个概念而言的。这些公理表达了关于集合的直观上清晰的原理，特别是关于集合的层垒的谱系概念。从这个意义上说，策梅洛公理和策梅洛-弗兰克尔公理通常被认为表达了我们以集合概念所意指的根本真理。类似地，许多集合论学家认为，ZFC 的一些到大基数层谱的扩张，也拥有内在的辩护。人们觉得有内在的根据去接受不可达基数、超不可达基数和马洛基数的存在，有时甚至还有更多。

1　Overlapping concesus，罗尔斯《正义论》中的术语。参见 Rawls, John (1999), A Theory of Justice (rev. ed.), Cambridge, Massachusetts: Belknap Press of Harvard University Press, p. 340。——译者注

外在辩护

库尔特·哥德尔希望寻找新的基本原理来解决那些未解问题，他解释了，我们如何可能在新公理缺乏内在必然性的情况下，仅仅根据其统一的解释力而采纳它们：

> 进一步说，即使不考虑新公理的内在必然性，甚至它完全没有内在必然性，仍旧可能通过另一种方法来决定它的真假，即，归纳地研究新公理的"功效"，也就是其推论的丰富性，尤其是那些可"验证"的推论，亦即，这些推论不用新公理也可以证明，但在新公理的协助下，它们的证明变得简单得多，更容易被发现，并且能把许多不同的证明浓缩成一个。实数系的公理(尽管被直觉主义者所摈弃)在一定程度上得到了这种意义下的验证，因为解析数论常常被用来证明数论里的定理，之后，这些定理也可用初等方法来验证。可以想象，还有更高层次上的验证。可能存在一类公理，它们有如此众多可验证的推论，能使整个学科变得如此明晰，并且产生如此强有力的解决问题的方法(甚至构造性地解决问题，只要有可能)，那么无论它们是否具有内在必然性，我们都不得不至少像对已经确立的物理理论那样假设它们。（Gödel, 1947, p. 521）

有鉴于它们对实数集有很强的正则性推论，大基数假设在许多方面实现了这一愿景。大基数公理解释了为什么可定义实数集表现得如此良好。然而，哥德尔具体希望大基数能够解决连续统假设的希望被证明是错的。运用力迫，在相继的力迫扩张中我们可以肯定也可以否定连续统假设，而列维-索洛维定理表明，我们可以在保留所有已知大基数的同时做到这一点。因此，那些大基数公理没有决定连续统假设问题。

290

集合论的很大一部分旨在研究大基数和力迫之间的精确相互作用。例如，理查·拉维尔（Richard Laver）确定了某些大基数的 不可摧毁现象，即它们在特定的大类的力迫中被保持。亚瑟·阿普特（Arthur Apter）和我（Hamkins，1999）通过构造具有多个大基数的集合论模型确认了 普遍不可摧毁现象，所有这些大基数都是不可摧毁的。

同时，我们已经提到了大基数对可定义实数集的惊人的正则性推论，可以被视为哥德尔心目中那些现象的一个正面实例。在一个又一个的情形中，我们都有大基数非常受欢迎的推论，这些推论解释和统一了我们对实数层面上所发生的事情的理解。佩内洛普·麦蒂（Maddy，2011）解释了它是如何工作的：

> 我们在这里学到的是集合是什么，从最根本上说，就是这些地形的标记，它们是什么，最根本上说，是对某种数学成果丰富性的最大的有效追踪器。由这个关于集合是什么的事实，可以推出它们能用集合论方法来了解，因为正如我们所看到的，集合论方法都是旨在追踪有效数学的特定实例。例如，这里的关键不是说"存在一个可测基数"真正意味"可测基数的存在以 x、y、z 的方式在数学上是成果丰富的（这种有利条件不被伴随的不利条件所抵消）"；而是说，可测基数以 x、y、z 的方式是数学上成果丰富的（这种有利条件不被伴随的不利条件所抵消）这一事实是它们存在的证据。为什么？因为集合是什么：数学深度的容器。它们在逻辑可能性的杂乱无章的网络中划定了数学的丰富脉络。（Maddy，2011，p.82-83）

强公理的外在富有成果的推论成为它们真理性的证据。大基数公理使我们能够为实数的投影可定义集发展出强的统一理论。

公理是什么？

采用或者只是考虑一个公理意味着什么？自 20 世纪后半叶以来，公理在集合论中的使用发生了意义上的转变。以前，在数学发展或基础理论中，公理是一个自明的真理——一个根本的、坚如磐石的真理，完全毋庸置疑。在几何学中，欧几里得的公理表达了最基本的几何真理，许多其他真理都由此而推出。在算术中，戴德金的公理表达了我们对带有后继运算的自然数之本质的核心信念。在集合论中，策梅洛公理旨在表达关于集合概念之本质的基本真理。

然而，当代集合论充斥着各种各样的公理，常常相互矛盾。我们有马丁公理、可构成性公理、决定性公理、菱形公理◇、方块原理□$_\kappa$、大基数公理、地基公理等。康托将他的原理称为连续统假设，但如果今天命名，它将成为连续统公理。集合论中的"公理"一词已经演变成指一个表达简洁基本原理的陈述，其推论有待研究。也许公理是真的，也许不是，但我们想研究它，以找出它何时成立，何时不能成立，它的推论是什么，等等。

费弗曼（Feferman，1999）对这种新用法感到绝望：

> 公理的意义在实践中被数学家和逻辑学家从理想含义延伸到多么广是令人惊讶的。有些人甚至把它理解为一个任意假设，从而拒绝认真考虑公理本应服务的目的。(p.100)

然而，依我看来，这种新用法直接源于几何学的情况，在几何学中，欧几里得公理具有自明真理的地位，直到非欧几何的发现诱使我们提出了其他不相容的公理化。因此，我们发现自己在考虑各种互不兼容的，但被简明表述的，几何陈述，它们提炼出了几何的分歧点。我们不再认为有一种绝对的几何真理，我们可以作出其自明性的断言。相反，我

291

们发现了各种各样的几何学，它们的不同本质可以用几何断言简洁地表达出来。这就是公理的当代用法。由于普遍存在的独立性现象，集合论充斥着这些独立的、简洁表述的集合论分歧点，因此集合论中有许多不兼容的公理。

与此同时，"公理"一词也被普遍以另一种相关的方式被使用，同样不是在自明真理的意义上，而是作为定义讨论所属之数学领域的工具。例如，人们会谈到群论公理，或域公理，或度量空间公理，或向量空间公理。这些公理用于定义什么是群、域、度量空间或向量空间。许多数学学科围绕着这种特定的数学结构展开，这些结构可用被称为公理的性质列表来定义，在这些情形中，公理本质上用作定义，而不是用作表达基本真理。归根结底，这种用法与上述简洁-基本原理用法没有太大区别，因为可以将用于以上意义的公理也理解为定义了一个数学领域。例如，可构成性公理实际上定义了将要研究的集合论宇宙的类型，马丁公理和地基公理也类似。

费弗曼区分了奠基性公理和定义性公理，他认为不可能有纯粹的定义性的数学基础。我们不能只有定义这一领域的公理；它们还必须告诉我们其中有什么。

第十三节 数学需要新公理吗？

因此，我们面临着一个广阔的集合论可能性的谱系。而且将永远如此，因为不完全性理表明，我们永远无法为集合论真理提供一个完全描述；我们所有的集合论理论都必然是不完全的。我们还是要寻找新公理，寻找新的集合论真原则，以扩展我们当前的理论吗？从某种意义上说，这就是集合论学家们用大基数层谱一直在做的事情。

绝对不可判定的问题

库尔特·哥德尔用不完全性现象来证明，如果人类数学推理从根本上说是机械的，那么就必然存在绝对不可判定的问题——我们原则上无法解决的问题。

> 因为如果人类心灵等同于一部有穷的机器，那么客观数学不仅不能包含于任何良定义的公理系统中并在这个意义上是不可完的，而且更进一步，还会存在以上所描述的绝对不可解的丢番图问题，其中"绝对"这个修饰语意味着它们不只是在某个特定的公理系统中，而是在任何人类可以理解的数学证明中都不可判定。因此，以下析取式结论就不可避免：或者数学在如下意义上是不完全的：它那些显然的公理永远不能包含于一个有穷的规则中，也就是说人类心灵（即使在纯数学领域内）无穷地超出了任何有穷机器的能力，或者存在着绝对不可解的此类丢番图问题。(Gödel, 1995[*1951]，强调为原文所加)

彼得·考尔那（Peter Koellner）详细讨论了集合论中是否可能有这种绝对不可判定问题，即在任何合理的公理化中仍然独立的问题：

> 在 ZFC 之上存在着数量惊人的结构和体系，而由现代集合论中的结果网络为新公理提供了强有力的理由，这些公理解决了 ZFC 无法判定的许多问题。我认为，大多数作为绝对不可判定性之实例而被提出的候选者已经被解决了，针对某一给定的语句是绝对不可判定的这点，目前还没有一个好的论证。(Koellner，2010，p.190)

考尔那对于我们有能力找到辩护理由持乐观态度，这些辩护可能会引导我们走向真正的集合论。在考虑了众多已有实例后，他得出结论说：

> 目前还没有坚实的论证表明某一给定陈述是绝对不可判定的。我们甚至没有关于此类论证如何展开的清晰方案。(Koellner，2010，p.219)

他认为，对我们可能感兴趣的自然的数学断言来说，目前最好的理论（ZFC 加大基数）实际上已足够完备，似乎不存在绝对不可判定的数学问题。

293　强基础与弱基础

在基础争论的核心处，有一个主要的未解问题——我认为，这个问题理应得到比哲学家们已经给予的更多关注——那就是拥有强公理化基础的数学更好还是拥有弱公理化基础更好。在关于集合论作为数学基础的讨论中，一些数学家强调，替换公理对于普通数学来说是不必要的，而 ZFC 比所需要的强得多。因此一些较弱的基础系统被提出并被捍卫，例如仅相当于策梅洛集合论或其微调版的系统，它们加了有界替换公理，但仍弱于 ZFC 或大基数假设。事实上，在第七章第八节中，我们看到了反推数学如何揭示出二阶算术中非常弱的公理系统就足以满足大多数核心数学。人们是否希望自己的基础理论尽可能弱？许多数学家似乎是这样认为的。

与此同时，约翰·斯蒂尔（John Steel）认为，最终将是最强的基础胜出，而不是最弱的基础。

> 唯一重要的是我们的公理是真的，并且尽可能地强大。让我扩张对强度的要求，因为这是寻找新公理的一个基本动机。一

个熟悉而又引人注目的事实是，所有数学语言都可以翻译成集合论语言，所有"普通"数学定理都可以用 ZFC 来证明。在扩张 ZFC 时，我们试图加强这个基础。强当然比弱更好！Maddy 教授将"越强越好"的经验法则称为最大化，并在她最近的书中对其进行了详细讨论（Maddy, 1997）。我认为，我们在这里试图最大化的是集合论的解释力。从这个角度来看，相信存在可测基数就是试图在 ZFC+"存在可测基数"的扩张中自然解释所有集合的数学理论，只要它们有自然的解释。最大化解释力蕴涵最大化的形式一致性强度，但反之则不然，因为我们希望解释能够保持意义。（斯蒂尔，见 Feferman et al.[2000，p.423]）

从他的观点来看，我们应该寻求那些能够丰富我们的数学知识，提供持久深入洞察力的基本原理。目前，按照最好的测量标准，大基数公理是数学中已知最强的原理，这些标准不仅包括直接的推论，还包括一致性强度，以及这些公理为实数集确定了一个丰富的、在任何竞争的基础系统中都没有预见到的结构理论。最终，斯蒂尔论证道，这些推论将是大基数集合论基础将持续存在的原因。任何成功的数学基础最终都必须容纳大基数假设及其推论。

例如，存在足够大的大基数蕴涵着内模型 $L(\mathbb{R})$ 中的决定性公理，它本身蕴涵投影可定义实数集的众多正则性质：它们是可测的；它们满足拜尔性质；它们遵从连续统假设。这是对康托为解决连续统假设而采用的最初策略的一种受欢迎的延续，因为他从闭集着手，处于投影层谱的最底部。目前进行的工作正在以 H_{ω_2} 代替实数，但有许多复杂的问题。不幸的是，得到一个具有吸引力的、达到 $\aleph_2$ 的理论似乎意味着要破坏一部分已有的有吸引力的关于实数集的理论，从而倾向于

294

削弱之前关于成果丰富性的论证。随着我们向上攀登，已得到辩护的理论会稳定下来吗？为了获得更高处的诱人果实，我们似乎必须踩坏最初吸引我们的低处的美味。

谢拉赫

相反，沙龙·谢拉赫则对我们找到令人信服的新基本原则的想法感到绝望：

> 有些人相信，可以找到或已经找到了令人信服的、额外的集合论公理来解决真正有兴趣的问题。与希望争论很难，并且考虑尚未提出的论证也很有问题。然而，我不同意以下的纯柏拉图主义立场：集合论中有趣的问题是可判定的，我们只需去发现额外的公理。我心目中的图景是：我们有许多可能的集合论，都符合 ZFC。我认为"一个 ZFC 宇宙"不像"太阳"，它更像是"一个人"或"一个具有固定国籍的人"。（Shelah, 2003, p.211）

他断言：

> 我感觉 ZFC 穷尽了我们除一致性陈述之外的所有直观，所以证明意味着 ZFC 中的证明。（Shelah, 1993）

费弗曼

与此同时，费弗曼认为数学不需要新的公理：

> 我相信，连续统假设是一个本质上模糊的问题，没有任何新的公理能够以令人信服的确定方式解决它。而且，我认为目前

被用来为集合论和更一般数学辩护的柏拉图式的数学哲学是完全不令人满意的，必须寻求另外的基于主体间性的人类概念的哲学来解释数学明显的客观性。最后，我没有看到证据说实践中有需要新公理来解决算术和有限组合的未解问题。解决费马问题的例子表明，我们只需要用已有的基本公理更努力地工作。然而，如果已经接受了一组给定的原理，尝试解释什么样的新公理应该被接受就对逻辑学家有相当大的理论兴趣，这非常类似于哥德尔认为一旦策梅罗-弗兰克尔公理被接受，不可达公理和马洛基数公理就也应该被接受。事实上，这是我用不同的方式工作了三十多年的事情；在过去的一年里，我认为得到了这个想法最令人满意的一般表述，我称之为一个模式形式系统的展开。(Feferman，1999)

费弗曼的论文还有后续，在 2000 年 ASL[1]年会上费弗曼、弗里德曼、麦蒂和斯蒂尔举行了小组讨论，见 Feferman et al.（2000）。

第十四节　多宇宙观

集合论多元主义或多宇宙观，是当前集合论哲学中的一个热议话题。根据集合论多元主义，存在着各式各样的集合概念，每一种都产生了自己的集合论世界。这些不同的集合论世界展示了不同的集合论和数学真理——集合论可能性的一次暴增。我们的目标是发现这些可能性以及各种集合论世界是如何相互联系的。从多宇宙的角度来看，普遍存在的独立性现象被视为不同和不相容的集合概念的证据。集合论模型的多样性是实际存在不同集合论世界的证据。

1　Association for Symbolic Logic，符号逻辑学会。——译者注

我将这种情况描述如下：

因此，集合论中研究的基本对象变成了集合论模型，集合论学家可以灵活地从一个模型转移到另一个模型。正如群论家研究群，环论家研究环，拓扑学家研究拓扑空间一样，集合论家研究集合论的模型。有可构造的宇宙 L 和它的力迫扩张 $L[G]$ 和非力迫扩张 $L[0^{\#}]$；有越来越复杂的可定义且容许大基数的内模型 $L[\mu]$，$L[\vec{E}]$，等等；有能容纳更大的大基数的模型 V 和相应的力迫扩张 $V[G]$，超幂模型 M，截断宇宙 L_{δ}，V_{α}，H_{κ}，宇宙 $L(\mathbb{R})$，HOD，脱殊超幂，布尔超幂，等等，等等。至于力迫扩张，有通过添加一个或多个科恩实数得到的，或者通过其他的 *c.c.c.* 或适当（或半适当的）力迫得到的，或者以上这些的长迭代，或者通过 Lévy 坍塌，或者通过 Laver 预备，或者通过自编码力迫得到的，等等，等等。集合论似乎发现了一整个的集合论宇宙的宇宙，揭示了这个领域的范畴论本质，其中的宇宙通过力迫关系或大基数嵌入在复杂的交换图中相连，就像星座填满了黑暗的夜空。(Hamkins, 2012, p.3)

数学基础领域目前的任务是研究这些可供不同选择的集合论世界是如何相互联系的。其中一些满足连续统假设，而另一些则不满足；一些具有不可达基数或超紧基数，而另一些则没有。因此，集合论多元主义是膨胀柏拉图主义的一个例子，因为根据多宇宙观，我们能想象到的所有不同的集合论或集合概念都在相应的多样化的集合论宇宙中实现。

连续统假设的梦想解

在发现连续统假设的独立性之后，集合论家一直渴望在内在的基础上解决它，方法是找到一个新的集合论原理——一个每个人都同意对我们预期的集合概念来说是有效的原理，并且我们可以从中证明或否证连续统假设。然而，我认为，由于我们对多样的集合论概念的丰富经验，再也无法期望可以找到这样的"梦想解"——一种发现新的基本集合论真理来解决连续统假设的方案。我的观点是不会有梦想解，因为我们在连续统假设具有相反真值的集合论世界中的经验，将直接削弱我们愿意将新公理视为基本集合论真理的意愿。

> 我们关于 CH 的处境不仅仅是 CH 是形式独立的，而且对其是真是假也没有更多的知识。相反，对于 CH 如何能够为真以及如何能够为假，我们却有着充分和深刻的理解。我们知道如何从一个世界构建出 CH 和 ¬CH 的世界。今天的集合论家是在这些世界中长大的，他们比较这些世界并在它们之间移动的同时控制它们的其他微妙特征。因此，如果有人提出一个新的集合论原理 Φ 并证明它意味着 ¬CH，那么我们就不会再将 Φ 视为对集合显然为真。这样做会否定我们在 CH 世界中的经验，而我们发现这些世界完全是集合论的。这就像有人提出一个原则，暗示只有布鲁克林真正存在，而我们已经知道曼哈顿和其他区的存在。(Hamkins, 2015)

根据多宇宙观，连续统假设问题由我们对它在多宇宙中*如何为真和为假的深入理解来解决。

> 因此，从多宇宙的角度来看，连续统假设是一个已经解决的问题；将 CH 描述为一个未解问题是不正确的。对 CH 的回答

296

> 包括集合论家对 CH 在多宇宙中保持和失败的程度、如何在组合中实现 CH 或其否定以及其他不同的集合论性质的广阔而详细的知识。当然，关于是否可以使用这个或那个假设实现 CH 或其否定，总会存在问题，但关键在于，关于 CH 最重要和最基本的事实已被深入理解，而这些事实构成了对 CH 问题的回答。(Hamkins, 2012)。

与几何类比

集合论的多元主义本质与几何学基础中已经形成的多元性非常类似。传统上，从欧几里得时代到 19 世纪末对几何的研究被理解为关于一个单一知识领域的——可以将其描述为那个真几何，许多人（包括康德）认为它是物理空间的几何。但随着非欧几何的兴起，几何的单一概念分裂成不同的、独立的几何概念。因此，我们有了球面几何、双曲几何和椭圆几何。询问平行公设是否为真不再有意义，就好像每个几何问题对于唯一的真正几何都有一个确定的答案一样。相反，人们会问它在这个几何还是那个几何中是否为真。类似地，在集合论中，询问连续统假设是否为真也没有意义。相反，人们会问它是在这个集合论宇宙中成立，还是在那个中成立。

多元主义是集合论怀疑论吗？

集合论多元主义者有时被描述为集合论怀疑论者，因为他们抵制单一宇宙观；例如，见 Koellner（2013）。但在我看来，这个标签被误用了，因为多宇宙立场对集合论实在论并没有特别或必然的怀疑。我们不会将一个有时在欧式几何中工作有时在非欧几何中工作的几何学家

297

440

描述为几何怀疑论者。这样的几何学家可能只是意识到有各种几何要考虑——每个都完全真实，每个都提供不同的几何概念。有些可能更有趣或更有用，但她并不必然否认任何它们中任何一个的真实性。同样，集合论多元主义者，认为存在各种不相容的集合概念，但并不必然怀疑集合论实在论。

多元柏拉图主义

我的经验是，几十年前，当集合论家将自己描述为"柏拉图主义者"时，通常意味着存在一个唯一的、终极的柏拉图式宇宙，集合论陈述将在这其中获得绝对真值。也就是说，集合论宇宙的单一性通常被认为是柏拉图主义的一部分。然而，今天，这种用法似乎已经放松了。我在（Hamkins，2012）中提出柏拉图主义应该关注数学和抽象对象的真实存在而不是唯一性问题。因此，从这一观点看，柏拉图主义与多宇宙观并不矛盾；事实上，根据多元柏拉图主义观点，存在丰富的真实数学结构，那些我们的理论所讨论的数学实在，包括所有各种不同的集合论宇宙。因此，人们可以是一个集合论柏拉图主义者，而无需承诺一个单一的绝对集合论真理，恰恰是因为存在许多集合概念，每个概念都有自己的集合论真理。这种用法实际上将单一宇宙主张与真实存在主张分离开来，而柏拉图主义只关注后者。

集合论中的理论/元理论相互作用

扮演数学的基础角色时，集合论为从事模型论——研究给定理论的所有模型——提供了一个舞台。模型论学家观察到，许多基本的模型论问题受到他们所考虑的集合论背景的影响。例如，给定理论和基数的饱和模型的存在，通常依赖于基数算术的集合论原理——在广义连续统假设下，饱和模型通常工作得更好。许多早期模型论的问题以此种方式被认为具有本质上集合论的特征。

集合论学家希望用模型论的方式来分析的理论之一是 ZFC 本身。我们试图从事 ZFC 的模型论，因此在这里有一个对象理论与元理论的相互作用。也就是说，把 ZFC 当作背景理论并同时工作于其中时，我们打算证明关于 ZFC 模型的定理。这两个版本的 ZFC 是否相同？这正是理论/元理论的区分，在集合论的情况下会令人困惑，因为在某种程度上我们在谈论的似乎是同一个理论。

298 　例如，集合论独立性结果是元理论性质的。我们在 ZFC 中证明，ZFC 这个理论，如果它一致，既不证明也不否证连续统假设。这一证明最终与模型论中的任何其他这样的证明一样：从任何给定的 ZFC（集合）模型，我们可以构造其他 ZFC 模型，其中一些模型中连续统假设成立，而在另一些模型中不成立。在一个很强的意义上说，那些建立起独立性现象的核心结果构成了一个可以称为 集合论模型论的学科。

多宇宙视角最终提供了我所认为的理论/元理论区分的扩张。这一区分不仅仅有两面，对象理论和元理论；相反，有一个巨大的元理论层谱。毕竟，每个集合论语境实际上都为该语境中存在的模型和理论提供了一个元理论背景——一个关于那里发现的模型和理论的模型论。例如，集合论的每个模型，使用那里存在的集合和谓词，都为二阶逻辑的提供了解释。然而，集合论的给定模型 M 本身可能是集合论更大模型 N 里面的模型，因此，对于居住在 M 内部的人来说，以前一直是绝对集合论背景的东西，从更大模型 N 的角度来看，只是集合论的可能模型之一。每个元理论背景在更高层次上都变成另一个模型。以这种方式，我们有理论、元理论、元元理论等，一个各种可能集合论背景的巨大层垒谱系。这种观点等同于否认麦蒂的元数学围栏概念中对唯一性的要求；当不同的元数学背景提供相互竞争的元数学结论，并且独立性现象延伸到元数学背景时，它似乎拓宽了我们对元数学问题的理解。

小结

集合论学家发现了大基数层谱——对较高无穷的惊人阐明。集合论学家还发现了普遍存在的独立性现象，即数学中的许多陈述既不可证明也不可反驳。这些技术发展导致了关于数学真理和数学存在之本质的哲学危机。结果就是，在集合论和集合论哲学中，正在进行关于我们如何克服这些问题的哲学辩论。集合论中单一论和多元主义观点之间的争论仍在进行中，这是集合论哲学中的核心争论。请加入我们，我发现这是一个引人入胜的讨论。

思考题

8.1　证明分离公理蕴涵不存在所有集合的集合。

8.2　在平面上画出康托-本迪克森秩为 $\omega + 1$ 的闭集，并描述康托-本迪克森过程如何进行。

8.3　证明策梅洛公理（即没有替换公理的一阶集合论）在 $V_{\omega+\omega}$ 中成立，$V_{\omega+\omega}$ 被视为具有 $\in$ 关系的集合论模型。因此，策梅洛集合论无法证明 $\aleph_\omega$ 的存在。

299

8.4　使用上一个练习题的结果，解释为什么 ZFC 证明了 Con（Z），策梅洛集合论的一致性？

8.5 假设广义连续统假设与 ZFC 相一致，证明只有可数个不同的无穷与策梅洛公理相一致。

8.6 如果 ω_1 是第一个不可数序数，证明 V_{ω_1} 满足所有策梅洛公理加上可数替换公理，即断言可数集上所有替换实例存在。奖励问题：证明 ZFC 的一致性强度严格超过策梅洛理论加上可数替换的强度，后者严格超过策梅洛理论（假设这些都是一致的）。

8.7 ZFC 是否证明所有属于自身的集合的类 $\{x \mid x \in x\}$ 是一个集合？

8.8 讨论弗雷格的基本定律 V、类外延性原理和类概括公理之间的差异和相互关系，其中类概括公理是：对适当的谓词 φ 断言 $\{x \mid \varphi(x)\}$ 是一个类。它们与普遍概括原理的关系如何？

8.9 找到基本定律 V 的一个具体的矛盾实例，假设 εF 是右侧全称量词 $\forall x$ 辖域内的 x。（提示：令 F 为概念 "x 不属于以 x 为外延的那个概念"，令 G 为概念 "x 属于以 r 为外延的那个概念"，其中 $r = \varepsilon F$。）

8.10 是什么原因让人希望数学基础理论尽可能弱？又是什么原因让人可能希望有一个非常强的基础理论？

8.11 举几个在数学中广泛使用的非直谓定义同时又伴随有等价直谓定义的例子。你认为非直谓定义不合法吗？

8.12 解释为什么我们不能在 ZFC 中证明相对一致性蕴涵式 Con（ZFC）→Con（ZFC + ∃ 不可达基数），除非 ZFC 不一致。（提示：我们可以证明，如果 κ 是不可达的，那么 V_κ 是 ZFC 的模型，因此 Con（ZFC）。现在针对理论 ZFC + Con（ZFC）考虑第二不完全性定理。）

8.13 证明可数集的可数并是可数的。众所周知，如果 ZF 是一致的，那么，没有选择公理，ZF 中无法证明这一结果。你在证明中到底在哪里使用了选择公理？

8.14 证明选择公理的选择函数版本与以下断言等价：对于每个非空的两两不交集合的集合 A，都有一个集合 x，使得对每个 $a \in A$，$x \cap a$ 只有一个元素。

8.15 初等模型论结果表明，如果存在 ZFC 的模型，那么就存在一个有许多非平凡自同态的模型 $M, \in^M$。你如何调和这一结果与第十一节中提出的刚性要求？（提示：比较对象理论中的"内部"刚性和模型的"外部"刚性。）

8.16 讨论欧几里得几何的公理是否可以被视为自明的。非欧几何的公理化呢？从某种意义上说，这些公理更像是定义而不是基本真理吗？

300

8.17 数学理论的完备性与其结构的刚性之间是有什么联系吗？

8.18 范畴性是数学结构的属性还是数学理论的属性？以什么方式说数学结构是范畴性的才有意义？

8.19 在他的"公理如此丰富"的引文（第 429 页）中强调"可验证的后果"，是否意味着哥德尔坚持认为新公理相对于以前的公理是保守的？如果是这样，那么这一立场会为拥护大基数公理的人提供多少支持？如果不是，那么后果将如何得到验证？

8.20 在几何学公理的背景下讨论内在和外在辩护的问题。人们是否出于内在理由而接受平行公设？

8.21 在算术的背景下讨论内在和外在辩护，例如算术的戴德金公理。这一问题如何应用于黎曼猜想这样一个一个具有众多推论的算术断言？它又如何应用于其他著名的算术问题，例如 abc 猜想、孪生质数猜想或 Collatz 猜想？其中一些猜想在数论中具有众多推论，而另一些则较少。

8.22 集合论多元主义是集合论实在论的一种怀疑主义形式吗？

扩展阅读

• Penelope Maddy（2017）：关于集合论的性质及其在数学基础中的作用的优秀文章，提供了一个精确的初等词汇表，非常有助于讨论基础所扮演的角色和人们为此可能拥有的目标。

• Thomas Jech（2003）：集合论的标准研究生水平导论；极为出色。

• Akihiro Kanamori（2004）：大基数的标准研究生水平的导论；它也同样很出色。

• Tim Button and Sean Walsh，载于 Button and Walsh（2016）：关于范畴性论证在数学哲学中的意义的一个综述。

• Joel David Hamkins（2012）：集合论中多宇宙观的介绍。

• Joel David Hamkins（2015）：我关于连续统假设的梦想解决方案不可行的论证。

• Solomon Feferman, Harvey M. Friedman, Penelope Maddy and John R. Steel（2000）：关于数学是否需要新公理的意见交换论文。

• Charles Parsons（2017）：介绍关于非直谓性争论的主要进展。

致谢与出处

　　策梅洛和康托在 19 世纪 90 年代末也独立发现了罗素悖论，他们曾写信给戴德金、希尔伯特等人。咖啡师类比出自芭芭拉·盖尔·蒙特罗。索洛维定理（证明存在一个模型，其中所有实数集都是勒贝格可测的）出现在 (Solovay，1970) 中。替换公理等价于超穷递归原理这一事实是由我根据杰里米·仁（Jeremy Rin）的一些想法证明的；没有选择公理的情况（更有趣）是由我和阿尔弗莱多·罗克-菲莱尔（Alfredo Roque-Feirer）证明的。没有选择公理，有理数域可以有多个非同构的代数闭包这一事实是由汉斯·劳切利（Hans Läuchli）证明的。

参考文献

Aaronson, Scott. 2006. Reasons to believe. Shtetl-Optimized, the blog of Scott Aaronson.

Apter, Arthur W., and Joel David Hamkins. 1999. Universal indestructibility. *Kobe Journal of Mathematics* 16 (2): 119–130.

Balaguer, Mark. 1998. *Platonism and Anti-Platonism in Mathematics*. Oxford University Press.

Balaguer, Mark. 2018. Fictionalism in the philosophy of mathematics, Fall 2018 edn. In *The Stanford Encyclopedia of Philosophy*, ed. Edward N. Zalta. Metaphysics Research Lab, Stanford University.

Ball, W. W. Rouse. 1905. *Mathematical Recreations and Essays*, 4th edn. Macmillan and Co. Available via The Project Gutenberg.

Beall, Jeffrey, and Greg Restall. 2000. Logical pluralism. *Australasian Journal of Philosophy* 78 (4): 475–493.

Beall, Jeffrey, and Greg Restall. 2006. *Logical Pluralism*. Oxford University Press.

Benacerraf, Paul. 1965. What numbers could not be. *The Philosophical Review* 74 (1): 47–73.

Benacerraf, Paul. 1973. Mathematical truth. *Journal of Philosophy* 70: 661–679.

Berkeley, George. 1734. *A Discourse Addressed to an Infidel Mathematician*. The Strand.

Bishop, Errett. 1977. Book Review: Elementary Calculus. *Bulletin of the American Mathematical Society* 83 (2): 205–208.

Blackwell, David, and Persi Diaconis. 1996. A non-measurable tail set, eds. T. S. Ferguson, L. S. Shapley, and J. B. MacQueen, Vol. 30 of *Lecture Notes–Monograph Series*, 1–5. Institute of Mathematical Statistics.

Blasjö, Viktor. 2013. Hyperbolic space for tourists. *Journal of Humanistic Mathematics* 3 (2): 88–95.

Borges, Jorge Luis. 1962. *Ficciones*. English translation. Grove Press. Originally published in 1944 by Sur Press. Borges, Jorge Luis. 2004. *A Universal History of Infamy*. Penguin Classics. Translated by Andrew Hurley. Originally published in 1935 by Editorial Tor as *Historia Universal de la Infamia*.

Burgess, John P. 2015. *Rigor and Structure*. Oxford University Press.

Button, Tim, and Sean Walsh. 2016. Structure and categoricity: Determinacy of reference and truth value in the philosophy of mathematics. *Philosophia Mathematica* 24 (3): 283–307.

Button, Tim, and Sean Walsh. 2018. *Philosophy and Model Theory*. Oxford University Press.

Buzzard, Kevin. 2019. Cauchy reals and Dedekind reals satisfy "the same mathematical theorems." MathOverflow question.

Camarasu, Teofil. What is the next number on the constructibility sequence? And what is the asymptotic growth? Mathematics Stack Exchange answer.

Cantor, Georg. 1874. Über eine Eigenschaft des Inbegriffs aller reelen algebraischen Zahlen. *Journal für die Reine und Angewandte Mathematik (Crelle's Journal)* 1874 (77): 258–262.

Cantor, Georg. 1878. Ein Beitrag zur Mannigfaltigkeitslehre. *Journal für die Reine und Angewandte Mathematik (Crelle's Journal)* 84: 242–258.

Carmody, Erin Kathryn. 2017. Killing them softly: Degrees of inaccessible and Mahlo cardinals. *Mathematical Logic Quarterly* 63 (3-4): 256–264.

Carroll, Lewis. 1894. *Sylvie and Bruno Concluded*. Macmillan and Co. Illustrated by Harry Furniss.

Cavasinni, Umberto. 2020. Dedekind defined continuity. Twitter post.

Cep, Casey. 2014. The allure of the map. *The New Yorker.*

Chao, Yuen Ren. 1919. A note on "continuous mathematical induction." *Bulletin of the American Mathematical Society* 26 (1): 17–18.

Cheng, Eugenia. 2004. Mathematics, morally. Text of talk given to the Cambridge University Society for the Philosophy of Mathematics.

Church, Alonzo. 1936a. A note on the Entscheidungsproblem. *Journal of Symbolic Logic* 1 (1): 40–41.

Church, Alonzo. 1936b. An unsolvable problem of elementary number theory. *American Journal of Mathematics* 58 (2): 345–363.

Clark, Pete. 2019. The instructor's guide to real induction. *Mathematics Magazine* 92: 136–150.

Clarke-Doane, Justin. 2017. What is the Benacerraf problem? In *New Perspectives on the Philosophy of Paul Benacerraf: Truth, Objects, Infinity*, ed. Fabrice Pataut, 17–43. Springer.

Clarke-Doane, Justin. 2020. *Morality and Mathematics*. Oxford University Press.

Colyvan, Mark. 2019. Indispensability arguments in the philosophy of mathematics, Spring 2019 edn. In *The Stanford Encyclopedia of Philosophy*, ed. Edward N. Zalta. Metaphysics Research Lab, Stanford University.

Craig, William. 1953. On axiomatizability within a system. Journal of Symbolic Logic 18: 30–32.

Dauben, Joseph W. 2004. Topology: invariance of dimension. In *Companion Encyclopedia of the History and Philosophy of the Mathematical Sciences*, ed. Ivor Grattan-Guiness, Vol. 2, 939–946. Routledge.

Davis, Martin. 1977. Review: J. Donald Monk, Mathematical Logic. *Bull. Amer. Math. Soc.* 83 (5): 1007–1011.

Davis, Martin, and Melvin Hausner. 1978. The joy of infinitesimals, J. Keisler's Elementary Calculus. *The Mathematical Intelligencer* 1 (3): 168–170.

De Morgan, Augustus. 1872. *A Budget of Paradoxes*. Volumes I and II. Project Gutenberg.

Dedekind, Richard. 1888. Was sind und was sollen die Zahlen? (What are numbers and what should they be?) Available in Ewald, William B. 1996. *From Kant to Hilbert: A Source Book in the Foundations of Mathematics*, Vol. 2, 787–832. Oxford University Press.

Dedekind, Richard. 1901. *Essays on the Theory of Numbers. I: Continuity and Irrational Numbers. II: The Nature and Meaning of Numbers.* Dover Publications. Authorized translation 1963 by Wooster Woodruff Beman.

Descartes, René. 2006 [1637]. *A Discourse on the Method of Correctly Conducting One's Reason and Seeking Truth in the Sciences.* Oxford University Press. Translated by Ian Maclean. Dirac, Paul. 1963. The evolution of the physicist's picture of nature. *Scientific American.* Republished June 25, 2010.

Dominus, Mark. 2016. In simple English, what does it mean to be transcendental? Mathematics Stack Exchange answer.

Ehrlich, Philip. 2012. The absolute arithmetic continuum and the unification of all numbers great and small. *Bulletin of Symbolic Logic* 18 (1): 1–45. D

Ehrlich, Philip. 2020. Who first characterized the real numbers as the unique complete ordered field? MathOverflow answer.

Enayat, Ali. 2004. Leibnizian models of set theory. *The Journal of Symbolic Logic* 69 (3): 775–789.

Evans, C. D. A., and Joel David Hamkins. 2014. Transfinite game values in infinite chess. *Integers* 14: 2–36.

Ewald, William Bragg. 1996. *From Kant to Hilbert. Vol. 2 of A Source Book in the Foundations of Mathematics.* Oxford University Press.

Feferman, S. 1960. Arithmetization of metamathematics in a general setting. *Fundamenta Mathematicae* 49: 35-92.

Feferman, Solomon. 1999. Does mathematics need new axioms? *American Mathematical Monthly* 106 (2): 99-111.

Feferman, Solomon, Harvey M. Friedman, Penelope Maddy, and John R. Steel. 2000. Does mathematics need new axioms? *Bulletin of Symbolic Logic* 6 (4): 401-446.

Field, Hartry. 1988. Realism, mathematics, and modality. *Philosophical Topics* 16 (1): 57-107.

Field, Hartry H. 1980. *Science without Numbers: A Defense of Nominalism.* Blackwell. Fine, Kit. 2003. The non-identity of a material thing and its matter. *Mind* 112 (446): 195-234.

Frege, Gottlob. 1893/1903. *Grundgesetze der Arithmetic, Band I/II.* Verlag Herman Pohle.

Frege, Gottlob. 1968 [1884]. *The Foundations of Arithmetic: A Logico-Mathematical Enquiry into the Concept of Number.* Northwestern University Press. Translation by J. L. Austin of: Die Grundlagen der Arithmetik, Breslau, Koebner, 1884. Parallel German and English text.

Frege, Gottlob. 2013. *Basic Laws of Arithmetic. Derived Using Concept-Script. Vol. I, II.* Oxford University Press. Translated and edited by Philip A. Ebert and Marcus Rossberg, with Crispin Wright.

Galileo Galilei. 1914 [1638]. *Dialogues Concerning Two New Sciences.* Macmillan. Translated from the Italian and Latin by Henry Crew and Alfonso de Salvio.

Geretschlager, Robert. 1995. Euclidean constructions and the geometry of origami. *Mathematics Magazine* 68 (5): 357-371.

Gitman, Victoria, Joel David Hamkins, Peter Holy, Philipp Schlicht, and Kameryn Williams. 2020. The exact strength of the class forcing theorem. To appear in *Journal of Symbolic Logic.*

Gödel, K. 1929. Über die vollständigkeit des logikkalküls. Doctoral dissertation, University of Vienna.

Gödel, K. 1931. Über formal unentscheidbare Sätze der Principia Mathematica und verwandter Systeme I. *Monatshefte für Mathematik und Physik* 38: 173-198.

Gödel, K. 1986. Über formal unentscheidbare Sätze der Principia Mathematica und verwandter Systeme I. In *Kurt Gödel: Collected Works. Vol. I,* ed. Solomon Feferman, 144‒195. The Clarendon Press, Oxford University Press. The original German with a facing English translation.

Gödel, Kurt. 1947. What is Cantor's continuum problem? *American Mathematical Monthly* 54: 515‒525.

Gödel, Kurt. 1986. *Kurt Gödel: Collected Works. Vol. I*. The Clarendon Press, Oxford University Press. Publications 1929‒1936. Gödel, Kurt. 1995 [*1951]. Some basic theorems on the foundations of mathematics and their implications (*1951). In *Kurt Gödel: Collected Works Volume III*, eds. Solomon Feferman, et al., 304‒323. Oxford University Press.

Goldstein, Catherine, and Georges Skandalis. 2007. Interview with A. Connes. *European Mathematical Society Newsletter* 63: 25‒31.

Goucher, Adam P. 2020. Can a fixed finite-length straightedge and finite-size compass still construct all constructible points in the plane? MathOverflow answer.

Greenberg, Marvin Jay. 1993. *Euclidean and Non-Euclidean Geometries*, 3rd edn. W. H. Freeman.

Greimann, Dirk. 2003. What is Frege's Julius Caesar problem? *Dialectica* 57 (3): 261‒278

Hamkins, Joel David. 2002. Infinite time Turing machines. *Minds and Machines* 12 (4): 521‒539. Special issue devoted to hypercomputation.

Hamkins, Joel David. 2011. A remark of Connes. MathOverflow answer.

Hamkins, Joel David. 2012. The set-theoretic multiverse. *Review of Symbolic Logic* 5: 416‒449.

Hamkins, Joel David. 2015. Is the dream solution of the continuum hypothesis attainable? *Notre Dame Journal of Formal Logic* 56 (1): 135‒145.

Hamkins, Joel David. 2018. The modal logic of arithmetic potentialism and the universal algorithm. *ArXiv e-prints*. Under review.

Hamkins, Joel David. 2019. What is the next number on the constructibility sequence? And what is the asymptotic growth? Mathematics Stack Exchange question.

Hamkins, Joel David. 2020a. Can a fixed finite-length straightedge and finite-size compass still construct all constructible points in the plane? MathOverflow question.

Hamkins, Joel David. 2020b. The On-Line Encyclopedia of Integer Sequences, Constructibility Sequence.

Hamkins, Joel David. 2020c. *Proof and the Art of Mathematics*. MIT Press.

Hamkins, Joel David. 2020d. Who first characterized the real numbers as the unique complete ordered field? MathOverflow question.

Hamkins, Joel David, and Øystein Linnebo. 2019. The modal logic of set-theoretic potentialism and the potentialist maximality principles. *Review of Symbolic Logic*.

Hamkins, Joel David, and Alexei Miasnikov. 2006. The halting problem is decidable on a set of asymptotic probability one. *Notre Dame Journal of Formal Logic* 47 (4): 515-524.

Hamkins, Joel David, and Barbara Montero. 2000a. Utilitarianism in infinite worlds. *Utilitas* 12 (1): 91-96.

Hamkins, Joel David, and Barbara Montero. 2000b. With infinite utility, more needn't be better. *Australasian Journal of Philosophy* 78 (2): 231-240.

Hamkins, Joel David, and Justin Palumbo. 2012. The rigid relation principle, a new weak choice principle. *Mathematical Logic Quarterly* 58 (6): 394-398.

Hamkins, Joel David, and Robin Solberg. 2020. Categorical extensions of ZFC2 and the categorical large cardinals. In preparation.

Hardy, G. H. 1940. *A Mathematician's Apology*. Cambridge University Press.

Harris, Michael. 2019. Why the proof of Fermat's Last Theorem doesn't need to be enhanced. *Quanta Magazine*.

Hart, W. D. 1991. Benacerraf's dilemma. *Crítica: Revista Hispanoamericana de Filosofía* 23 (68): 87-103.

Heath, Thomas L., and Euclid. 1956a. *The Thirteen Books of Euclid's Elements, Translated from the Text of Heiberg, Vol. 1: Introduction and Books I, II*. USA: Dover Publications, Inc.

Heath, Thomas L., and Euclid. 1956b. *The Thirteen Books of Euclid's Elements, Translated from the Text of Heiberg, Vol. 2: Books III -IX*. USA: Dover Publications, Inc.

Heath, Thomas L., and Euclid. 1956c. *The Thirteen Books of Euclid's Elements, Translated from the Text of Heiberg, Vol. 3: Books X -XIII and Appendix*. USA: Dover Publications, Inc.

Heisenberg, Werner. 1971. *Physics and Beyond: Encounters and Conversations*. Harper and Row. Translated from the German by Arnold J. Pomerans.

Hilbert, David. 1926. Über das Unendliche. *Mathematische Annalen* 95 (1): 161-190.

Hilbert, David. 1930. Retirement radio address. Translated by James T. Smith, *Convergence* 2014.

Hilbert, David. 2013. *David Hilbert's Lectures on the Foundations of Arithmetic and Logic, 1917- 1933. Vol. 3 of David Hilbert's Lectures on the Foundations of Mathematics and Physics 1891-1933*. Springer.. Edited by William Ewald, Wilfried Sieg, and Michael Hallett, in collaboration with Ulrich Majer and Dirk Schlimm.

Hilbert, David, and Wilhelm Ackermann. 2008 [1928]. *Grundzüge der Theoretischen Logik* (Principles of Mathematical Logic). Springer. Translation via AMS Chelsea Publishing.

Hrbacek, Karel. 1979. Nonstandard set theory. *American Mathematical Monthly* 86 (8): 659–677.

Hrbacek, Karel. 2009. Relative set theory: Internal view. *Journal of Logic and Analysis* 1: 8–108.

Hume, David. 1739. *A Treatise of Human Nature*. Clarendon Press. 1896 reprint from the original edition in three volumes and edited, with an analytical index, by L. A. Selby-Bigge, M.A.

Huntington, Edward V. 1903. Complete sets of postulates for the theory of real quantities. *Transactions of the American Mathematical Society* 4 (3): 358–370.

Isaacson, Daniel. 2011. The reality of mathematics and the case of set theory. In *Truth, Reference, and Realism*, eds. Zsolt Novak and Andras Simonyi, 1–76. Central European University Press.

Jech, Thomas. 2003. *Set Theory*, 3rd edn. Springer.

Juster, Norton, and Jules Feiffer. 1961. *The Phantom Tollbooth*. Epstein Carroll.

Kanamori, Akihiro. 2004. *The Higher Infinite*. Springer. Corrected 2nd edition.

Kant, Immanuel. 1781. *Critique of Pure Reason*. Available via Project Gutenberg.

Keisler, H. Jerome. 1977. Letter to the editor. *Notices of the American Mathematical Society* 24: 269.

Keisler, H. Jerome. 2000. *Elementary Calculus: An Infinitesimal Approach*. Earlier editions 1976, 1986 by Prindle, Weber, and Schmidt; free electronic edition available.

Khintchin, Aleksandr. 1923. Das stetigkeitsaxiom des linearcontinuum als inductionsprinzip betrachtet. *Fundamenta Mathematicae* 4: 164–166.

Kirby, Laurie, and Jeff Paris. 1982. Accessible independence results for Peano arithmetic. *Bulletin of the London Mathematical Society* 14 (4): 285–293.

Klein, Felix. 1872. A comparative review of recent researches in geometry. English translation 1892 by Dr. M. W. Haskell. Mathematics ArXiv e-prints 2008.

Klement, Kevin C. 2019. Russell's Logicism, ed. Russell Wahl, 151–178. Bloomsbury Academic. Chapter 6 in The Bloomsbury Companion to Bertrand Russell.

Knuth, D. E. 1974. *Surreal Numbers*. Addison-Wesley.

Koellner, Peter. 2010. On the question of absolute undecidability. In *Kurt Gödel: Essays for His Centennial*. Vol. 33 of *Lecture Notes in Logic*, 189–225. Association of Symbolic Logic.

Koellner, Peter. 2013. Hamkins on the multiverse. *Exploring the Frontiers of Incompleteness,* Harvard, August 31–September 1, 2013.

König, Julius. 1906. Sur la théorie des ensembles. *Comptes Rendus Hebdomadaires des Séances de l'Académie des Sciences* 143: 110–112.

Kreisel, G. 1967. Informal rigour and completeness proofs [with discussion]. In Problems in the Philosophy of Mathematics, ed. Imre Lakatos, 138 – 186. North-Holland.

Lakatos, Imre. 2015 [1976]. *Proofs and Refutations,* Paperback edn. Cambridge University Press.

Laraudogoitia, J. P. 1996. A beautiful supertask. *Mind* 105 (417): 81–84.

Larson, Loren. 1985. A discrete look at 1+2+···+n. *College Mathematics Journal* 16 (5): 369–382.

Lawvere, F. W. 1963. Functorial Semantics of Algebraic Theories. PhD dissertation, Columbia University. Reprinted in: Reprints in Theory and Applications of Categories, No. 5 (2004), pp. 1–121.

Lewis, David. 1983. New work for a theory of universals. *Australasian Journal of Philosophy* 61 (4): 343–377.

Lewis, David. 1986. *On the Plurality of Worlds.* Blackwell.

Maddy, Penelope. 1991. Philosophy of mathematics: Prospects for the 1990s. *Synthese* 88 (2): 155–164.

Maddy, Penelope. 1992. *Realism in Mathematics.* Oxford University Press.

Maddy, Penelope. 1997. *Naturalism in Mathematics.* Oxford University Press.

Maddy, Penelope. 2011. *Defending the Axioms: On the Philosophical Foundations of Set Theory.* Oxford University Press.

Maddy, Penelope. 2017. Set-theoretic foundations. In *Foundations of Mathematics,* eds. An drés Eduardo Caicedo, James Cummings, Peter Koellner, and Paul B. Larson. Vol. 690 of *Contemporary Mathematics Series,* 289 – 322. American Mathematical Society.

Manders, Kenneth. 2008a. Diagram-based geometric practice. In *The Philosophy of Mathematical Practice,* ed. Paolo Mancosu, 65–79. Oxford University Press.

Manders, Kenneth. 2008b. The Euclidean diagram. In *The Philosophy of Mathematical Practice,* ed. Paolo Mancosu, 80–133. Oxford University Press. Widely circulated manuscript available from 1995.

Martin, Donald A. 2001. Multiple universes of sets and indeterminate truth values. *Topoi* 20 (1): 5–16.

Miller, Arnold. 1995. Introduction to Mathematical Logic. Lecture notes, available at https://www.math.wisc.edu/miller/res/logintro.pdf.

Montero, Barbara. 1999. The body problem. *Noûs* 33 (2): 183-200.

Montero, Barbara Gail. 2020. What numbers could be. Manuscript under review.

Moschovakis, Yiannis. 2006. *Notes on Set Theory*. Undergraduate Texts in Mathematics. Springer.

Nielsen, Pace. 2019. What is the next number on the constructibility sequence? And what is the asymptotic growth? Mathematics Stack Exchange answer.

Novaes, Catarina Dutilh. 2020. *The Dialogical Roots of Deduction*. Book manuscript draft.

O'Connor, Russell. 2010. Proofs without words. MathOverflow answer.

Owens, Kate. 2020. ALL the numbers are imaginary. Twitter post,

Parsons, Charles. 2017. Realism and the debate on impredicativity, 1917-1944*. In *Reflections on the Foundations of Mathematics: Essays in Honor of Solomon Feferman*, eds. Wilfried Sieg, Richard Sommer, and Carolyn Talcott. *Lecture Notes in Logic*, 372-389. Cambridge University Press.

Paseau, A. C. 2016. What's the point of complete rigour? *Mind* 125 (497): 177-207.

Paseau, Alexander. 2015. Knowledge of mathematics without proof. *British Journal for the Philosophy of Science* 66 (4): 775-799.

Peano, Giuseppe. 1889. *Arithmetices Principia, Nova Methodo Exposita* [The Principles of Arithmetic, Presented by a New Method]. Libreria Bocca Royal Bookseller. Available both in the original Latin and in parallel English translation by Vincent Verheyen.

Poincaré, Henri. 2018. *Science and Hypothesis*. Bloomsbury Academic. Translated by Mélanie Frappier, Andrea Smith, and David J. Stump.

Potter, Beatrix. 1906. *The Tale of Mr. Jeremy Fisher*. Frederick Warne and Co.

Potter, Beatrix. 1908. *The Tale of Samuel Whiskers or, The Roly-Poly Pudding*. Frederick Warne and Co.

Priest, Graham, Koji Tanaka, and Zach Weber. 2018. Paraconsistent logic, Summer 2018 edn. In *The Stanford Encyclopedia of Philosophy*, ed. Edward N. Zalta. Metaphysics Research Lab, Stanford University.

Putnam, Hilary. 1971. *Philosophy of Logic*. Allen Unwin.

Quarantine'em. 2020. There's a really great joke. Twitter post.

Quine, W. V. 1987. *Quiddities: An Intermittently Philosophical Dictionary*. Belknap Press of Harvard University Press.

Quine, Willard Van Orman. 1986. *Philosophy of Logic*. Harvard University Press.

Resnik, Michael D. 1988. Mathematics from the structural point of view. *Revue Internationale de Philosophie* 42 (4): 400–424.

Richards, Joan L. 1988. Bertrand Russell's "Essay on the Foundations of Geometry" and the Cambridge Mathematical Tradition. *Russell: The Journal of Bertrand Russell Studies* 8 (1): 59.

Richeson, Dave. 2018. Chessboard (GeoGebra).

Rosen, Gideon. 2018. Abstract objects, Winter 2018 edn. In *The Stanford Encyclopedia of Philosophy*, ed. Edward N. Zalta. Metaphysics Research Lab, Stanford University.

Russell, Bertrand. 1903. *The Principles of Mathematics*. Free online editions available in various formats.

Russell, Bertrand. 1919. *Introduction to Mathematical Philosophy*. George Allean and Unwin. Cor rected edition 1920. Reprinted, John G. Slater (intro.), Routledge, 1993.

Sarnecka, Barbara W., and Charles E. Wright. 2013. The idea of an exact number: Children's understanding of cardinality and equinumerosity. *Cognitive Science* 37 (8): 1493–1506.

Secco, Gisele Dalva, and Luiz Carlos Pereira. 2017. Proofs versus experiments: Wittgensteinian themes surrounding the four-color theorem. In *How Colours Matter to Philosophy*, ed. Marcos Silva, 289–307. Springer.

Shagrir, Oron. 2006. Gödel on Turing on computability. In *Church's Thesis After 70 Years*, Vol. 1, 393–419. Ontos Verlag.

Shapiro, Stewart. 1996. Mathematical structuralism. *Philosophia Mathematica* 4 (2): 81–82.

Shapiro, Stewart. 1997. *Philosophy of Mathematics: Structure and Ontology*. Oxford University Press.

Shapiro, Stewart. 2012. An "i" for an i: Singular terms, uniqueness, and reference. *Review of Symbolic Logic* 5 (3): 380–415.

Shelah, Saharon. 1993. The future of set theory. In *Set Theory of the Reals (Ramat Gan, 1991)*, Vol. 6, 1–12. Bar-Ilan University.

Shelah, Saharon. 2003. Logical dreams. *Bulletin of the American Mathematical Society* 40: 203–228.

Shulman, Mike. 2019. Why doesn't mathematics collapse down, even though humans quite often make mistakes in their proofs? MathOverflow answer.

Simpson, Stephen G. 2009. *Subsystems of Second Order Arithmetic*, 2nd edn. Cambridge University Press; Association for Symbolic Logic.

Simpson, Stephen G. 2010. The Gödel hierarchy and reverse mathematics. In *Kurt Gödel: Essays for His Centennial*, Lecture Notes in Logic, Vol. 33, 109‒127. Association of Symbolic Logic.

Simpson, Stephen G. 2014 [2009]. Toward objectivity in mathematics. In *Infinity and Truth*. Vol. 25 of *Lecture Notes Series, Institute for Mathematical Sciences, National University of Singapore*, 157‒169. World Scientific Publishing. Text based on the author's talk at a conference on the philosophy of mathematics at New York University, April 3‒5, 2009.

Smorynski, Craig. 1977. The incompleteness theorems. In *Handbook of Mathematical Logic*, ed. Jon Barwise, 821‒865. North-Holland.

Smullyan, Raymond M. 1992. *Gödel's Incompleteness Theorems*. Vol. 19 of Oxford Logic Guides. Clarendon Press, Oxford University Press.

Snow, Joanne E. 2003. Views on the real numbers and the continuum. *Review of Modern Logic* 9 (1‒2): 95‒113.

Soare, Robert I. 1987. *Recursively Enumerable Sets and Degrees: A Study of Computable Functions and Computably Enumerable Sets*. Springer.

Solovay, Robert M. 1970. A model of set-theory in which every set of reals is Lebesgue measurable. *Annals of Mathematics*, Second Series 92 (1): 1‒56.

Stillwell, John. 2005. *The Four Pillars of Geometry*. Springer.

Suárez-Álvarez, Mariano. 2009. Proofs without words. MathOverflow question.

Tao, Terence. 2007. Ultrafilters, nonstandard analysis, and epsilon management.

Tarski, Alfred. 1951. A Decision Method for Elementary Algebra and Geometry, 2nd edn. University of California Press.

Tarski, Alfred. 1959. What is elementary geometry? In *The Axiomatic Method: With Special Reference to Geometry and Physics*, 16‒29. North-Holland. Proceedings of an International Symposium held at the University of California, Berkeley, December 26, 1957‒January 4, 1958 (edited by L. Henkin, P. Suppes, and A. Tarski).

Thurston, Bill. 2016. Thinking and Explaining. MathOverflow question. Thurston, William P. 1994. On proof and progress in mathematics. *Bulletin of the American Mathematical Society* 30 (2): 161‒177.

Tourlakis, George. 2003. *Lectures in Logic and Set Theory*, Vol. 2. Cambridge University Press.

Turing, A. M. 1936. On Computable Numbers, with an Application to the Entscheidungsproblem. *Proceedings of the London Mathematical Society* 42 (3): 230‒265.

Univalent Foundations Program, The. 2013. *Homotopy Type Theory: Univalent Foundations of Mathematics.* Institute for Advanced Study.

Vardi, Moshe Y. 2020. Efficiency vs. resilience: What COVID-19 teaches computing. *Communications of the ACM* 63 (5): 9.

Veblen, Oswald. 1904. A system of axioms for geometry. *Transactions of the American Mathematical Society* 5 (3): 343–384.

Voevodsky, Vladimir. 2014. The origins and motivations of univalent foundations. *The Institute Letter, Institute for Advanced Study.* Summer 2014.

Weaver, Nik. 2005. Predicativity beyond Γ0. *Mathematics ArXiv e-prints.*

Weber, H. 1893. Leopold Kronecker. *Mathematische Annalen* 43 (1): 1–25.

Whitehead, A. N., and B. Russell.1910.*Principia Mathematica.* Vol. I. Cambridge University Press.

Whitehead, A. N., and B. Russell.1912.*Principia Mathematica.* Vol. II. Cambridge University Press.

Whitehead, A. N., and B. Russell.1913.*Principia Mathematica.* Vol. III. Cambridge University Press.

Wikipedia. 2020. Schröder–Bernstein theorem.

Williamson, Timothy. 1998. Bare possibilia. *Analytical Ontology* 48 (2/3): 257–273.

Williamson, Timothy. 2018. Alternative logics and applied mathematics. *Philosophical Issues* 28 (1): 399–424.

Wittgenstein, Ludwig. 1956. *Remarks on the Foundations of Mathematics.* Blackwell.

Wright, Crispin. 1983. *Frege's Conception of Numbers as Objects*, Vol. 2. Aberdeen University Press.

Zach, Richard. 2019. Hilbert's program, Fall 2019 edn. In *The Stanford Encyclopedia of Philosophy*, ed. Edward N. Zalta. Metaphysics Research Lab, Stanford University.

Zeilberger, Doron. 2007. Personal Journal of S. B. Ekhad and D. Zeilberger. Transcript of a talk given at the DIMACS REU program, June 14, 2007.

Zermelo, E. 1930. Über Grenzzahlen und Mengenbereiche. Neue Untersuchungen über die Grundla gen der Mengenlehre. (German). *Fundumenta Mathematicae* 16: 29–47. Translated in Ewald (1996).

术语索引

下面每一索引条目都标注了相应数学符号或简写在本书中首次出现的位置，或是最能表明其用法的位置。以本书边码为准。

461

主题索引

以下索引条目对应页码以本书边码为准。

| 译后记

　　当上海人民出版社任健敏编辑来找我商量翻译这本书时，我一度很犹豫。一是因为手边尚未完成的计划有好几个，二是深知翻译是一个很辛苦的差事，一旦接手，恐怕按时交稿是个难题。不过，作为年轻编辑，任健敏对数学哲学这个特殊领域的热情多少打动了我，终于还是应承下来。作为条件，我提出要找一两位年轻学者一起完成，我当时心里想的就是单芃舒和高坤二位博士，荣幸的是，他们非常热情地答应下来。单、高二位都曾经是我的学生，他们共同的特点是对逻辑有很大的热情，人也极为聪明，尤其是英语非常好。高坤刚刚完成王浩《从数学到哲学》这本巨著的翻译，这是一件非常具有挑战性的工作，他完成得相当出色。单芃舒早在读书的时候就跟我合作翻译过一本小书，除了英语好，他中文的文字能力也很强。

　　我们商量的分工是：单芃舒翻译 1-3 章，高坤译 4-6 章，我来翻译序言和 7-8 章。当时我还答应总校全书，但最终是高坤和我一起完成的。单芃舒则负责了书稿的 LaTeX 排版以及参考文献和索引的编排，这是一项极其繁琐和耗时的工作，但他认真仔细且对此抱有很大的热情。总之，由于二位年轻人的积极努力，整个翻译工作可以说进行得比我设想的还要顺利。这从一个侧面说明我对他们的了解还是准确的。

　　本书作者哈姆金斯目前是美国圣母大学的教授，曾经在集合论领域有很多重要工作，近些年来逐渐专注于数学哲学，是当前十分活跃的数学哲学家。哈姆金斯是哈佛大学教授、著名集合论学家武丁的学生，他们师生先后都曾访问过复旦大学。不过在哲学立场上，他们却很不相同，甚至相反对。简单地说，哈姆金斯是一个所谓的"多宇宙论者"，这种哲学立场实际上是由他提出并主要提倡的。而武丁则是坚定的"单宇宙论者"。武丁的论文《连续统假设，集合的脱殊-多宇宙，以及 Omega 猜想》是对多宇宙论的一个非常有力的反驳。在研究方法上，他们也很不相同。武丁几乎不受当代哲学的任何影响，完全是从数学基础，特别是从集合论的研究中讨论一些可能的哲学问题，这些问题同时与他终极 L 的研究规划息息相关。哈姆金斯则显然更关注分析哲学背景的数学哲学理论，在他的这本书中可以很清楚地看出这一点。

相比起传统的数学哲学教材或著作，例如我跟我的另一个学生杨睿之副教授翻译的夏皮罗的《数学哲学》，哈姆金斯这本书的最大特点是以数理逻辑领域，特别是经典一阶逻辑和集合论中的重大成果为主题，包含了对这些结果的通俗解读，并以此为基础来讨论相关的哲学问题。而夏皮罗的书则以哲学史为主题，只是在需要时才会提及数理逻辑中的那些初等的专门成果。这两种风格应该说各有所长。前者使得数学哲学与数学实践密切结合，言之有物，让人回想起现代数学哲学创建的那个时代，那个主要是弗雷格、希尔伯特、庞加莱和布劳维尔这些伟大的数学家讨论数学哲学的时代。后者则更接近传统哲学的研究范式，使数学哲学能与哲学的那些传统部门密切结合，例如形而上学和逻辑学。这两类著作对读者和作者有不同的要求。前者要求熟悉现代数理逻辑的那些伟大成就，也正是哈姆金斯擅长的，后者则要求对哲学史的理解和把握。当然，如果能把这两者结合起来，能以数学基础和数理逻辑的实践为基础来讨论哲学中的逻辑和形而上学问题，那自然更为理想。但这对读者和作者的要求就更为苛刻，可能还更需要哲学观念的转变。即不再把包括集合论、模型论和递归论在内的数理逻辑视为哲学的异类，而是看作哲学的自然延伸，不再像分析哲学那样把逻辑视为纯形式的推演理论，而是某种严格形式的概念理论。那样的话，才有可能接近柏拉图最初对哲学的设想，哲学探究的终究还是客观的概念世界，而数学概念则是我们最接近严格理解的那部分。对数学概念的哲学理解最终会启发我们建立某种一般概念的理论，这正是逻辑和形而上学所追求的。

我们尽自己所能地忠实原著，并根据原书第二次印刷中的勘误对译文做了相应修改，只在很偶尔的情形增加了译者注。当然，限于我们自己的能力和水平，错漏之处在所难免，期待读者指正。在翻译的过程中，赵晓玉博士在 LaTeX 排版上给予了很多帮助，在此表示感谢！

郝兆宽

2025 年 5 月 18 日